Stephan Enthaler

Plastik im Kreislauf – Abfall als Ressource

Stephan Enthaler

Plastik im Kreislauf – Abfall als Ressource

Recycling für eine nachhaltige Zukunft

Bibliografische Information der Deutschen Nationalbibliothek: Die Deutsche Nationalbibliothek verzeichnet diese Publikation in der Deutschen Nationalbibliografie; detaillierte bibliografische Daten sind im Internet über http://dnb.dnb.de abrufbar.

Verlag: BoD · Books on Demand GmbH, Überseering 33, 22297 Hamburg, bod@bod.de

Druck: Libri Plureos GmbH, Friedensallee 273, 22763 Hamburg

ISBN: 978-3-8192-4529-9

Das Wissen wächst mit jeder neuen Erkenntnis,
bleibt jedoch unvollständig, da die absolute Wahrheit
ein unerreichbarer Horizont ist.

Inhaltsverzeichnis

KAPITEL 1

Ressourcenverantwortung – Die globale Herausforderung unserer Zeit

Unsere Welt sieht sich mit einer Vielzahl drängender Probleme konfrontiert, die die menschliche Existenz und die Zukunft unseres Planeten ernsthaft bedrohen. Täglich begegnen uns Begriffe wie Klimawandel, Kohlenstoffdioxid-Emissionen, Ressourcenknappheit, Umweltverschmutzung, Plastikmüll-Problem usw. – Themen, die mit zunehmender Dringlichkeit und Besorgnis diskutiert werden.[I] Allerdings verbirgt sich in diesen Begriffen eine oft komplexe, aber auch unscharfe Welt mit vielschichtigen *Ursache-Wirkungs-Beziehungen*, die unsere menschliche Vorstellungskraft vor Herausforderungen stellen kann.

Dennoch wollen wir uns einige Beispiele ansehen, bei denen diese Begriffe in unterschiedlichen Maßen eine Rolle spielen:[II,III]

Derzeit werden täglich rund 19.109 Millionen Liter Erdöl verbraucht, was dem Inhalt von 6169 Schwimmbecken[IV] entspricht. Gleichzeitig werden etwa 44 km² Regenwald abgeholzt – eine Fläche von ca. 6162 Fußballfeldern[V].[1] Im gleichen Zeitraum werden etwa 1,1 Millionen Tonnen Kunststoffmüll[VI,2] produziert, von denen bis zu 35.000 Tonnen[3] im

[I] Anzahl der *Google*-Einträge (27.10.2024): *Climate Change* (Klimawandel): 1,5 Milliarden; *Carbon Dioxide Emissions* (Kohlenstoffdioxid-Emissionen): 102 Millionen; *Energy Consumption* (Energieverbrauch): 668 Millionen; *Depletion of Resources* (Ressourcenverknappung): 113 Millionen; *Environmental Pollution* (Umweltverschmutzung): 550 Millionen; *Plastic Waste* Plastikmüll: 347 Millionen.

[II] Die dargestellten Werte basieren auf einer Momentaufnahme und können je nach Herkunft der Daten aufgrund von methodischen Unterschieden variieren, allerdings sind ähnliche Tendenzen erkennbar.

[III] Die Auswirkungen sehen wir uns zu einem späteren Zeitpunkt genauer an.

[IV] Schwimmbeckenmaße: 50 m × 25 m × 2 m = 2500 m³

[V] Fußballfeldmaße: 105 m × 68 m = 7140 m²

[VI] Als Basis dient die jährliche Produktion von Kunststoffen: 391 Millionen Tonnen (2021)

Meer landen, was 875 Lkw-Ladungen[VII] entspricht, und sich zu den bereits dort befindlichen ca. 150 Millionen Tonnen[4] addieren. Zur besseren Verständlichkeit der großen Zahlen: jeder EU-Bürger produziert im Durchschnitt 36,1 Kilogramm Kunststoffverpackungsabfälle pro Jahr – Tendenz steigend.[5] In einem größeren Zeitrahmen ist die Durchschnittstemperatur der Erdatmosphäre in den letzten 100 Jahren um 3,3 °C (+46 %)[VIII] gestiegen und die Durchschnittstemperatur der Weltmeere lag 2022 um 0,67 °C[IX] über dem Mittel des 20. Jahrhunderts.[6] Zudem werden pro Tag etwa 104 Millionen Tonnen Kohlenstoffdioxid[X] (CO_2) generiert, was zu einer Zunahme der Kohlenstoffdioxidmenge in der Erdatmosphäre beiträgt. Insgesamt erhöhte sich die Konzentration in der Zeitspanne 1984–2021 um etwa 74 ppm[XI] (+22 %) auf derzeit ca. 420 ppm Kohlenstoffdioxid.[7]

Diese Aufzählung ließe sich immer weiter fortsetzen...

Doch was verbindet all diese Probleme und komplexen Herausforderungen?

Die Antwort ist einfach aber grundlegend: der Umgang der Menschheit mit „ihren" Ressourcen[XII]. Insbesondere die natürlichen materiellen Ressourcen[XIII] bilden das Rückgrat unserer modernen Zivilisation und sind der „Treibstoff", der unsere globale Gesellschaft antreibt und unseren gegenwärtigen Lebensstil ermöglicht. Allerdings sind diese Ressourcen innerhalb der planetaren Grenzen endlich.[8]

und der Annahme, dass alle Kunststoffe nach ihrer Nutzungsphase zu Kunststoffmüll werden.

VII In Europa liegt die durchschnittliche Zuladung eines Lkws bei ca. 25 Tonnen.

VIII Jahresmittel: 7,2 °C (1922); 10,5 °C (2022). Insgesamt schwanken die Werte, allerdings hat die Trendlinie eine Steigung von 0,0093.

IX 2022 ca. 0,87 °C höher als 1922

X Synonym: Kohlendioxid

XI ppm = *parts per million* (Anzahl Teile pro Million Teile). D. h., dass in einer Menge von 1 Million Teilchen in der Erdatmosphäre sind ca. 420 Teilchen Kohlenstoffdioxid enthalten, was einem prozentualen Anteil von 0,042 % entspricht. In einem Würfel mit der Seitenlänge 10 cm befinden sich ca. $1{,}05\times10^{22}$ CO_2-Teilchen. Zum Vergleich es wird geschätzt, dass das Universum ca. 7×10^{22} Sterne enthält.

XII Eine Ressource (französisch: *la ressource* = Mittel, Quelle) ist ein Mittel oder eine Quelle, die zur Erreichung von Zielen oder zur Befriedigung von Bedürfnissen genutzt werden kann. Sie kann materieller oder immaterieller Natur sein, wie etwa natürliche Ressourcen (z. B. Wasser, Rohstoffe), wirtschaftliche Ressourcen (z. B. Kapital, Arbeitskraft) oder auch immaterielle Ressourcen wie Wissen und Technologie.

XIII Primäre Ressourcen: z. B. fossile Ressourcen (Erdöl, Erdgas, Kohle), Biomasse, Ressourcen aus der Lithosphäre, Luft, Wasser etc.

Dennoch graben wir immer tiefer nach Rohstoffen, fällen mehr Bäume, fördern mehr Öl und verschmutzen mehr Wasser, um unseren stetig steigenden Ressourcenhunger zu decken. Das Resultat: Ein Planet, der von den Narben des Raubbaus gezeichnet ist und täglich entstehen neue Wunden. Die Fortsetzung der exzessiven Ausbeutung hat verheerende Folgen für unsere Umwelt[XIV,9] und mittel- bis langfristig auch für die Menschheit, wobei bereits jetzt deutliche Anzeichen erkennbar sind.[XV,10]

Handelt es sich hierbei um einen verantwortungsvollen Umgang mit Ressourcen?[XVI,11]

Neben den primären natürlichen Ressourcen gibt es auch sekundäre Ressourcen, die aus natürlichen Ressourcen hergestellt werden, wie zum Beispiel Kunststoffe (Plastik)[XVII], die der Gegenstand dieses Buches sein werden.

[XIV] Die *Umwelt* umfasst alle äußeren Einflüsse, die das Leben und Handeln von Subjekten prägen. Dabei wird zwischen *Innenwelt* und *Außenwelt* unterschieden. Jedes Subjekt konstruiert seine eigene Umwelt basierend auf Wahrnehmungen, Bedürfnissen und Handlungsspielräumen. Daher gibt es keine einheitliche, objektive Umwelt, sondern eine Vielzahl subjektiv erlebter *Um-Welten.* Subjekte sind jedoch nicht nur passive Empfänger, sondern stehen in ständiger Wechselwirkung mit ihrer Umwelt und gestalten sie aktiv mit. Diese individuellen Umwelten sind eingebettet in größere Systeme, die Gemeinschaften von Subjekten sowie deren Wechselwirkungen mit der biotischen (alle lebenden Umweltfaktoren), abiotischen (alle unbelebten, physikalischen und chemischen Umweltfaktoren), sozialen und wirtschaftlichen Umgebung umfassen.

[XV] *Wem gehören bzw. wer besitzt eigentlich die natürlichen materiellen Ressourcen?* Die historisch tief verwurzelte, anthropozentrische Perspektive (griechisch: *anthropos* = Mensch) stellt den Menschen ins Zentrum aller Überlegungen und betrachtet die Natur primär als Ressource zur Befriedigung menschlicher Bedürfnisse. Diese hierarchische Denkweise, die den Menschen der Natur überordnet, reduziert die Umwelt auf ihren Nutzen. Dadurch entsteht oft ein problematischer Umgang mit der Natur. Die einseitige Fokussierung auf Nützlichkeit fördert Ausbeutung und kurzfristiges Denken, während ökologische Grenzen und der eigenständige Wert der Natur ignoriert werden. Ohne ein Umdenken, das den Wert der Natur unabhängig vom menschlichen Nutzen anerkennt, bleibt eine nachhaltige Beziehung zwischen Mensch und Umwelt schwer erreichbar – beispielsweise durch eine ökologische Sichtweise, die auch die menschliche Perspektive mit einbezieht.

[XVI] *Verantwortung* ist ein vielschichtiges Konzept mit individuellen, kollektiven, sozialen und ökologischen Dimensionen. Individuelle Verantwortung bedeutet, für eigene Entscheidungen einzustehen, während kollektive Verantwortung die gemeinsame Haftung von Gruppen beschreibt. Soziale Verantwortung betont den Beitrag zum Gemeinwohl, und ökologische Verantwortung fordert den Schutz der Umwelt. Es gibt verschiedene Formen der Verantwortung: reaktive Verantwortung akzeptiert Folgen, proaktive Verantwortung verhindert negative Effekte, nachhaltige Verantwortung zielt auf langfristige positive Entwicklung und ethische Verantwortung basiert auf moralischen Grundsätzen.

[XVII] Kunststoffe, umgangssprachlich *Plastik* oder *Plaste*, sind eine Klasse von Werkstof-

Kunststoffe sind zu einem integralen Bestandteil unserer modernen Gesellschaft geworden, mit einer allgegenwärtige Präsenz und einer zunehmend irreversiblen Abhängigkeit.

Jährlich werden Millionen Tonnen Kunststoffe produziert, z. B. im Jahr 2021 waren es ca. 391 Millionen Tonnen.[12] Ein erheblicher Teil davon endet jedoch am Ende der Lebenszeit des Kunststoffprodukts auf Deponien oder in der Umwelt, wo er jahrzehntelang verweilt.[XVIII,XIX] Plastikmüll bildet beispielsweise in den Ozeanen riesige treibende Inseln[XX], die das marine Ökosystem und die Tierwelt bedrohen. Mikroplastik[XXI] gelangt in unsere Nahrungskette und könnte langfristig schwerwiegende gesundheitliche Auswirkungen auf den Menschen haben.[13] Ein weiterer Teil des Kunststoffabfalls wird verbrannt und trägt somit zur Erhöhung der Kohlenstoffdioxidmenge in der Erdatmosphäre bei – wir verwandeln unseren Planeten zunehmend in eine globale Deponie. Handelt es sich hierbei um einen verantwortungsvollen Umgang mit Ressourcen?

Es ist zu betonen, dass die gegenwärtige auf Konsum[XXII] ausgerichtete Gesellschaft diese Probleme verschärft, indem Kunststoffprodukte oft nur für kurze Zeit genutzt und dann weggeworfen werden, sodass immer wieder neue Kunststoffprodukte aus primären Ressourcen erschaffen werden müssen – eine sich selbst verstärkende Abwärtsspirale. Dies führt zu einem rasanten Anstieg von Kunststoffabfällen, Umweltverschmutzung und Kohlenstoffdioxid-Emissionen[XXIII], was

fen/Materialien, die große Moleküle enthalten, die sich aus wiederholenden Einheiten zusammensetzen. Der Begriff *Kunststoff* beschreibt künstlich hergestellte Materialien. Das Wort *Plastik* stammt aus dem Griechischen und bedeutet die geformte/formende Kunst.

[XVIII] Die Aussage bezieht auf die weltweite Menge an Kunststoffabfällen.

[XIX] Für einige Kunststoffarten werden auch längere Verweilzeiten angenommen.

[XX] Z. B. *Great Pacific Garbage Patch*. Die englische Bezeichnung *Garbage Patch* kann auf Deutsch als *Müllteppich* oder *Müllansammlung* übersetzt werden, wobei der Begriff Müllansammlung das Phänomen am besten beschreibt.

[XXI] Mikroplastik sind feste, unlösliche Kunststoffpartikel in einem Größenbereich von weniger als 5 Millimetern bis 1000 Nanometer (entspricht 0,001 mm).

[XXII] Der Begriff *Konsum* (lateinisch: *consumere* = verbrauchen, verzehren) bezeichnet den Kauf, Verbrauch oder die Nutzung von materiellen oder immateriellen Gütern und Dienstleistungen durch wirtschaftliche Akteure.

[XXIII] Der Begriff *Emission* (lateinisch: *emittere* = aussenden) bezeichnet die Freisetzung von Teilchen, Stoffen, Strahlung oder Energie in die Umwelt. Diese Freisetzung kann sowohl durch natürliche Prozesse als auch durch menschliche Aktivitäten erfolgen, wie in diesem Fall. Im Gegensatz dazu beschreibt die *Immission* (lateinisch: *immittere* = hineinsenden) die Ausein Problem der planetaren Belastbarkeit[XXIV] darstellt.[14] Kunststoffabfälle sind aber nicht nur ein ökologisches Problem, sondern auch ein ethisches und wirtschaftliches Problem. Wir spüren insgesamt die Konsequenzen eines falschen Umgangs mit Ressourcen. Dennoch befindet sich die Menschheit mit ihrem gegenwärtigen Ressourcenmanagement in einer sich beschleunigenden Abwärtsspirale – paradoxerweise ist einer Mehrheit das Problem bewusst oder zumindest bekannt.[XXV,15]

Aber was können wir tun, um diesen Herausforderungen zu begegnen? Eine Lösung besteht in einem verantwortungsvollen und bewussten Umgang mit Ressourcen. Ein Teilaspekt davon, der das Potenzial hat, unsere Welt zu transformieren, ist das *Recycling*[XXVI], das aus Abfall wieder wertvolle Ressourcen generiert. Diese werden dann in die Wertschöpfungskette zurückgeführt, sodass Müll zur Ressource für neue Produkte und die Abhängigkeit von begrenzten Ressourcen reduziert wird – „*Aus Alt mach Neu*", unendlich oft. Effizientes Recycling kann nicht nur zur Müllreduzierung beitragen, sondern auch ein Schlüssel zur Lösung vieler der zuvor erwähnten Probleme sein und somit einen Beitrag zum Umweltschutz und zur Nachhaltigkeit[XXVII,16] leisten. Recycling könnte auch ein fundamentaler Baustein einer zukünftigen *Circular Economy*[XXVIII] sein, weg von der derzeit wenig nachhaltigen

wirkung oder den Effekt der Emission auf die Umwelt.

XXIV Die *planetare Belastbarkeit* gibt an, wie stark der Mensch die natürlichen Systeme der Erde belasten kann, ohne das Risiko irreversibler Veränderungen des globalen Umweltzustands zu riskieren.

XXV *Ipsos Global Trends 2023*: Rund 80 % der Befragten weltweit sind der Ansicht, dass wir ohne rasche Änderungen unserer Gewohnheiten einer Umweltkatastrophe entgegensteuern. Über die Maßnahmen zur Bewältigung der Klimakrise und die Verantwortlichkeiten gibt es jedoch unterschiedliche Meinungen.

XXVI Der Begriff *Recycling* (englisch: *re* = wieder, zurück, *cycle* = Zyklus, Kreis) bezeichnet den Prozess, bei dem Abfallprodukte oder gebrauchte Materialien gesammelt, aufbereitet und wiederverwendet werden, um neue Produkte herzustellen.

XXVII Der Begriff *Nachhaltigkeit* wird heutzutage inflationär verwendet und umfasst eine Vielzahl von Definitionen mit unterschiedlichen Schwerpunkten. Im Rahmen dieses Buches wird folgende Beschreibung nach der *Brundtlandt*-Kommission verwendet: Nachhaltigkeit bedeutet, die Bedürfnisse der heutigen Generation zu erfüllen, ohne dabei die Fähigkeit bzw. Möglichkeit zukünftiger Generationen zu gefährden, ihre eigenen Bedürfnisse zu befriedigen. Dies umfasst nicht nur den verantwortungsvollen Umgang mit bzw. Schonung von Ressourcen, sondern auch die Minimierung von Verlusten sowie die möglichst häufige Wiederverwendung von Materialien in hochwertiger Form.

XXVIII Die *Circular Economy* entspricht einem regenerativen System, in dem der Einsatz von

Linear Economy[XXIX]. Der Leser[XXX] könnte jetzt anmerken, dass Recycling für Kunststoffe bereits seit längerer Zeit existiert – in vielen Ländern wird für das Recycling gesammelt und sortiert.
Ein Blick auf die weltweite Recyclingquote bzw. den *Circularity Gap*[XXXI] von 9 %[17] zeigt jedoch, dass zwischen Vision und Wirklichkeit eine erhebliche Diskrepanz besteht – d. h., nur 9 kg von 100 kg finden den Weg zurück in den Produktionsprozess.[XXXII]
Kann besseres Recycling die Antwort bzw. Teilantwort auf die Herausforderungen unserer Zeit sein? Was können wir tun, um Recycling zu fördern? Was können wir tun, um Recycling zu verbessern? Wie können wir dazu beitragen, die transformative Bedeutung des Recyclings zu realisieren? Was können wir tun, um verantwortungsvoller mit Ressourcen umzugehen?
Antworten auf diese Fragen sind entscheidend für eine nachhaltigere Zukunft der Menschheit.

Ressourcen und Energie, die Produktion von Abfällen und Emissionen, durch Verlangsamung, Verringerung und Schließung von Energie- und Materialkreisläufen minimiert wird. Im Buch wird der Begriff *Circular Economy* verwendet und dem deutschen Begriff *Kreislaufwirtschaft* vorgezogen, auf Grund seines ganzheitlichen Ansatzes.

XXIX In einer *Linear Economy* (Linearwirtschaft) werden die eingesetzten Rohstoffe nach der Nutzungsdauer der Produkte deponiert oder verbrannt.

XXX In diesem Buch wurde aus Gründen der Lesbarkeit und Verständlichkeit größtenteils auf eine durchgehende gendergerechte Sprache verzichtet. Jedoch wird die Bedeutung einer inklusiven und geschlechtsneutralen Ansprache anerkannt und die Prinzipien der Geschlechtervielfalt unterstützt.

XXXI Der *Circularity Gap* beschreibt die Differenz zwischen dem Potenzial, Ressourcen auf eine kreislaufwirtschaftliche Art und Weise zu nutzen, und der tatsächlich genutzten Menge dieser Ressourcen. Er stellt den Unterschied zwischen den Möglichkeiten einer *Circular Economy* – wie dem umfassenden Einsatz von Recycling und Wiederverwendung – und der gegenwärtigen Realität des Ressourcenverbrauchs sowie der Abfallproduktion dar.

XXXII In der Bundesrepublik Deutschland werden 64 % der Kunststoffabfälle verbrannt und 36 % recycelt (Quelle: Umweltbundesamt).

In den folgenden Kapiteln werden wir in die gegenwärtige Kunststoffökonomie bzw. *Plastiksphäre*[XXXIII] und die *Circular Plasticonomy*[XXXIV] eintauchen, um diese Fragen zu beantworten.

[XXXIII] Die *Kunststoffökonomie/Plastikökonomie* umfasst sämtliche wirtschaftlichen Aktivitäten und Strukturen, Interaktionen der Akteure (wie Industrie, Konsumenten, Behörden), Interaktionen mit anderen Ökonomien, die mit Kunststoffen verbunden sind. Dies beinhaltet den gesamten Lebenszyklus, von der Gewinnung der Rohstoffe über die Produktion und Nutzung bis hin zur Entsorgung und dem Recycling. Die *Plastiksphäre* fokussiert sich auf die materiellen Stoffströme innerhalb der Kunststoffökonomie. Die *Plastiksphäre* kann als statisches oder dynamisches System mit einem Eingangswert (Ressourcen-*Input*) und einem Ausgangswert (*Output*) betrachtet werden. In der Realität, muss die *Plastiksphäre* jedoch meistens als dynamisches System betrachtet werden (Eingangswert und Ausgangswert sind zeitlich unabhängig). In sich ist die *Plastiksphäre* aber ein komplexes Vielparametersystem mit unterschiedlichen Zustandsgrößen, wie z. B. Materialflüsse, Verweilzeiten (die Zeit, die ein Kunststoff in einem bestimmten Stadium des Lebenszyklus verbringt) oder Recyclingraten. Die Analyse dieser Zustandsgrößen ist entscheidend, um die Effizienz und Nachhaltigkeit der *Plastiksphäre* zu bewerten. Die *Kunststoffökonomie/Plastikökonomie* und die *Plastiksphäre* sind Teil der Technosphäre und insgesamt der Anthroposphäre (griechisch: *anthropos* = Mensch; *sfära* = Kugel). Die Anthroposphäre ist der vom Menschen geschaffene und beeinflusste Lebensraum (mittlerweile die gesamte Erde). Der Begriff *Technosphäre* als Teil der Anthroposphäre grenzt den Raum auf technische Produkte/Prozesse ein.

[XXXIV] Die *Circular Plasticonomy* beschreibt ein (zukünftiges) zirkuläres Wirtschaftsmodell und gesellschaftliches Ideal für Kunststoffe, das auf Nachhaltigkeit in allen Phasen des Lebenszyklus basiert – von den Rohstoffen, der Produktion, der Nutzung über das Recycling bis zum Lebensende. Ziel ist es, Wertschöpfung und Umweltverantwortung in Einklang zu bringen und ein Gleichgewicht zwischen ökologischen, ökonomischen und sozialen Aspekten zu schaffen· Die *Circular Plasticonomy* ist ein Teil der *Circular Economy*.

KAPITEL 2

Kohlenstoffdioxid – Die Saat des Plastiks

Bevor wir uns eingehender mit dem Lebensende von Kunststoffen bzw. dem Lebensende von Kunststoffprodukten beschäftigen, erscheint es wichtig, den aktuellen Lebensweg in der Kunststoffökonomie mit seinen unterschiedlichen Pfaden von Beginn an zu betrachten, um die Vorteile und Nachteile der einzelnen Aspekte des Kunststoffabfallmanagements grundlegend zu verstehen und einzuordnen. Hierbei wird uns eine alltägliche Getränkeflasche aus dem Kunststoff PET[I] als beispielhafter Vertreter für die Gesamtheit der Kunststoffe durch das Buch begleiten.

Häufig wird angegeben, dass der Lebensweg von Kunststoffen mit fossilen Rohstoffen[II] wie Erdöl[III] und Erdgas beginnt.[18] Diese Perspektive greift jedoch viel zu kurz. Der Lebensweg von Kunststoffen beginnt eigentlich schon mit den Molekülen Wasser (H_2O) und Kohlenstoffdioxid (CO_2) (*Abbildung 1*). Das eine Molekül (H_2O) als „Element des Lebens" bzw. „ohne Wasser kein Leben" beworben und das andere Molekül (CO_2) zu Unrecht eher schlecht beleumundet als „Klimakiller"[IV]. Für ein besseres Verständnis wird uns einer der wichtigen Bausteine von Kunststoffen, das Element Kohlenstoff (**C**) aus dem Kohlenstoffdioxid (**CO_2**), als *Marker* durch den gesamten Lebensweg dienen.

[I] PET = Poly(ethylenterephthalat), Polyester (im Textilbereich)

[II] Als Ersatzmaterial für fossile Rohstoffe wurden/werden nachwachsende Rohstoffe diskutiert. Allerdings werden gegenwärtig nur vergleichsweise geringe Mengen für die Kunststoffproduktion eingesetzt (*siehe Kapitel 19*). Daneben gibt es auch Überlegungen die fossile Ressource Kohle als Ausgangsstoff für Kunststoffe einzusetzen.

[III] Erdöl (lateinisch: *oleum* = Öl) ist eine Sammelbezeichnung für eine Mischung aus organische Flüssigkeiten (Kohlenwasserstoffe), die aus der Erde gefördert werden und die nicht mit Wasser mischbar ist. Erdgas besteht aus einem Gemisch an Gasen (Kohlenwasserstoffe).

[IV] Die Bezeichnung „Klimakiller" für Kohlenstoffdioxid beschreibt nur die Wirkung und lenkt von der eigentlichen Ursache ab. Es ist das Handeln des Menschen, das die anthropogenen CO_2-Emissionen verursacht, welche wiederum eine Bedrohung für das Klima darstellen.

Auf welche Weise sind aus den beiden Grundstoffen – H_2O und CO_2 – die fossilen Ressourcen entstanden, die wir heute nutzen?

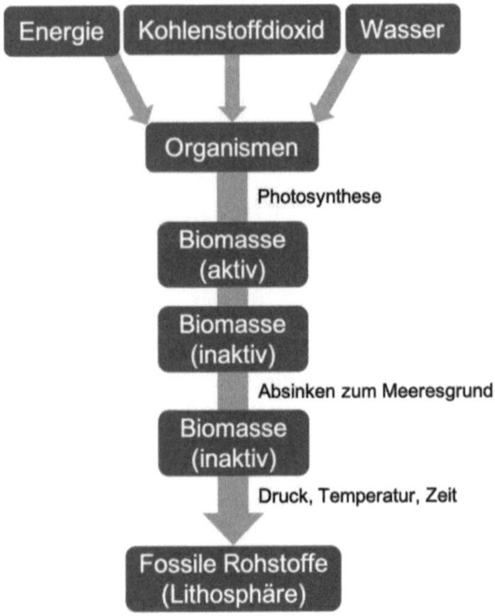

Abbildung 1. Entstehung von fossilen Ressourcen.

Wasser und Kohlenstoffdioxid werden[V] in der Biosphäre[VI] von Organismen z. B. *Phytoplankton*[VII] (Wasserkleinstlebewesen) oder Pflanzen in komplexen Stoffwechselprozessen mit Hilfe von Sonnenlicht zu chemischen Verbindungen (z. B. Kohlenhydrate[VIII]) umgewandelt (Photosynthese).[19] Diese können dann in nachgeschalteten bioche-

[V] Die Gegenwartsform wird hier verwendet, da die grundlegende Funktionsweise der Biosphäre sowohl heute als auch zur Zeit der Entstehung der „heutigen" fossilen Ressourcen gleich (geblieben) ist.

[VI] Die Biosphäre umfasst alle von Lebewesen bewohnten Bereiche der Erde, einschließlich Land, Wasser und Luft. Sie besteht aus allen lebenden Organismen sowie den für das Leben essentiellen nicht lebenden Komponenten wie Boden, Wasser und Atmosphäre.

[VII] Der Begriff *Phytoplankton* (griechisch *phytón* = Pflanze; *planktón* = das Umhergetriebene) bezeichnet die Gesamtheit mikroskopisch kleiner, frei schwebender, meist einzelliger, Organismen in Gewässern. Zum *Phytoplankton* zählen zahlreiche Arten, darunter Kieselalgen, Grünalgen und Cyanobakterien.

[VIII] Kohlen-Hydrate = Verbindung zwischen Kohlenstoff (C) und „Wasser" (O,H)

mischen Prozessen weiteren Transformationen unterliegen. Dabei sind diese Umwandlungen nicht *intra*-organismisch auf die primären Kohlenhydratproduzenten beschränkt, sondern es ist ebenfalls ein Stofftransfer mit anderen (höheren) Organismen möglich, der für diese Organismen essenziell ist (trophische Beziehungen bzw. Nahrungskette[IX]).[20]

Die Gesamtheit der durch biochemische Prozesse erhaltenen Stoffe bzw. an biochemischen Prozessen teilnehmenden Stoffe stellt die Biomasse[X] dar. Der Kohlenstoff (**C**) aus unserer Startverbindung Kohlenstoffdioxid ($\mathbf{C}O_2$) wird bzw. wurde somit in die Biomasse eingebaut. Dort zirkuliert er, wird in verschiedene chemische Verbindungen umgewandelt und spielt eine zentrale Rolle für die Erhaltung der Biosphäre.[21] Sodass auch für das Kohlenstoffdioxid gelten muss – *kein Leben ohne Kohlenstoffdioxid.*

Anzumerken ist, dass für die Umwandlung von Wasser und Kohlenstoffdioxid zu Kohlenhydraten Energie in Form von Sonnenenergie erforderlich ist. Energiearme Moleküle (H_2O, $\mathbf{C}O_2$) werden in energiereiche Substanzen (z. B. Kohlenhydrate) umgewandelt, die als ein Speicher für Sonnenenergie angesehen werden können.[22] Beispielsweise wird für die Darstellung eines Kilogramms des Kohlenhydrates D-Glukose ($\mathbf{C}_6H_{12}O_6$)[XI] aus Wasser und Kohlenstoffdioxid eine Energiemenge von 15.940 kJ[XII] benötigt, das entspricht 4,43 Kilowattstunden.[23] Beim entgegengesetzten Prozess, der Zellatmung oder „Verbrennung“ von D-Glukose[XIII], unter Bildung von Wasser und Kohlenstoffdioxid, wird der gleiche Energiebetrag wieder freigesetzt – ebenso wie bei der Verbrennung von Kohle, Erdöl und Erdgas. Wir könnten damit eine 6-

[IX] *Trophische Beziehungen* beschreiben die Wechselwirkungen zwischen Organismen in Bezug auf ihre Nahrungs- und Energiequellen. Sie umfassen alle Nahrungsbeziehungen in einem Ökosystem. Im Gegensatz zur linearen Struktur einer Nahrungskette stellen sie ein komplexes Nahrungsnetz dar. Die *Nahrungskette* ist ein Teilaspekt der trophischen Beziehungen und beschreibt eine lineare Abfolge von Organismen, bei der jeder Organismus als Nahrungsquelle für den nächsten dient.

[X] Die wichtigsten chemischen Verbindungsgruppen in der Biomasse bilden die Kohlenhydrate, Proteine, Lipide und Lignin.

[XI] Synonym: Glucose; Synthese: $6\mathbf{C}O_2 + 12H_2O + \text{Energie} \rightarrow \mathbf{C}_6H_{12}O_6 + 6H_2O + 6O_2$

[XII] 15.940 kJ (Kilojoule) = 3810 kcal (Kilokalorien) (1 Joule ist eine Einheit der Energie und ist definiert als die Energiemenge, die benötigt wird, um einem Körper mit einer Masse von 1 Kilogramm eine Beschleunigung von 1 Meter pro Quadratsekunde zu verleihen)

[XIII] $\mathbf{C}_6H_{12}O_6 + 6O_2 \rightarrow 6\mathbf{C}O_2 + H_2O + \text{Energie}$

Watt-LED-Lampe ca. 30 Tage ununterbrochen betreiben oder eine Strecke von ca. 30 km mit einem Elektroauto zurücklegen.[24]
Für die Entstehung von Erdöl ist die Biomasse des *Phytoplanktons* von Bedeutung, wohingegen für die Bildung von Erdgas die Biomasse sowohl von Wasser- als auch von Landlebewesen als Quelle dienen.[25] Das lebende *Phytoplankton* befindet sich in den obersten ca. 60 Meter der Wassersäule und führt dort die Photosynthese durch und vergrößert infolgedessen die Biomasse.[26] Da mit zunehmender Wassertiefe die Lichtintensität abnimmt, verringert sich auch die Photosynthese-Leistung und begrenzt somit den Lebensraum des *Phytoplanktons*. Nach dem Ende der Lebenszeit werden alle biochemischen Prozesse in den Zellen des *Phytoplanktons* eingestellt und es kann keine weitere Biomasse mehr aufgebaut werden. Gewöhnlich dient der größte Teil der toten Biomasse des *Phytoplanktons* als Energielieferant für andere Organismen.[27] Beispielsweise werden die gebildeten Kohlenhydrate in biologischen Oxidationen (Zellatmung, Zersetzung, Verwesung) wieder in Wasser und Kohlenstoffdioxid umgewandelt unter Freisetzung von Energie, die für weitere biologische Prozesse bzw. zur Aufrechterhaltung des Lebens genutzt wird, sodass die Biomasse des *Phytoplanktons* vollständig verschwindet und nur als (Energie-)Signatur in anderen Organismen weiterbesteht. Für diese Zersetzungsprozesse während des Absinkens in Richtung Gewässergrund muss allerdings molekularer Sauerstoff (O_2) in ausreichenden Mengen vorhanden sein.[28] Fehlt dieser kann die biologische Oxidation nicht ablaufen und die Biomasse des toten *Phytoplanktons* kann folglich nicht abgebaut werden.
Dabei sind mehrere Faktoren wichtig, die den Sauerstoffgehalt im Wasser beeinflussen. Beispielsweise spielen die Wassertemperatur (je höher die Temperatur umso geringer der Sauerstoffgehalt[XIV]), die Wassertiefe (je größer die Tiefe umso geringer der Sauerstoffgehalt) und auch die biologische Aktivität von sauerstoffverbrauchenden Organis-

[XIV] Bei einer Wassertemperatur von 10 °C sind 11 mg Sauerstoff in 1 Liter Wasser gelöst; Bei einer Wassertemperatur von 25 °C sind 8 mg Sauerstoff in 1 Liter Wasser gelöst (Der Salzgehalt des Wassers ist nicht berücksichtigt). Für die Zersetzung von 1 kg D-Glukose wird der gelöste Sauerstoff in ca. 150.000 Liter Wasser (entspricht dem Inhalt von 4,5×20-Fuß-ISO-Container: 5,9 m × 2,4 m × 2,4 m = 33,2 m³) (10 °C) bzw. 206.800 Liter Wasser (6,2×20-Fuß-ISO-Container) (25 °C) verbraucht (Das Sauerstoffgleichgewicht zwischen Luft/Wasser ist nicht berücksichtigt). Die Temperaturerhöhung der Ozeane wie in *Kapitel 1* beschrieben führt somit zur Verringerung des Sauerstoffgehaltes mit negativen Folgen für marine Ökosysteme.

men im Wasser, eine Rolle. Nur ein verschwindend geringer Teil erreicht am Ende den Gewässerboden. Die Biomasse lagert sich dort ab und kann aufgrund der sauerstoffarmen Umgebung nicht abgebaut werden und ist somit für die Biosphäre nicht mehr verfügbar (*inaktive Biomasse*), hier enden die Einflussmöglichkeiten der Biosphäre.
Wie wird jetzt aus der Biomasse der fossile Rohstoff?
Der Begriff „fossil"[XV] deutet auf zwei Aspekte hin: Zum einen auf Gegenstände, die „begraben" wurden, und zum anderen auf ein „hohes" Alter[XVI].[29] Das bedeutet die inaktive Biomasse wurde zu Beginn mit Sedimenten vermischt und anschließend nach und nach mit weiteren Schichten von Sedimenten bedeckt und dabei sauerstoffarm in die Lithosphäre[XVII] eingebettet. Durch immer weitere Überlagerungen mit Sedimenten erhöhte sich stetig die Deckschicht und daraus resultierend steigerten sich die Temperatur und der Druck in der Biomasseschicht. Damit Erdöl und Erdgas dauerhaft gespeichert bleiben und nicht entweichen, muss eine undurchlässige Deckschicht vorhanden sein. Entscheidend ist, dass die Biomasse-Sediment-Schicht verschiedene geologische Prozesse, wie *Diagenese*, *Katagenese* und *Metagenese*[XVIII] durchlaufen ist, die sehr viel Zeit in Anspruch genommen haben.[30] Für die Bildung von Erdöl ist entscheidend, dass ein Druck von 300–1500 bar[XIX] und eine Temperatur im Bereich von 80–120 °C in der inaktiven Biomasseschicht vorherrschte (*Erdölfenster*).[XX] Unter diesen Rahmenbedingungen wurden die in der inaktiven Biomasse enthaltenen chemischen Verbindungen einem Umwandlungsprozess (pyrolytische Zersetzung[XXI]) unterworfen, chemische Bindungen wurden gebrochen

[XV] Lateinisch: *fossilis* = ausgegraben
[XVI] >10.000 Jahren (*Prä-Holozän*)
[XVII] Die Lithosphäre (griechisch: *lithos* = Stein, *sphära* = Kugel) umfasst die Erdkruste und den äußersten Teil des Erdmantels.
[XVIII] *Diagenese* (griechisch: *dia* = durch, hindurch, *genesis* = Entstehung, Entwicklung): Umwandlung bei niedrigen Temperaturen und Druck. *Katagenese* (griechisch: *kata* = herab, hinunter): Umwandlung bei mittleren Temperaturen und Druck. *Metagenese* (griechisch: *meta* = nach, jenseits): Umwandlung bei hohen Temperaturen und Druck.
[XIX] Normaldruck: 1,1325 bar = 1013,25 hPa. Der Druck von 300 bar entspricht ca. dem Gewicht des Eiffelturms auf einer Fläche von 1 m^2.
[XX] Darüber hinaus kann das umschließende Material (Mineralien) als Katalysator fungieren und die Aktivierungsenergie für den Umwandlungsprozess senken.
[XXI] *Pyrolyse* = thermischer Zersetzungsprozess in einer sauerstoffarmen bzw. sauerstofflosen Atmosphäre (griechisch: *pyr* = Feuer, *lysis* = Auflösung).

und neue Bindungen geknüpft. Anzumerken ist, dass neben dem Druck und der Temperatur auch eine lange Reaktionszeit entscheidend für die erfolgreiche Umwandlung ist (*Abbildung 1*). Als Resultat formten sich in Jahrmillionen aus sauerstoffreichen Kohlenhydraten sauerstoffarme Kohlenwasserstoffe[XXII]. Dabei bildete sich eine Mischung aus hunderten verschiedener flüssiger bzw. zähflüssiger Kohlenwasserstoffe, die unter dem Begriff *Erdöl* zusammengefasst werden.[XXIII] Die entstandenen Kohlenwasserstoffe befinden/sammeln sich in kleinen Hohlräumen (Poren) in der Gesteinsschicht, vergleichbar mit einem wassergetränkten Schwamm. Wenn wir als Modell für die aus der Photosynthese gebildeten chemischen Verbindungen wieder die D-Glukose heranziehen und die Verhältnisse[XXIV] der enthaltenen Elemente Kohlenstoff (62 %), Wasserstoff (10 %) und Sauerstoff (28 %) mit den durchschnittlichen Verhältnissen in Erdöl (Kohlenstoff (**C**): ca. 85 %, Wasserstoff: ca. 13 %, Sauerstoff: ca. 0,5 %) vergleichen, wird deutlich, dass der Anteil an Sauerstoff deutlich abgenommen hat und Erdöl einen höheren prozentualen Anteil an Kohlenstoff besitzt.[31]

Liegt hingegen die Temperatur der Biomasseschicht im Bereich von 120–180 °C bildet sich stattdessen Erdgas (*Erdgasfenster*), das aus kleinen gasförmigen Kohlenwasserstoffen besteht (z. B. Methan $\mathbf{C}H_4$, Ethan $\mathbf{C}_2H_6$).

Anzumerken ist, dass die Zusammensetzung des Erdöls/Erdgases Variationen unterliegen kann, abhängig von den vorherrschenden Bedingungen (Druck, Temperatur, Zeit, Umgebung, Startmaterial etc.) während der Bildung.

Wenn wir uns die beschriebenen komplexen Prozesse ansehen, stellt sich unweigerlich die Frage: Wie wahrscheinlich ist es, dass die Biomasse eines in Urzeiten lebenden Mikroorganismus in einer PET-Flasche endet?

XXII Kohlen-Wasserstoffe = Verbindungen zwischen Kohlenstoff (C) und Wasserstoff (H). Unter anderem sind folgende organische Verbindungen enthalten: *n*-Alkane [(z. B. Propan ($\mathbf{C}_3H_8$), Butan ($\mathbf{C}_4H_{10}$), Pentan ($\mathbf{C}_5H_{12}$), Hexan ($\mathbf{C}_6H_{14}$), Heptan ($\mathbf{C}_7H_{16}$), Oktan ($\mathbf{C}_8H_{18}$)], *iso*-Alkane, Cycloalkane, Aromaten [z. B. Benzol ($\mathbf{C}_6H_6$), Toluol ($\mathbf{C}_7H_8$)] und weitere.

XXIII Die Fließeigenschaften sind bezogen auf Raumtemperatur.

XXIV Prozentuale Massenanteile der enthaltenen chemischen Elemente

Neben den richtigen physikalischen und chemischen Bedingungen spielt auch der Zufall eine entscheidende Rolle – der Mikroorganismus musste zur richtigen Zeit am richtigen Ort existieren, sodass die Wahrscheinlichkeit mit der eines Lottospiels verglichen werden kann. Allerdings kommt hier die „Macht der großen Zahlen“ zum Tragen: Die enorme globale Erdölmenge von etwa 0,876 Milliarden Tonnen[XXV] zeigt, wie selbst bei einem Lottospiel die „unendliche“ Anzahl an Ziehungen den Erfolg begünstigt.[32]

Darüber hinaus zeigt sich, dass selbst wenn alle Bedingungen erfüllt sind, die Effizienz nicht sehr hoch ist. Schätzungen deuten darauf hin, dass zur Gewinnung von 1 kg Erdöl (mit einem Kohlenstoffgehalt von 0,85 kg) etwa 11.800 kg urzeitlicher Biomasse-Kohlenstoff benötigt werden, was einer Effizienz von nur 0,07 % entspricht.[33] Wichtig ist, dass die restlichen 99,93 % nicht „verloren“ sind, sondern im Kohlenstoffkreislauf[XXVI] weiter zirkulieren. Das bedeutet, dass für die ca. 0,876 Milliarden Tonnen weltweite Erdölmenge insgesamt etwa 10.300.000 Milliarden Tonnen urzeitlicher Biomasse-Kohlenstoff erforderlich waren – eine aus menschlicher Perspektive kaum vorstellbare Menge. Zum Vergleich: Die geschätzte Kohlenstoffmenge der derzeit lebenden Biomasse auf der Erde beträgt etwa 550 Milliarden Tonnen.[XXVII,34]

An diesem Punkt, nach Millionen von Jahren[XXVIII,35], sind die Aufgaben der Biosphäre und der Lithosphäre abgeschlossen und der Kohlenstoff (**C**) aus dem „urzeitlichen“ Kohlenstoffdioxid (**C**O_2) ist nun Bestandteil von Erdöl oder Erdgas – bereit, in den nächsten Schritten zu Kunststoffen und schließlich in unserer PET-Flasche zu enden.

[XXV] 1 Milliarde Tonnen entspricht 1.000.000.000 Tonnen

[XXVI] Der Kohlenstoffkreislauf beschreibt den globalen Prozess, bei dem Kohlenstoff zwischen verschiedenen Speichersystemen, wie der Atmosphäre, den Ozeanen, der Biosphäre und der Lithosphäre zirkuliert.

[XXVII] Anzumerken ist, dass die Biomassemenge eine variierende Größe darstellt, die im Kohlenstoffkreislauf mit den anderen Reservoirs in Beziehung steht und mit ihnen wechselwirkt. Zudem hängt sie auch von weiteren externen Faktoren ab, wie beispielsweise der Temperatur.

[XXVIII] Man nimmt an, dass etwa 70 % des heute verbrauchten Erdöls vor rund 250 Millionen Jahren entstanden sind.

KAPITEL 3

Fossile Ressourcen – Aus der Tiefe um die Welt

Wie gelangen die fossilen Ressourcen nun aus den Tiefen der Lithosphäre an die Oberfläche? Die Frage lässt sich scheinbar einfach beantworten: mit Hilfe von Bohrungen werden Zugänge geschaffen, über die das Erdöl an die Oberfläche gelangt. Aber die Komplexität der Erdölförderung zeigt sich im Detail und hängt von vielen Faktoren ab. Beispielsweise ist die Zugänglichkeit der Lagerstätte ein zentraler Aspekt. Hierbei wird unterschieden zwischen Vorkommen an Land (*Onshore*) oder auf See (*Offshore*), wobei die Förderung auf See häufig einen deutlich höheren apparativen Förderaufwand bedeutet (Bohrinseln). Zudem spielen Faktoren wie die Lagerstättentiefe, die Beschaffenheit des Reservoirs (z. B. Größe und Form), die geologische Umgebung, Durchlässigkeit der Reservoirschicht, die Heterogenität des Reservoirs, der Füllstand und die (Zäh-)Flüssigkeit des Erdöls (Viskosität) eine Rolle.[36] Basierend auf diesen Einflussgrößen und ihren Auswirkungen auf die Komplexität der Förderung wird üblicherweise zwischen konventionellem und unkonventionellem Erdöl unterschieden.[37] Wobei konventionelles oder „billiges“ Erdöl aufgrund günstiger Lage der Vorkommen und geringer Viskosität einfacher zugänglich ist.[I] Unkonventionelles Erdöl ist schwieriger zu fördern und daher teurer, beispielsweise aus Ölsand, Ölschiefer, Tiefseeöl oder Öl aus Polarregionen.[II]

Zu Beginn[III] der Ära des Erdöls war es möglich durch Anbohren des Reservoirs das Erdöl zu gewinnen (*primäre Förderung*).[38] Die unter Überdruck stehenden Lagerstätten pressen das Erdöl an die Oberfläche und es kann in vielen Fällen direkt in Pipelines abtransportiert werden.

[I] Die Zuschreibung „billig“ bezieht sich auf den Vergleich der Förderkosten.
[II] Ölsand ist ein Gemenge aus Sandkörnern, zähflüssigem Erdöl und Wasser. Ölschiefer ist ein tonig-mergeliges Sedimentgestein, das organisches Material enthält.
[III] Erste Bohrungen wurden in der Zeit von 1855–1860 durchgeführt.

Dieser Entleerungsmechanismus ist vergleichbar mit einem gefüllten Luftballon, der sich beim Öffnen entleert. Allerdings nimmt der Druck der Lagerstätten schnell ab und mehr als 80 % des Erdöls verbleiben im Reservoir und können mit dieser Methode nicht gefördert werden.
Die Zeiten dieser einfachen Förderungen sind bei den meisten bekannten Quellen allerdings vorbei. Durch den Einsatz von Pumpen und verbesserter Bohrtechnik kann die Erdölausbeute um einige Prozentpunkte gesteigert werden.[37] Eine weitere Möglichkeit zur Verbesserung der Erdölausbeute ist das Einpressen von Wasser, Erdgas, Stickstoff (N_2) oder Kohlenstoffdioxid in die Lagerstätte zur Erhöhung des Lagerstättendrucks (*sekundäre Förderung, Gastrieb*). Darüber hinaus ermöglicht die schlechte Mischbarkeit von Wasser und Erdöl einen gezielten Transport des Erdöles zum Förderpunkt (*Wassertrieb*).[IV] Mit dieser Technik lassen sich weitere 10–20 % Erdöl aus der Quelle entnehmen. Eine weitere Möglichkeit zur Erhöhung der Fördermenge besteht in der Injektion von industriellen Chemikalien in die Erdölschicht. Zum Beispiel führt das Einbringen einer Mischung von Wasser und Säure zu einer verbesserten Durchlässigkeit des Gesteins für das Erdöl. Durch chemische Reaktionen wird beispielsweise Kalkstein[V] zersetzt und es werden neue Wege im Gestein zu den Bohrlöchern geschaffen.[39] Ein Nachteil bei dieser Methode ist, dass die eingesetzte Säure in vorgeschalteten energieintensiven Verfahren hergestellt werden muss.[VI] Als weiteres Problem ist die Freisetzung von Kohlenstoffdioxid zu betrachten, das durch die Zersetzungsreaktion des Gesteins mit Säure entsteht.[VII] Anzumerken ist, dass durch die Bildung des Gases Kohlenstoffdioxids der Druck in der erdölführenden Schicht erhöht wird und somit eine Ausweitung der Förderung möglich ist. Der Kohlenstoff

[IV] Die schlechte Mischbarkeit wird durch die Bildung zweier Phasen deutlich (oben: Erdöl, unten: Wasser). Bei *Offshore* Anlagen wird Meerwasser injiziert. Um den Abbau des Erdöls durch Mikroorganismen zu verhindern, die im Meerwasser enthalten sind, werden Biozide (Wirkstoffe, die unerwünschte Organismen gezielt bekämpfen) zugegeben.
[V] Carbonat-haltiges Gestein, wie z. B. Kalkspat (Calciumcarbonat $CaCO_3$)
[VI] Z. B. a) Chloralkalielektrolyse: 2NaCl (Natriumchlorid, „Kochsalz") + $2H_2O$ + Energie → 2NaOH (Natriumhydroxid) + Cl_2 (Chlor) + H_2 (molekularer Wasserstoff); b) Cl_2 + H_2 → 2HCl (Chlorwasserstoffsäure, HCl in Wasser = Salzsäure)
[VII] Zugrundeliegende Zersetzungsreaktion am Beispiel von Salzsäure: CO_3^{2-} (Carbonat) + 2HCl (Salzsäure) → CO_2 + $2Cl^-$ (Chlorid-Ionen) + H_2O

dieses Kohlenstoffdioxids wurde vor Jahrmillionen von Organismen direkt oder indirekt aufgenommen, allerdings nicht wie im *Kapitel 2* beschrieben in organische Verbindungen, wie z. B. Kohlenhydrate, eingebaut, sondern in Form von anorganischen Verbindungen wie z. B. Calciumcarbonat, die zum Aufbau von Skeletten notwendig sind, gespeichert.[VIII]

Um negative Auswirkungen auf die atmosphärische Konzentration an Kohlenstoffdioxid zu vermeiden, muss das freigesetzte Kohlenstoffdioxid nach Möglichkeit in der Lithosphäre verbleiben.

Mit den beschriebenen Methoden kann allerdings nur der leicht fließende Anteil des Öles gefördert werden. Um auch den schwerfließenden Anteil zu gewinnen, kann die tertiäre Förderung (*Enhanced-Oil-Recovery-Prozesse*) angewendet werden, wobei auf Grund der hohen Kosten eine Wirtschaftlichkeit nur bei hohen Erdölpreisen gegeben ist. Typischerweise lässt sich die Gesamtausbeute[IX] an Erdöl auf 50–60 % steigern, das heißt im Umkehrschluss, dass ca. 50 % des Erdöls mit den etablierten Verfahren nicht förderbar bzw. nicht wirtschaftlich förderbar sind und in der Lithosphäre verbleiben.[40] Ein Ansatz der tertiären Förderung liegt in der Veränderung der Viskosität des Erdöls im Reservoir.[41] Hierfür werden Gase wie beispielsweise Stickstoff (N_2), Kohlenstoffdioxid, Erdgas oder Benzin[X] in die erdölführende Schicht injiziert, die sich im Erdöl lösen und dessen Fließfähigkeit verbessern und somit eine Fördererhöhung erlauben.

Eine weitere Option ist der Eintrag von überhitztem Wasserdampf zur Erwärmung des Erdöls in der erdölführenden Schicht und der daraus resultierenden Viskositätsverringerung bzw. verbesserte Fließfähigkeit bei höherer Temperatur (*Dampffluten*). Allerdings wird für die Erzeugung des überhitzten Wasserdampfs eine erhebliche Menge Energie benötigt.[XI] Diese Methode wird auch genutzt um Erdöl aus Ölsand

[VIII] Z. B. Schalen von fossilen Kleinlebewesen, Schnecken, Muscheln, gesteinsbildenden Korallen und Schwämmen

[IX] Summe aus primärer, sekundärer und tertiärer Förderung

[X] Erdölprodukt, das durch Raffination gewonnen wird (*siehe Kapitel 5*).

[XI] Um 1 kg Wasser um 1 °C zu erwärmen werden 4186,8 Joule benötigt. Als überhitzter Wasserdampf wird Wasser bezeichnet, das eine Temperatur größer 100 °C, also oberhalb der Siedetemperatur, hat. Üblicherweise wird in einem Temperaturfenster von 300–600 °C gearbeitet.

/Teersand zu extrahieren, hierbei müssen pro gefördertem Fass Erdöl zwei bis drei Fässer Wasser verdampft und überhitzt werden.[XII]
Daneben gibt es auch Prozesse, die die Viskosität des in die Erdölphase gepumpten Wassers durch die Zugabe von geringen Mengen an Polymeren/Kunststoffen, z. B. Poly(acrylamid) steigern (*Polymer-Fluten*).[42] Durch die erhöhte Viskosität der wässrigen Phase kann das Erdöl nicht mehr ohne weiteres vorbeifließen, sondern wird von der wässrigen Phase in Richtung Bohrloch vor sich hergetrieben. Wie beim Säure-Verfahren müssen die eingesetzten Polymere mit Energie- und Ressourcenaufwand vorher produziert werden. Dabei basieren die im Polymer enthaltenen Bausteine größtenteils auf fossilen Rohstoffen, beispielsweise wird die Erdölkomponente Propan in einem mehrstufigen Prozess zu Poly(acrylamid).[43] Also fossile Rohstoffe werden mit Hilfe und unter Verbrauch von fossilen Rohstoffen gewonnen.
Ähnliches gilt auch für das *Tensid-Verfahren*, bei dem durch die Zugabe von Tensiden, die Grenzflächenspannung zwischen der wässrigen und der öligen Phasen verringert wird und somit die Bildung von Emulsionen[XIII] ermöglicht wird, d. h., dass das Erdöl fein verteilt im Wasser vorliegt.[44]
Selbstverständlich sind auch Kombinationen der verschiedenen Verfahren möglich.
Nach Erreichen der Erdoberfläche wird das Erdöl aufbereitet (Abtrennung von Erdgas und Wasser, Entschwefelung) bevor es zur Erdölraffinerie[XIV] transportiert wird um dort verarbeitet zu werden.[45] Dies geschieht durch physikalische und mechanische Verfahren, die die verschiedenen Phasen nach der Dichte trennen. Hierbei ist der Transportweg von der geographischen Lage der Lagerstätte und der Erdölraffinerie abhängig. Beispielsweise das uns am nächsten gelegene größere Fördergebiet befindet sich in den Tiefen der Nordsee und zwar zwischen den *Shetland*-Inseln und Norwegen.[46] Seit den 1970er Jahren wird hier Erdöl gefördert, das unter dem Sammelbegriff „*Brent*" gehan-

[XII] 1 Fass (englisch: *Barrel*) Erdöl enthält ca. 159 Liter was einer Masse von 0,136 Tonnen entspricht (Dichte: 0,86 g/cm³).
[XIII] Beispiel von Öl-Wasser-Emulsionen im Alltag: Milch, Mayonnaise
[XIV] Französisch: *raffiner* = verfeinern

delt wird.[XV] Mit Hilfe von Bohrinseln wird das Erdöl aus einer Wassertiefe von ca. 140 Metern und einer Gesteinstiefe von ca. 2800 Metern gefördert. Von dort wird das Erdöl per Unterwasserölleitung zum Ölterminal transportiert und anschließend auf Öltanker verladen. Diese transportieren das Erdöl zum Beispiel zum *Rotterdamer* oder *Wilhelmshavener Ölhafen* an denen es wieder in Ölleitungen zum Bestimmungsort (Raffinerie) geleitet wird.[47] Ähnliche Transportrouten und -mittel sind auch üblich für die anderen bekannten Erdölsorten wie *West Texas Intermediate* (*WTI*, Fördergebiete: Texas, New Mexico, Golf von Mexiko) und *Dubai Fateh* (*Dubai Crude*, Förderregion: Persischer Golf), wobei hier auch *Onshore* Förderungen enthalten sind, die das Erdöl über Landölleitungen zu Ölterminals transportieren.[XVI]

Alle aufgezeigten Förder- und Transportmethoden benötigen einen direkten Energieeinsatz zur Durchführung der Förderung des Erdöls an die Oberfläche bzw. zum Transport, der auf Grund unterschiedlicher Komplexität bzw. Dimensionen verschiedene Größenordnungen erreicht (*Abbildung 2*).

Diese Energie wird hauptsächlich durch die Verbrennung fossiler Ressourcen zu Kohlenstoffdioxid und Wasser „erzeugt" bzw. „gewonnen"[XVII] und trägt somit zur Verringerung der fossilen Reserven bei. Zum Beispiel wird für den Transport des Erdöls mit Erdöltankern die Energie durch die Verbrennung von Schiffsdiesel bereitgestellt, der

[XV] Namensgebend ist das Erdölfeld *Brent* (englisch: *Brent Goose* = Ringelgans) der Firmen *Royal Dutch Shell* und *Exxon Mobil Corporation* bzw. deren ursprünglichen Gesellschaften nordöstlich der Shetlandinseln. Gehandelt wird an der *ICE Futures* (*Intercontinental Exchange*) (früher „*International Petroleum Exchange* (*IPE*)") in London.

[XVI] Die wichtigsten Erdölsorten (Hauptölmarker) „*Brent*", „*West Texas Intermediate*", „*Dubai Fateh*" und andere entstammen häufig nicht aus einer Quelle sondern bezeichnen eher die regionale Herkunft des Erdöls. Daneben gibt es auch noch den „*OPEC Reference Basket*", der weitere Erdölsorten verschiedener Regionen zusammenfasst.

[XVII] Die Begriffe: „*Energie-Gewinnung*", „*Energie-Erzeugung*" werden häufig verwendet, allerdings sind sie ungenau, denn es gilt der 1. Hauptsatz der Thermodynamik: Energie kann nur in verschiedene Formen umgewandelt oder übertragen werden. In einem geschlossenen System bleibt die Gesamtenergie konstant. Folglich ist *Energie-Umwandlung* die bessere Beschreibung.

ebenfalls aus Erdöl gewonnen wird.[XVIII] Bohrinseln werden häufig mit Diesel[XIX] oder Erdgas betrieben.

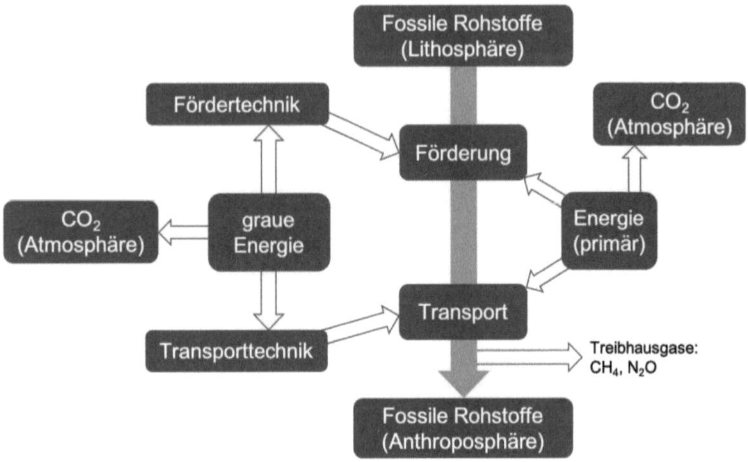

Abbildung 2. Fossile Ressourcen – von der Lithosphäre in die Anthroposphäre (Technosphäre).[XX]

Zur Verringerung der Treibhausgasemissionen und Einsparung von fossilen Ressourcen ist eine Anwendung von erneuerbaren Energien[XXI]

[XVIII] Ein Öltanker (*Hellespont-Alhambra* Klasse) mit einer Ladekapazität von 442.000 Tonnen (entspricht ca. 502,24 Mio. Liter Rohöl) und einer Leistung von 36.900 kW generiert durchschnittlich 6918,75 kg CO_2/h (187,5 g (CO_2)/kWh) (S. Seum, C. Bahlke, C. Grasmeier, J. Gröger, M. Mottschall, S. Schnegelsberg „Umweltschonender Schiffsbetrieb" Öko-Institut e.V., **2011**). Daraus ergibt sich für den Transport eines Liters Rohöl eine Freisetzung von 0,33 g CO_2/Tag. Für den Transport eines Liter Rohöls aus der USA nach *Rotterdam* entstehen ca. 2,64 g CO_2 (Transportlänge: ca. 5800 km, Transportgeschwindigkeit: max. 32 km/h, Transportdauer: ca. 8 Tage bei Maximalgeschwindigkeit).

[XIX] Alkane, Cycloalkane und aromatische Kohlenwasserstoffe mit ca. 9–22 Kohlenstoffatomen pro Molekül.

[XX] Die Treibhausgase Methan (CH_4) und Distickstoffmonoxid (N_2O) fallen im Vergleich zu Kohlenstoffdioxid in geringeren Mengen an, haben aber ein höheres Treibhausgaspotential (CH_4: 25-mal so wirksam wie CO_2; N_2O: 298-mal so wirksam wie CO_2; Quelle: Umweltbundesamt).

[XXI] *Erneuerbare Energien*, auch als regenerative oder nachhaltige Energiequellen bezeichnet, umfassen Ressourcen, die kontinuierlich verfügbar sind, wie Sonnenstrahlung, Windkraft, Wasserkraft, Erdwärme und Biomasse. Der Begriff *erneuerbare Energie* ist physikalisch nicht korrekt, da Energie nicht erneuert oder wiederhergestellt werden kann, sondern nur

denkbar, z. B. das Betreiben von Pumpen durch Solarenergie oder Windenergie.
Neben dem direkten Energieeinsatz besteht auch ein indirekter Energiebedarf (graue Energie)[XXII] für die Herstellung der benötigten Ausstattung zur Durchführung der Bohrtätigkeit und des Transportes.
Zur Verdeutlichung wollen wir uns als Beispiel die wichtige Komponente Stahl[XXIII] herausgreifen die essentieller Bestandteil in allen Stufen zwischen Lithosphäre und Raffinerie ist (z. B. von Bohrplattformen, Ölleitungen, Öltanker). Um Stahl zu erzeugen, muss erst Eisenerz (Eisenoxide) gefördert und zum Stahlherstellungsort transportiert werden. In einem Hochtemperaturprozess (bis zu 2300 °C) wird das Eisenerz zu Roheisen umgewandelt durch die Zugabe des fossilen Rohstoffes Kohle[XXIV].[48] Um die hohen Temperaturen zu erreichen, wird ein Teil der Kohle verbrannt und es entsteht Kohlenstoffdioxid und die gespeicherte Sonnenenergie in der Kohle wird in Form von Wärmeenergie frei. Ein weiterer Teil der Kohle wird für die Reaktion mit dem Eisenoxid verwendet, und auch hier wird letztendlich aus der Kohle Kohlenstoffdioxid und Wasser.[XXV] Für die Herstellung von einer Tonne Roheisen werden ca. 0,5 Tonnen Kohle benötigt und daraus am Ende ca. 1,8 Tonnen Kohlenstoffdioxid.[49] Das erhaltene Roheisen wird mit Hilfe weiterer Kohle und Zusatzstoffen zu Stahl veredelt, um dann die für die Erdölförder- und Transportausstattung benötigten Produkte zu formen.
Das lässt sich selbstverständlich auf weitere notwendige Komponenten ausdehnen (Chemikalien, Kunststoffe etc.). Allerdings wird der Anteil der indirekten Energie bzw. die Menge an gebildetem Kohlenstoff-

umgewandelt wird (siehe 1. Hauptsatz der Thermodynamik). Dieser Begriff hat sich jedoch im allgemeinen Sprachgebrauch etabliert und wird daher im Folgenden weiterhin verwendet.

[XXII] *Graue Energie* bezeichnet die gesamte Energiemenge, die in die Herstellung, den Transport und die Entsorgung eines Produkts oder einer Dienstleistung fließt, bevor diese genutzt werden. Sie umfasst also alle Energieaufwände, die bereits vor der eigentlichen Nutzung anfallen.

[XXIII] Eisen-Kohlenstoff-Legierung mit einem maximalen Kohlenstoffgehalt von 2,06 % (DIN EN 10020)

[XXIV] Genauer: Die Kohle wird durch Wärmeeinwirkung und unter Sauerstoffausschluss in Koks (speziell aufbereitete Form von Kohle mit höherem Kohlenstoffanteil) umgewandelt. Dieser thermochemische Spaltungsprozess wird als *Pyrolyse* bezeichnet.

[XXV] a) C (Kohle) + O_2 → CO_2 + Energie; b) CO_2 + C → 2CO (Kohlenstoffmonoxid); c) Fe_3O_4 (Eisenerz) + 4CO → 3Fe (Eisen) + $4CO_2$

dioxid pro Erdölmenge kleiner je mehr Erdöl mit den Anlagen gefördert wird, dennoch muss erst Energie investiert werden bevor der erste Tropfen Erdöl gefördert werden kann bzw. zur Aufrechterhaltung der Förderung. Wie bereits beschrieben könnte auch hier der Einsatz von erneuerbare Energie zur Verringerung der Menge an Kohlenstoffdioxid beitragen.

An diesem Punkt hat der von uns betrachtete Kohlenstoff (**C**) aus dem ehemaligen urzeitlichen Kohlenstoffdioxid ($\mathbf{C}O_2$) die Tore der Raffinerie erreicht und kommt seiner Bestimmung als Teil der PET-Flasche näher.

KAPITEL 4

Wenn die letzte Quelle versiegt – Das Ende des Erdölzeitalters?

Aufgrund der langwierigen Prozesse in der Lithosphäre, die aus menschlicher Zeitperspektive kaum greifbar sind, sollten wir Erdöl als nicht erneuerbare Ressource und Energiequelle betrachten.[I]

Die Bundesanstalt für Geowissenschaften und Rohstoffe schätzt die globale Erdölmenge auf etwa 876 Milliarden Tonnen (ca. 876.000.000.000.000 kg), unter Berücksichtigung sowohl konventioneller als auch nicht-konventioneller Quellen.[50] Die verfügbaren Erdölreserven erscheinen zwar groß, sind jedoch weder unerschöpflich noch unbegrenzt – groß bedeutet nicht unendlich.[51] Durch menschliche Aktivitäten wurden im Ölzeitalter bereits etwa 222,7 Milliarden Tonnen[II,52] gefördert und verbraucht, was etwa 20 % der Gesamtmenge von 1098,7 Milliarden Tonnen entspricht. Um dies besser einzuordnen, betrachten wir die weltweite Förderung, die im Jahr 2023 etwa 102,21 Millionen Tonnen erreicht hat – pro Tag.[53] Im Jahr 2016 betrug der deutsche Anteil etwa 10,6 Barrel[III] bzw. rund 3,9 kg pro Tag pro Person. Im Vergleich dazu wurden in den USA pro Person 22,3 Barrel bzw. 8,3 kg pro Tag und in der Volksrepublik China pro Person 3,2 Barrel bzw. 1,2 kg pro Tag Erdöl verbraucht.[54,IV]

Es gilt zu bedenken, dass nicht der gesamte Vorrat der weltweiten Erdölmengen unter ökonomischen Gesichtspunkten gefördert werden kann (35–60 % pro Lagerstätte). Dies gilt, auch wenn die Fördermethoden stetig verbessert werden und ein steigender Erdölpreis die

[I] Für die folgenden Betrachtungen betrachten wir Erdöl stellvertretend für die fossilen Ressourcen.

[II] Beginn des Ölzeitalters ca. 1850er Jahre bis 2023

[III] 1 Fass (englisch: *Barrel*) Erdöl enthält ca. 159 Liter was einer Masse von 0,136 Tonnen entspricht (Dichte: 0,86 g/cm³).

[IV] Die Werte sind vermutlich nicht um den Anteil Erdöl korrigiert, der für Produkte benötigt wird, die für den Export bestimmt sind und somit eigentlich dem Importierenden angerechnet und nicht dem Produzenten werden müssten.

Rentabilität vieler bereits „erschöpfter" Quellen erhöht (*siehe Kapitel 3*).[55] Berechnungen mit diesen Daten ergibt eine Restmenge an Erdöl von etwa 162–437 Milliarden Tonnen. Bei aktuellem Verbrauch würde diese Menge voraussichtlich für noch etwa 32–86 Jahre ausreichen, also bis ungefähr 2056–2110. Diese Betrachtung stellt allerdings nur eine Momentaufnahme dar, die den *Status quo* in die Zukunft fortschreibt und dabei künftige technologische und wirtschaftliche Entwicklungen außer Acht lässt bzw. nicht berücksichtigen kann, wodurch die Werte einer erheblichen Unsicherheit unterliegen und auch stark von der Verfügbarkeit der Daten abhängen.[56]

Es ist wichtig zu beachten, dass das Ende des Erdölzeitalters voraussichtlich deutlich früher eintreten wird, lange bevor der letzte Tropfen Erdöl gefördert ist. Wahrscheinlich werden sich die Entwicklungen bereits ab dem Erreichen des *Peak-Oil*-Zeitpunkts („Allzeit-Fördermaximum", Wendepunkt) grundlegend verändern, an dem die weltweite Ölförderung ihr Maximum erreicht und danach unvermeidlich zurückgeht. Es gibt unterschiedliche Auffassungen darüber, ob der *Peak Oil* bereits erreicht und überschritten ist oder wann er eintreten könnte.[V,57] Auch für den Zeitpunkt des *Peak Oil* gibt es eine breite Spanne möglicher Zeitpunkte, die berechnet wurden. Diese Variabilität resultiert ebenfalls aus der statischen Betrachtungsweise und der unterschiedlichen Datengrundlage.

Dieser Wendepunkt wird weitreichende Auswirkungen auf die Energieversorgung, Chemikalienherstellung, Materialherstellung, Wirtschaft und die geopolitischen Verhältnisse haben. Mit dem Rückgang des Erdölangebots und einer gleichbleibenden oder steigenden Nachfrage dürfte der Ölpreis deutlich steigen. Neben der Angebotsverknappung könnte der Preisanstieg durch höhere Förderkosten weiter beschleunigt werden, da die Erschließung neuer Vorkommen immer teurer wird (*Peak-Oil-Theorie* bzw. *Peak-Nachfrage-Theorie*).[58] Andererseits könnte der Ölpreis auch durch die Verringerung der Nachfrage infolge einer systemischen Umstellung der Rohstoffquellen fallen.

Unabhängig vom genauen Zeitpunkt des Wendepunkts steht fest, dass die Menge an verfügbarem Erdöl kontinuierlich abnimmt und ein Ende

[V] Einige Schätzungen gehen von den 2030er Jahren aus.

des Erdölzeitalters absehbar ist. Die einzige Frage bleibt, wann dieser Punkt erreicht wird oder ob die Endphase möglicherweise bereits begonnen hat.[59]
Wie viel Zeit bleibt uns tatsächlich, bis Alternativen unvermeidbar werden? Gibt es Möglichkeiten, das Erdölzeitalter zu verlängern?
Zunächst ist es sinnvoll, den Verbrauch von Erdöl genauer zu analysieren. Etwa 55 % des Erdöls werden im Transportsektor hauptsächlich für die Energiegewinnung verwendet (*Verbrauchssystem I*).[60] Darüber hinaus kommt weiteres Erdöl zum Einsatz für die Erzeugung von elektrischer Energie, Wärmeenergie und Prozessenergie in industriellen Verfahren (*Verbrauchssystem II*).[61] Das Hauptaugenmerk der *Verbrauchssysteme I* und *II* liegt auf der Nutzung der im Erdöl gespeicherten Sonnenenergie, wobei Kohlenstoffdioxid und Wasser als Endprodukte entstehen – also zurück zum Ausgangspunkt unser Reise (*siehe Kapitel 2*) (*primärer* und *sekundärer Erdölverbrauch*[VI]).[62]
Zusätzlich existiert das *Verbrauchssystem III*, das Erdöl als materielle Rohstoffquelle nutzt.[63] Hier wird Erdöl in etwa 300 Grundchemikalien umgewandelt, die als Basis für eine breite Palette petrochemischer Produkte dienen, z. B. Düngemittel, Fasern, Farben und Lacke, Pharmazeutika sowie Waschmittel und Reinigungsmittel. Auch Kunststoffe werden daraus hergestellt, wobei der Kohlenstoff (**C**) aus dem Erdöl letztlich im Produkt, wie unserer PET-Flasche, integriert ist (*siehe Kapitel 6*).
Im Bereich des Transports könnte der Energieverbrauch durch neue Mobilitätskonzepte gesenkt und/oder die Energieeffizienz erhöht werden, etwa durch eine Entschleunigung der Beschleunigung, die Decarbonisierung[VII] der Verkehrsmittel und die Vernetzung verschiedener Verkehrsmittel.[64] Allerdings könnten diese ressourcenschonenden Konzepte durch die noch nicht abgeschlossene Motorisierung in den niedrigen- und mittleren Einkommensländern[VIII] wieder aufge-

[VI] a) *primärer Erdölverbrauch* = Verbrauch an Erdöl der direkt in der Sphäre des Konsumenten abläuft; b) *sekundärer Erdölverbrauch* = Verbrauch an Erdöl, der der Sphäre des Konsumenten vorgeschaltet ist (Prozessenergie wird beispielsweise benötigt um Konsumgüter herzustellen).
[VII] Decarbonisierung/Dekarbonisierung beschreibt die Verringerung bzw. die Abkehr von der Nutzung kohlenstoffhaltiger Energieträger.
[VIII] *United Nations*-Klassifikation: *Low- and Middle-Income Countries* (*LMICs*), *Global South*

hoben werden. Zum Beispiel gibt es in der Europäischen Union auf 1000 Einwohner 586 zugelassene Fahrzeuge, während in der Volksrepublik China „nur" 435 Autos auf 1000 Einwohner kommen.[65,IX,66]

Eine weitere und vielversprechende Maßnahme zur Einsparung von Erdöl könnte die Elektrifizierung des Mobilitätssektors sein, wobei die Quellen für elektrische Energie von entscheidender Bedeutung sind (erneuerbare Energiequellen: Sonnenergie (Photovoltaik, Windenergie, Biomasse), Wasserkraft, Atomkraft[X], Fusionsenergie[XI]).[67] Diese Maßnahme umfasst sowohl die Speicherung von elektrischer Energie in Batterien (Batteriefahrzeuge[XII,XIII]) als auch die Erzeugung von elektrischer Energie „auf Anforderung", zum Beispiel in Brennstoffzellenfahrzeugen. Bei letzterer Methode wird die Energie im Molekül Wasserstoff (H_2) zwischengespeichert und bei Bedarf durch die Reaktion[XIV] des Wasserstoffs mit Luftsauerstoff (O_2) wieder abgerufen.[68] Derzeit befindet sich der Mobilitätssektor in einem Transformationsprozess, bei dem fossile Brennstoffe wie Erdöl zunehmend durch elektrische Antriebe ersetzt werden. Die Geschwindigkeit und Intensität dieser Entwicklung variieren jedoch stark zwischen den Ländern und Regionen.[XV]

Eine zusätzliche Option zur Veränderung der Verhältnisse im Mobilitätssektor könnte die Ausweitung der Besteuerung von CO_2-Emissionen sein, oder auch die Verbesserung des bestehenden Systems (EU-Emissionshandel) und eine effizientere Nutzung der dadurch

(Globaler Süden)

[IX] Zu berücksichtigen ist, dass es in diesem Bereich bereits laufende Exit-Strategien für die Umstellung auf alternative Energiequellen gibt.

[X] Atomkraft kommt in einer Vielzahl von Ländern zum Einsatz und wird dort weiter als eine Option für die Zukunft gesehen.

[XI] Fusionsenergie könnte eine Option für die Zukunft der Stromerzeugung sein. Aktuell befindet sich die Kernfusion in der Forschungsphase.

[XII] Hierzu zählen auch die als Übergang diskutierten Hybridfahrzeuge, die sowohl einen Elektromotor mit Batterie als auch einen Verbrennungsmotor besitzen.

[XIII] Die Bremsenergierückgewinnung (*Rekuperation*) ermöglicht einen Beitrag zur effizienteren Energienutzung. Allerdings muss zur Nutzung der Bremsenergie erst Energie zur Geschwindigkeitsaufnahme investiert werden, die aber nicht zu 100 % zurückgewonnen werden kann.

[XIV] $2H_2 + O_2 \rightarrow 2H_2O$ + Energie

[XV] Anteil an Elektrofahrzeugen an neuzugelassenen Fahrzeugen: Norwegen: 79 %, 138.300 Elektrofahrzeuge (2022), Bundesrepublik Deutschland: 31 % (2023), 387.300 Elektrofahrzeuge (Januar-September 2023), 4 % des Gesamtfahrzeugbestandes (2023) (statista.com).

erzielten Einnahmen.[69] Vergleichbare Einsparpotenziale und Effizienzpotenziale existieren auch für das *Verbrauchssystem II*.
Die Möglichkeiten zur Einsparung im *Verbrauchssystem III* sind jedoch begrenzter, da Erdöl stets ein integraler Bestandteil des Produkts ist.
Darüber hinaus gibt es Potenzial, die Menge an Erdöl zu erhöhen, ohne Veränderungen in den *Verbrauchssystemen I–III* vorzunehmen. Eine Option ist die unkonventionelle Erdölgewinnung durch den Abbau von Ölschiefer.[70] Allerdings ist der Name irreführend, da es sich nicht um ein Gestein handelt, das Erdöl enthält, sondern um ehemalige Biomasse, die das Endstadium Erdöl (noch) nicht erreicht hat, da der Druck und die Temperatur des Sediments (noch) nicht das Niveau des Erdölfensters erreicht haben (*siehe Kapitel 2*). Der abgebaute Ölschiefer, der etwa 10–30 % der Erdölvorstufen enthält, kann jedoch durch eine künstliche Transformation in Erdöl und Erdgas umgewandelt werden. Diese Transformation ähnelt den natürlichen Prozessen in der Lithosphäre. Der Ölschiefer wird unter Ausschluss von Sauerstoff auf ca. 500 °C erhitzt und in einer pyrolytischen Reaktion zu Erdgas und rohölähnlichen Chemikalien[XVI] zersetzt.[71] Im Vergleich zu den Abläufen in der Lithosphäre verlaufen diese Prozesse allerdings in wesentlich kürzeren Zeiten. Bei genauerer Betrachtung wird jedoch deutlich, dass für den Betrieb der *Pyrolyse* Prozessenergie erforderlich ist. Diese Energie kann durch die Verbrennung eines Teils des Ölschiefers zu Kohlenstoffdioxid und Wasser bereitgestellt werden, allerdings verringert dies die Ausbeute an Erdöl bezogen auf den eingesetzten Ölschiefer und erhöht die Konzentration an Kohlenstoffdioxid in der Atmosphäre. Aufgrund des energetischen Aufwands liegen die Emissionen von Kohlenstoffdioxid bis zu 30–75 % höher im Vergleich zu „klassischem" Erdöl.[72] Deshalb wird aus ökonomischer Sicht oft der Ölschiefer direkt verbrannt, um die gesamte gespeicherte chemische Energie in Wärmeenergie oder elektrische Energie umzuwandeln.[XVII]
Eine weitere Möglichkeit, das Ende des Erdölzeitalters zumindest zu verzögern, besteht in der Umwandlung des fossilen Rohstoffs Kohle in

[XVI] Das Produkt wird auch als Schieferöl oder Schwelöl bezeichnet und enthält einen höheren Anteil an Sauerstoff im Vergleich zu konventionellem Erdöl.
[XVII] Heizwert Ölschiefer (bei einer Verbrennung maximal nutzbare Wärmemenge): 11,4–11,9 kWh/kg; Heizwert Erdöl: 11,4–11,9 kWh/kg; Heizwert Erdgas: 8,9–12,5 kWh/kg. Der Heizwert bezeichnet die bei der Verbrennung von Stoffen freiwerdende Energie.

eine Mischung von Kohlenwasserstoffen, die vergleichbar mit der Zusammensetzung von Erdöl ist. Im Gegensatz zu Erdöl wird für Kohle eine größere Reserve angenommen, mit einer geschätzten Gesamtmenge von ca. 1139 Milliarden Tonnen und bei gegenwärtigem sowie gleichbleibendem Verbrauch eine Restlaufzeit von ca. 153 Jahren.[73]

Seit Beginn des 20. Jahrhunderts sind mehrere Prozesse zur Verflüssigung von Kohle bekannt (*Coal-to-Liquid-Verfahren*). Das *Bergius-Pier-Verfahren* erlaubt aus Kohle (Braunkohle, Steinkohle[XVIII,74]) und Wasserstoff (H_2) sowohl gasförmige als auch flüssige Chemikalien zu gewinnen.[75] Hierbei sind hohe Drücke (200–700 bar) und Temperaturen von bis zu 500 °C erforderlich, um die Kohle in Gegenwart eines Katalysators[XIX] umzuformen.[76] Um diesen Prozess zu betreiben, ist ein hoher Einsatz an Prozessenergie notwendig, der auch hier durch die Verbrennung eines Teils der Kohle bereitgestellt werden kann. Hinzuzufügen ist außerdem, dass für die Bereitstellung des Wasserstoffs (H_2) ein Teil der Kohle in einem vorgeschalteten zweistufigen Prozess mit Wasser in Kohlenstoffdioxid und Wasserstoff verwandelt werden muss.[XX] Insgesamt wird somit ein erheblicher Prozentsatz der Kohle in Kohlenstoffdioxid umgewandelt, um die Kohleverflüssigung durchzuführen. Als Konsequenz verursacht der erhaltene Erdölersatz eine höhere Kohlenstoffdioxid-Emission, was zu einer schlechten Kohlenstoffbilanz[XXI] führt. Darüber hinaus ergeben sich wirtschaftliche Nachteile.[77]

Neben diesem direkten Verfahren zur Gewinnung von Erdöl-Äquivalenten aus Kohle gibt es auch noch indirekte Verfahren wie die *Fischer-Tropsch-Synthese*.[78] Dabei wird die Kohle in einem ersten Schritt mit Wasser zu Synthesegas[XXII] umgewandelt, bestehend aus Kohlenstoff-

[XVIII] Kohlenstoffgehalt: Steinkohle: 75–96 %; Braunkohle: <75 %

[XIX] Ein Katalysator ist eine chemische Verbindung, die die Geschwindigkeit einer chemischen Reaktion durch die Senkung der Aktivierungsenergie erhöht, ohne dabei „verbraucht" zu werden. Es wird also zur Durchführung des Prozesses weniger Energie benötigt.

[XX] $C\ (\text{Kohle}) + 2H_2O + O_2 \rightarrow 2CO_2 + 2H_2 + \text{Energie}$

[XXI] Die Kohlenstoffbilanz beschreibt den Anteil an Kohlenstoff in den Ausgangsstoffen und in den Produkten.

[XXII] $C\ (\text{Kohle}) + H_2O + \text{Energie} \rightarrow 2CO + H_2$

monoxid (CO) und Wasserstoff (H_2). Aus diesen beiden chemischen Verbindungen werden anschließend in Gegenwart von Katalysatoren bei moderaten Drücken (25 bar) und Temperaturen (160–300 °C) Kohlenwasserstoffe[XXIII] aufgebaut. Im Vergleich zum *Bergius-Pier-Verfahren* wird die Kohle hier vollständig in ihre elementaren Bestandteile zerlegt und anschließend wieder neu zusammengesetzt.

Allerdings auch hier gilt, die Nutzung von Kohle als Rohstoff ist ebenfalls nur in einem begrenzten Rahmen möglich, da auch ihre Menge endlich ist und die Bildung von Kohle ähnliche Prozesse wie beim Erdöl beschrieben unterliegt (*siehe Kapitel 2*). Daher ist mit diesem Verfahren in Summe nur eine Verlängerung des Erdölzeitalters denkbar.

Insgesamt wird deutlich, dass Systeme, die auf fossilen Ressourcen basieren und am Ende ihres Lebenszyklus Kohlenstoffdioxid freisetzen, nicht zukunftsfähig bzw. dauerhaft tragfähig sein können. Die Neubildung fossiler Ressourcen erfolgt über geologische Zeiträume und verläuft damit aus menschlicher Perspektive unendlich langsam. Angesichts des derzeit hohen Verbrauchs sind diese Ressourcen für zukünftige Generationen (stark) gefährdet. Die Nutzung fossiler Energieträger steht daher in fundamentalem Widerspruch zum Konzept der Nachhaltigkeit. Ressourceneffizienz allein reicht nicht aus, um den Verbrauch auf ein nachhaltiges Niveau zu senken, da sie den grundlegenden Konflikt mit der begrenzten Verfügbarkeit fossiler Ressourcen nicht löst.

Neben den aufgezeigten Wegen zur Verlängerung gibt es auch Methoden, das „Ende“ der Ära des fossilen Erdöls zu beschleunigen, etwa durch den Einsatz alternativer Ressourcen (*Abbildung 3*).

Wenn wir noch einmal zu *Kapitel 2* zurückgehen, zeigt sich, dass die Bildung fossiler Ressourcen eine Aufbaureaktion von Biomasse ist, beginnend bei Kohlenstoffdioxid, Wasser und Energie in der Biosphäre, gefolgt von der pyrolytischen Umwandlung zu Kohlenwasserstoffen (Erdöl, Kohle und Erdgas) in der Lithosphäre. In der Anthroposphäre wird anschließend die gespeicherte Energie wieder freigesetzt und es entstehen erneut die Stoffe des Ausgangspunkts: Kohlenstoffdioxid und Wasser.

[XXIII] $nCO + (2n+1)H_2 \rightarrow C_nH_{2n+2} + nH_2O$ + Energie

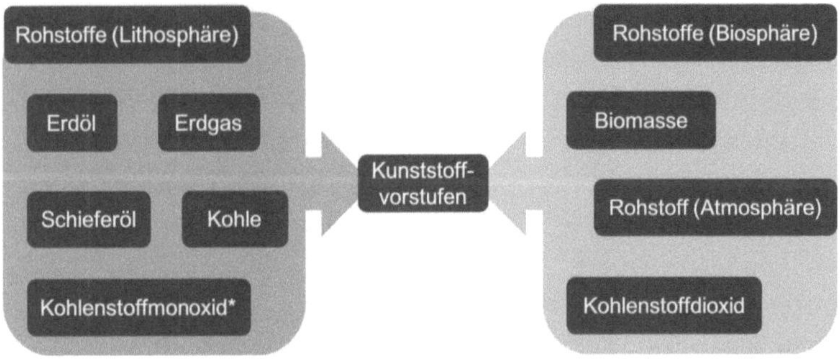

Abbildung 3. Rohstoffquellen für Kunststoffvorstufen.
(*Zugang durch die *Fischer-Tropsch-Synthese* von fossilen Ressourcen)

Folglich ließen sich diese Prozesse auch als Kreislauf verstehen (*Abbildung 4*).

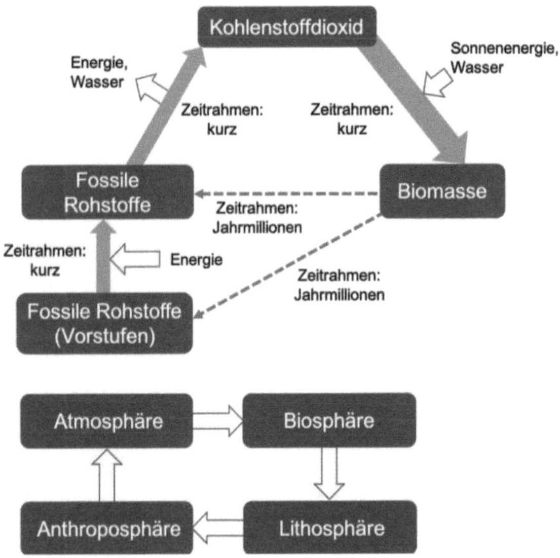

Abbildung 4. Gegenwärtiger „CO_2-Kreislauf" und die beteiligten Bereiche.

Allerdings stimmen in diesem postulierten „CO_2-Kreislauf" die zeitlichen Dimensionen nicht überein. Das heißt, die Bildung von

Biomasse erfolgt sehr schnell und auch die anthropogene Umwandlung der fossilen Ressourcen erfolgt in einem überschaubaren zeitlichen Rahmen. Nur der Zwischenschritt der Bildung von fossilen Ressourcen erfolgt sehr langsam und stellt die begrenzende Engstelle des Kreislaufs dar. Somit kann kein ausgewogenes Gleichgewicht zwischen Bildung und Verbrauch entstehen.
Allerdings, wie im Falle des Ölschiefers (und der Kohle) beschrieben, ist es möglich die Erdölbildung mit industriellen Mitteln (hoher Druck, hohe Temperaturen) innerhalb kürzester Zeit zu „vollenden". Durch eine Implementation dieser Option ist es möglich den Gesamtprozess zeitlich in Einklang zu bringen. Das bedeutet, dass zwei Teilschritte notwendig sind:

1. Die Transformation von Kohlenstoffdioxid, Wasser- und Sonnenenergie in der Biosphäre zu Biomasse.

2. Die erhaltene Biomasse wird durch künstliche/industrielle Prozesse (*Pyrolyse*) unter hohem Druck, bei hohen Temperaturen und Einsatz von Energie, bevorzugt erneuerbare Energie, zu Kohlenwasserstoffen unter Auslassung der Lithosphäre (*Abbildung 5*).

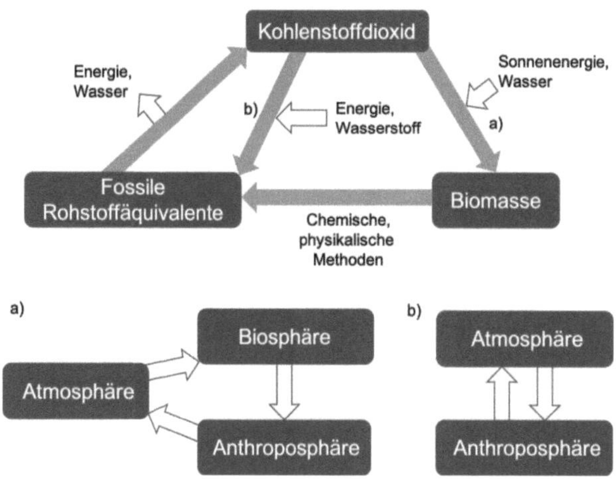

Abbildung 5. Alternative „CO_2-Kreisläufe" und beteiligte Bereiche.

In der Tat gibt es künstliche Prozesse, die unter Sauerstoffausschluss aus Biomasse innerhalb weniger Stunden Kohlenwasserstoffe erzeugen können. Dabei können Variationen der für die Kohleverflüssigung dargestellten Methoden eingesetzt werden, wie beispielsweise der teilweise Abbau der Strukturen oder der vollständige Abbau und anschließender Neuaufbau. Als Quellen für Biomasse können sowohl pflanzliche Biomasse aus nachwachsenden Rohstoffen[XXIV] als auch Biomasseabfälle bzw. biogene Reststoffe (z. B. Stroh, Öle, Fette) dienen. Eine Möglichkeit besteht darin, Biomasse, Biomasseabfälle oder Biogas[XXV] als Ausgangsmaterial für die *Fischer-Tropsch-Synthese* zu verwenden und diese in Kohlenstoffmonoxid und Wasserstoff (H_2) abzubauen, um sie anschließend neu zu Kohlenwasserstoffen zusammenzusetzen.[XXVI,79] Allerdings sind für diese Umwandlungen oft hohe Drücke, hohe Temperaturen und ein erheblicher Energieaufwand erforderlich. Aufgrund der derzeit niedrigen Preise für fossile Ressourcen ist die Wirtschaftlichkeit solcher Verfahren oft (noch) nicht gegeben.

Es ist zu beachten, dass der Anbau der verwendeten Biomasse selbstverständlich nicht mit der Nahrungsmittelproduktion konkurrieren darf. Zudem sollten die benötigten landwirtschaftlichen oder forstwirtschaftlichen Flächen nicht zur Verdrängung oder Vernichtung der Biosphäre[XXVII] durch die Anthroposphäre führen (Landnutzungskonflikt).[80]

Ebenso denkbar ist ein neuerer Ansatz, bei dem gezielt Organismen genetisch verändert werden, um unter milden Bedingungen Kohlenwasserstoffe zu bilden.[81]

Im Gegensatz zu dem in *Abbildung 4* dargestellten „CO_2-Kreislauf" stehen die Teilprozesse im Kreislauf *Abbildung 5a* in einem ausgewogeneren Verhältnis zueinander, wobei die Bildung der Biomasse der sowohl zeit- als auch mengenlimitierende Faktor ist. Zudem ist es ein kohlenstoffneutraler Prozess, da die aus der Atmosphäre entnommene Menge an Kohlenstoffdioxid im Gleichgewicht mit der freigesetzten

[XXIV] Nachwachsende Rohstoffe (*NawaRo*) sind kohlenstoffhaltige biologische Rohstoffe, die durch land- und forstwirtschaftliche Produktion für weiterführende Anwendungen (ausgenommen Nahrungsmittel und Futtermittel) produziert werden.

[XXV] Biogas entsteht bei der Vergärung von Biomasse und enthält ca. 60 % Methan (CH_4).

[XXVI] Vor- und Nachteile entsprechen denen der *Fischer-Tropsch-Synthese.*

[XXVII] Natürlicher Teil ohne menschlichen Einfluss

Menge steht, sodass keine Kohlenstoffdioxid-Anreicherung in der Atmosphäre entsteht.

Eine weitere Möglichkeit mit vielversprechendem Potential ist den limitierenden Faktor der Biomassebildung zu umgehen und Kohlenstoffdioxid direkt zu Erdöl-Äquivalenten umzusetzen, was innerhalb weniger Stunden vollzogen werden könnte (*Abbildung 5b*). Dadurch stehen nur noch die Atmosphäre und die Anthroposphäre in Beziehung zueinander. Die Grundlagen eines solchen Prozesses können auf der bereits besprochenen *Fischer-Tropsch-Synthese* basieren. Durch die Umsetzung von Kohlenstoffdioxid mit Wasserstoff (H_2) entsteht Wasser und Kohlenstoffmonoxid, das mit weiterem Wasserstoff zu Kohlenwasserstoffen umgewandelt wird.[82] Allerdings muss auch zur Durchführung dieses Prozesses Energie aufgewendet werden.[83]

Die beschriebenen Beispiele verdeutlichen, dass es zwar möglich ist, das Ende des Erdölzeitalters hinauszuzögern, jedoch letztlich unvermeidlich bleibt. Angesichts des gegenwärtigen Umgangs mit Ressourcen und des Klimawandels stellt sich die Frage, ob es nicht sinnvoller wäre, die verbleibenden Ölreserven im Boden zu belassen und das darin gespeicherte Kohlenstoffdioxid nicht in die Atmosphäre freizusetzen.

Künstliche Prozesse zur Herstellung von Erdöl-Äquivalenten könnten eine Alternative darstellen und möglicherweise ein neues Zeitalter einläuten, vorausgesetzt, dass kostengünstige Energiequellen für die Prozessenergiegewinnung zur Verfügung stehen, wobei allerdings ein geordneter, planmäßiger Übergang, der schrittweise die Nutzung fossiler Ressourcen reduziert und die Alternativen hochfährt, die sinnvollste Lösung zu sein scheint. Sind wir bereit, uns für eine nachhaltige Zukunft zu entscheiden und in ressourcenschonendere Technologien zu investieren, auch wenn dies kurzfristig höhere Kosten verursacht? Oder halten wir an den bisherigen Methoden fest und riskieren die unabsehbaren Folgen für kommende Generationen?

KAPITEL 5

Erdöl – Elixier der Zivilisation

An diesem Punkt wollen wir den Faden aus *Kapitel 3* wieder aufnehmen und genauer betrachten, was mit dem Rohöl nach Erreichen der Raffinerie geschieht. Wie bereits beschrieben, besteht Erdöl aus einer Vielzahl von unterschiedlichen chemischen Verbindungen (*siehe Kapitel 2*), die in einem ersten Schritt voneinander getrennt werden müssen, da die einzelnen Verbindungen unterschiedliche Lebenspfade einschlagen werden (*Abbildung 6*).[84]

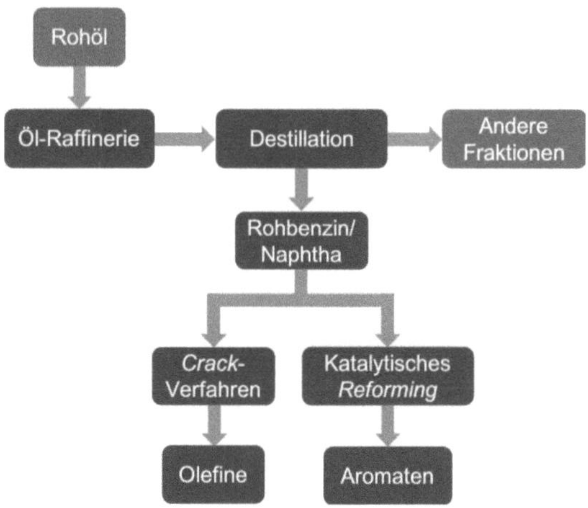

Abbildung 6. Raffinerieprozesse zur Gewinnung von Kunststoffvorstufen.

Die Auftrennung erfolgt durch thermische Trennverfahren wie die Destillation[I], die auf den stoffspezifischen Größen Siedepunkt[II] und

[I] Destillation: lateinisch: *destillare* = herabtröpfeln, herabtropfen

[II] Der Siedepunkt (Verdampfungspunkt, Kochpunkt) beschreibt die Bedingungen (Siedetemperatur, Siededruck), die beim Phasenübergang eines Stoffes von der flüssigen in die

Kondensationspunkt[III] der einzelnen chemischen Verbindungen beruhen.[85] Führt man einem Stoff Energie zu (Erwärmung), wird er bei einer bestimmten Temperatur (Siedetemperatur) vom flüssigen in den gasförmigen Aggregatzustand übergehen. Ein alltägliches Beispiel ist das Kochen von Wasser: Wird Wasser erhitzt, verdampft es bei 100 °C[IV] und geht in den gasförmigen Zustand über. Umgekehrt beschreibt die Kondensationstemperatur den entgegengesetzten Übergang vom gasförmigen zum flüssigen Aggregatzustand, wenn ein gasförmiger Stoff abkühlt wird. Der Siede- und der Kondensationspunkt sind identisch, beschreiben aber den Wechsel zwischen zwei Aggregatzuständen aus unterschiedlichen Richtungen. Zum Beispiel betragen der Siedepunkt und damit auch der Kondensationspunkt für Wasser 100 °C[V].[86]

Um den Übergang der Aggregatzustände für die Auftrennung der verschiedenen Verbindungen im Erdöl zu nutzen, wird das Erdöl auf 370 °C erhitzt. Dadurch bildet sich eine Mischung aus gasförmigen und flüssigen Komponenten, wobei die gasförmigen Verbindungen ihren Siedepunkt erreicht haben, während die flüssigen Verbindungen ihren Siedepunkt noch nicht erreicht haben.[87]

Die Rohölmischung wird zur Trennung in einen Destillationsturm eingeleitet. In diesem Turm existiert ein Temperaturgradient: Im unteren Bereich herrschen die höchsten Temperaturen, im obersten Stockwerk die niedrigsten. Gasförmige Komponenten steigen nach oben und kondensieren, wenn sie eine Zone erreichen, die ihrer Kondensationstemperatur entspricht. Je niedriger der Siedepunkt einer Verbindung, desto höher steigt sie im Turm, bevor sie kondensiert.

Beispielsweise hat die Erdölkomponente *n*-Heptan (C_7H_{16}) einen Kondensationspunkt von 98 °C, während *n*-Dodecan ($C_{12}H_{26}$) einen Kondensationspunkt von 216 °C aufweist. Das bedeutet, dass *n*-Dodecan im Destillationsturm in einem unteren Stockwerk flüssig wird und sich dort ansammelt. Im Gegensatz dazu kondensiert *n*-Heptan erst in einem höheren Stockwerk, wo es aufgefangen wird. Somit erfolgt eine

gasförmige Phase vorliegen.

[III] Der Kondensationspunkt beschreibt die Bedingungen (Kondensationstemperatur, Kondensationsdruck), die beim Phasenübergang eines Stoffes von der gasförmigen in die flüssige Phase vorliegen.

[IV] Unter Normalbedingungen: 99,974 °C (Druck: 101,325 kPa)

[V] Unter Normalbedingungen: 99,974 °C (Druck: 101,325 kPa)

(Auf-)Trennung der Erdölkomponenten in unterschiedliche Fraktionen. Zu beachten ist jedoch, dass viele der im Erdöl enthaltenen Verbindungen dicht beieinanderliegende Kondensationspunkte aufweisen. Dadurch kondensieren sie in gleichen Stockwerken, was zu einer Mischung aus Verbindungen führt, allerdings mit weniger Komponenten als im Ausgangsmaterial Erdöl. Im Temperaturbereich 250–370 °C kondensieren die Mitteldestillate, aus denen Diesel und Heizöl hergestellt werden. Im Temperaturbereich 170–250 °C erfolgt die Kondensation der Petroleumfraktion, aus der Kerosin gewonnen wird. Im Temperaturbereich 35–170 °C wird das Rohbenzin (*Naptha*) gesammelt, das als Basis für Grundstoffe der chemischen Industrie, einschließlich der Kunststoffe, benötigt wird. Daneben werden auch die nichtdestillierbaren Rückstände für weiterführende Anwendungen genutzt. Der Anteil des Rohbenzins an allen Fraktionen beträgt ca. 9–12 %, wobei der Anteil stark von den Destillationsparametern abhängt.[88]

Wie zu Beginn beschrieben, wird für den thermischen Trennprozess Energie benötigt. Zum Beispiel werden für die Gewinnung von 1 kg Rohbenzin etwa 50,3 MJ Energie (entspricht 13,97 kWh) benötigt.[VI,89] Mit dieser Energiemenge könnte ein Smartphone[VII] etwa 3 Jahre täglich aufgeladen werden.[90] Die thermische Energie wird größtenteils durch die Verbrennung von fossilen Ressourcen (z. B. Erdöl) bereitgestellt. Das heißt, neben dem rohstofflichen Einsatz von Erdöl ist zusätzlich ein energetischer Einsatz erforderlich. Etwa 90 % des Energiebedarfs werden durch die Verbrennung von Erdöl gedeckt. Unter der Annahme, dass Erdöl einen durchschnittlichen Heizwert[VIII] von 45 MJ/kg hat, muss etwa 1 kg Erdöl verbrannt werden, um 1 kg Rohbenzin zu gewinnen.[91] Die restliche Energie (ca. 10 %) wird durch die Verbrennung von wirtschaftlich nicht relevanten Fraktionen der Destillation von Rohöl erhalten.

[VI] 1 Megajoule (MJ) entsprechen 1.000.000 Joule (J)
[VII] iPhone 14 mit 12,68 Wh pro Ladevorgang
[VIII] Der Heizwert bezeichnet die bei der Verbrennung von Stoffen frei werdende Energie.

Auf dem Weg zum Kunststoff muss das gesammelte Rohbenzin in einem weiteren Prozess, dem *Cracken*[IX], chemisch verändert werden. Ziel des *Crackens* ist es die größeren Moleküle im Rohbenzin in kleinere Moleküle zu zerlegen bzw. umzuwandeln. Hauptsächlich wird das *Steamcracking*[X]*-Verfahren* für die Herstellung der Grundsubstanzen für Kunststoffe eingesetzt.[92] Das Rohbenzin wird mit Wasserdampf versetzt und diese Mischung wird mit hoher Geschwindigkeit (830–860 km/h[XI]) durch den rohrartigen *Crack*-Ofen[XII] geleitet. Im Ofen herrschen Temperaturen von 800–900 °C, bei denen die Bindungen in den langkettigen Molekülen gebrochen werden und reaktive, kurzkettige Moleküle entstehen. Wichtig hierbei ist die Erzeugung von reaktiven Zentren in den neuen Molekülen, da nur dann eine Folgenutzung Richtung Kunststoffe möglich ist. Um eine Überreaktion bzw. die Bildung von unerwünschten Produkten zu vermeiden, beträgt die Verweilzeit im Ofen nur 0,5–1,0 Sekunden. Nach dem Verlassen des Ofens wird die erhaltene Mischung schnell auf 200 °C abgekühlt. Dieses neue Gemisch enthält verschiedene kurzkettige ungesättigte Verbindungen wie z. B. Ethen (C_2H_2), Propen (C_3H_6), Buten (C_4H_8) und Butadien (C_4H_6), wobei die Zusammensetzung bzw. die Anteile stark von den Temperaturen und der Verweilzeit im Ofen abhängt.

Die Mischung muss anschließend thermisch getrennt werden, um die reinen Verbindungen zu erhalten. Für die Herstellung eines Kilogramms Ethen mit diesem Verfahren ist eine Energiemenge von 72,6 MJ (20,16 kWh) notwendig. Mit dieser Energiemenge kann ein Smartphone für ca. 1590 Tage geladen werden.[XIII] Die erhaltenen Molekülen Ethen, Propen und Butadien sind z. B. Vorstufen für die Kunststoffe Poly(ethylen) (PE), Poly(propylen) (PP) bzw. Poly(butadien) (Synthesekautschuk).

Neben dem *Crack-Verfahren* ist das katalytische *Reforming-Verfahren*[XIV] etabliert, das aus Rohbenzin eine Produktmischung mit einem erhöhten

[IX] *Cracken*: Verfahren, um langkettige in kurzkettige Kohlenwasserstoffe zu zerlegen (englisch: *to crack* = zerbrechen, knacken).

[X] *Steamcracking*: englisch: *steam* = Dampf

[XI] Diese Geschwindigkeit liegt im typischen Geschwindigkeitsbereich von Passagierflugzeugen mit Strahltriebwerken.

[XII] Länge: 50–150 m

[XIII] iPhone 14 mit 12,68 Wh pro Ladevorgang

[XIV] *Reforming*: lateinisch: *reformare* = umgestalten

Oktangehalt[XV] erzeugt unter Einsatz von Energie, Wasserstoff, hohen Drücken und Katalysatoren.[93] Dabei werden lineare, verzweigte und aromatische[XVI] Kohlenwasserstoffe erzeugt, die in Folgeprozessen weiter funktionalisiert, um als Bestandteil von Kunststoffen[XVII] genutzt werden zu können.

Wichtig ist, dass jede Kunststoffart eine individuelle Rohstoffbasis aus der Raffinerie benötigt. Zum Beispiel beinhaltet unsere PET-Flasche sowohl Produkte des *Crack-Verfahrens*: Ethen ($\mathbf{C}_2H_2$) als auch des katalytischen *Reforming-Verfahrens*: Xylol ($\mathbf{C}_8H_{10}$). Allerdings sind noch einige weitere chemische Verfahren notwendig, um zu den eigentlichen Vorstufen für unsere PET-Flasche zu gelangen.[XVIII]

Aus den in der Raffinerie gewonnenen Rohstoffen, die durch Prozesse wie *Cracken* und *Reforming* weiterverarbeitet werden, entsteht eine Vielzahl von Grundchemikalien.[XIX] Diese dienen als Ausgangspunkt für eine schier unendliche Bandbreite an Produkten, die von Textilien über Lebensmittelverpackungen bis hin zu Elektronik reichen und nahezu jeden Aspekt unseres modernen Lebens durchdringen.

[XV] Eine höhere Oktanzahl bedeutet, dass der Kraftstoff weniger zur Selbstentzündung im Motor neigt, wodurch die Motorleistung verbessert wird.

[XVI] Aromatische Verbindungen (Aromaten) bilden eine Stoffklasse in der organischen Chemie. Der Name *Aromat* hat seinen Ursprung im aromatischen Geruch der zuerst entdeckten Verbindungen. z. B. Benzol (C_6H_6), Toluol (C_7H_8), Xylol (C_8H_{10}).

[XVII] Beispiele für wichtige Kunststoffe mit aromatischen Einheiten sind Poly(ethylenterephthalat) (PET, Einsatz: z. B. Verpackungen, Textilien), Poly(butylenterephthalat) (PBT, Einsatz: z. B. Automobilbereich), Poly(phenylenoxid) (PPO, Einsatz: z. B. Formteile), Poly(carbonat) (PC, Einsatz: z. B. künstliches Glas).

[XVIII] Z. B. Oxidation von Xylol zu Terephthalsäure ($C_8H_6O_4$) und Oxidation von Ethen zu Ethylenoxid mit anschließender Hydrolyse zu Ethylenglykol ($C_2H_6O_2$).

[XIX] Aus den Produkten werden zehntausende von unterschiedlichen Chemikalien hergestellt.

KAPITEL 6

Die Geburt der Kunststoffe – Von Vorstufen zu fertigen Materialien

Im vorherigen Kapitel haben wir uns mit der Herstellung und Gewinnung der Kunststoffvorstufen aus dem Erdöl beschäftigt, wobei ungefähr 5 % des weltweit jährlich geförderten Erdöls finden den Weg in die Kunststoffproduktion.[94,I] Wie bereits erläutert wurde, besitzt jede Kunststoffart ihre eigene(n) Vorstufe(n), in denen sich unser markiertes Kohlenstoffatom (**C**) befindet. Unabhängig von der Art der Vorstufe werden diese kleinen Moleküle als Monomere[II] bezeichnet, wenn sie der direkte Vorläufer des Kunststoffes sind. Zwischen Vorstufe und Kunststoff liegt dann nur ein synthetischer Schritt.

In einem Prozess, der als Polymerisation[III,IV] bezeichnet wird, verbinden sich die Monomere zu langen Molekülketten, den Polymeren[V,VI]. Diese sind die Hauptbestandteile jedes Kunststoffes wobei mindestens 30 Einheiten[VII] eine Polymerkette bilden.[95,96] Der Vorgang ähnelt dem Zusammenbau von Klemmbausteinen, bei dem einzelne, gleichförmige Bausteine (Monomere) zu langen, gleichförmigen Ketten (Polymeren) zusammengesetzt werden (*Abbildung 7*). Damit eine Kette aufgebaut

[I] Der Anteil an Prozessenergie ist nicht berücksichtigt.

[II] Monomere: altgriechisch: *monos* = ein, einzel; *meros* = Teil, Anteil

[III] Polymerisation, auch Polymerbildungsreaktion oder Polyreaktion, beschreibt eine Kettenreaktion, bei der sich durch eine fortlaufende Reaktionskette Monomere zu langen Polymerketten verbinden.

[IV] Es wird aus Einfachheitsgründen im Folgenden der (Sammel-)Begriff *Polymerisation* verwendet, auch wenn es genauere Einordnungen gibt, wie z. B. Kettenpolymerisationen/-wachstumsreaktion und Stufenwachstumsreaktionen.

[V] Polymer: altgriechisch: *poly* = viel, *meros* = Teil, Anteil

[VI] Ein Polymer ist keine einheitliche Substanz aus identischen Molekülen, sondern ein Gemisch von Molekülen unterschiedlicher Kettenlängen. Diese Längenverteilung, die von kurzen bis zu sehr langen Polymerketten reicht, bestimmt die charakteristischen Eigenschaften des Polymers. Der Begriff „das Polymer" bezieht sich daher auf einen statistischen Durchschnittswert dieser Verteilung. Für eine vereinfachte Betrachtung nehmen wir im Folgenden an, dass es sich um ein repräsentatives Polymer mit einer durchschnittlichen Kettenlänge handelt.

[VII] Es gibt keinen exakten Vorgabewert für die minimale Anzahl an n für Polymere. Es wird nur unterschieden zwischen Oligomeren (kleines n) und Polymeren (großes n).

werden kann, muss das Monomer über mindestens zwei Verknüpfungspunkte verfügen. Das bedeutet, dass sowohl *Verknüpfungspunkt 1* als auch *Verknüpfungspunkt 2* den Klemmbaustein mit jeweils einem weiteren Klemmbaustein verbinden, die wiederum mit weiteren Klemmbausteinen verbunden sind usw.[97]

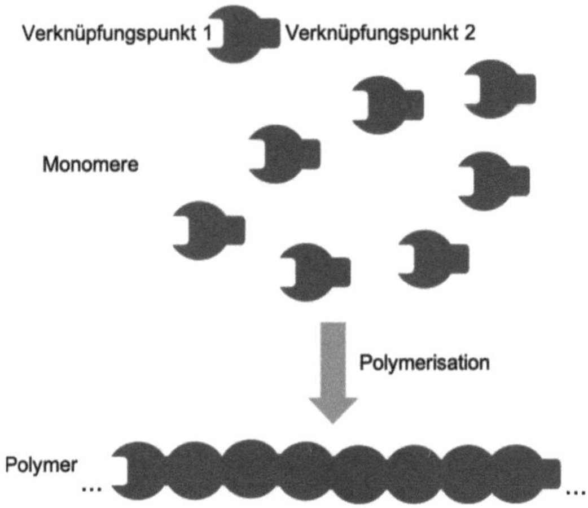

Abbildung 7. Vom Monomer zum Polymer – Teil 1.

Ein Beispiel hierfür ist das bereits beschriebene Monomer Ethen ($\mathbf{C}_2H_4$) das in dem dargestellten Prozess in einer Additionspolymerisation[VIII] zu Poly(ethylen) ($(\mathbf{C}_2H_4)_n$ (PE) wird. Hierbei gibt der Index *n* die Anzahl (Polymerisationsgrad) der Einheiten/Bausteine von Ethen im Polymer Poly(ethylen) an.

Die Reaktion wird durch ein aktives Zentrum[IX] initiiert, das mit den Monomeren reagieren kann. Diese aktiven Zentren öffnen die Doppel-

[VIII] Die Additionspolymerisation ist ein Prozess, bei dem Monomere mit z. B. Doppelbindungen ohne Abspaltung von weiteren Produkten zu langen Polymerketten reagieren. Dabei öffnen sich die Bindungen der Monomere und diese addieren sich kontinuierlich, bis die Kettenreaktion abbricht.

[IX] Es handelt sich dabei um einen spezifischen, hochreaktiven Bereich innerhalb eines Moleküls oder Teilchens, der chemische Reaktionen auslöst. Typischerweise kann das aktive Zentrum ein Radikal (ein Teilchen mit einem ungepaarten Elektron), ein Kation (ein positiv geladenes Ion), ein Anion (ein negativ geladenes Ion) oder ein Katalysator sein. Dieses aktive

bindungen der Monomere und ermöglichen so die fortlaufende Anlagerung weiterer Monomereinheiten, wodurch die Polymerkette schrittweise wächst. Um diesen Prozess zu veranschaulichen, können wir uns einen Haufen Klemmbausteine vorstellen. Allein durch das Vorhandensein der Bausteine entsteht noch keine Kette. Es bedarf einer helfenden „Person", die aktiv die Bausteine in die Hand nimmt und sie ineinander steckt.

Typischerweise liegt der Polymerisationsgrad *n* für PE im Bereich 500 bis 100.000[X]. 500 Monomere (P) werden zu:

P-P-P-P-P-P-P-P-P-P-P-P-P-P-P-P-P-P-P-P-P-P-P-P-P-P-P-P-P-P-P-
P-P-P-P-P-P-P-P-P-P-P-P-P-P-P-P-P-P-P-P-P-P-P-P-P-P-P-P-P-P-P-
P-P-P-P-P-P-P-P-P-P-P-P-P-P-P-P-P-P-P-P-P-P-P-P-P-P-P-P-P-P-P-
P-P-P-P-P-P-P-P-P-P-P-P-P-P-P-P-P-P-P-P-P-P-P-P-P-P-P-P-P-P-P-
P-P-P-P-P-P-P-P-P-P-P-P-P-P-P-P-P-P-P-P-P-P-P-P-P-P-P-P-P-P-P-
P-P-P-P-P-P-P-P-P-P-P-P-P-P-P-P-P-P-P-P-P-P-P-P-P-P-P-P-P-P-P-
P-P-P-P-P-P-P-P-P-P-P-P-P-P-P-P-P-P-P-P-P-P-P-P-P-P-P-P-P-P-P-
P-P-P-P-P-P-P-P-P-P-P-P-P-P-P-P-P-P-P-P-P-P-P-P-P-P-P-P-P-P-P-
P-P-P-P-P-P-P-P-P-P-P-P-P-P-P-P-P-P-P-P-P-P-P-P-P-P-P-P-P-P-P-
P-P-P-P-P-P-P-P-P-P-P-P-P-P-P-P-P-P-P-P-P-P-P-P-P-P-P-P-P-P-P-
P-P-P-P-P-P-P-P-P-P-P-P-P-P-P-P-P-P-P-P-P-P-P-P-P-P-P-P-P-P-P-
P-P-P-P-P-P-P-P-P-P-P-P-P-P-P-P-P-P-P-P-P-P-P-P-P-P-P-P-P-P-P-
P-P-P-P-P-P-P-P-P-P-P-P-P-P-P-P-P-P-P-P-P-P-P-P-P-P-P-P-P-P-P-
P-P-P-P-P-P-P-P-P-P-P-P-P-P-P-P-P-P-P-P-P-P-P-P-P-P-P-P-P-P-P-
P-P-P-P-P-P-P-P-P-P-P-P-P-P-P-P-P-P-P-P-P-P-P-P-P-P-P-P-P-P-P-
P-P-P-P-P-P-P-P-P-P-P-P-P-P-P-P-P-P-P-P-P-P-P-P-P-P-P-P-P-P-P-
P-P-P-P

Zentrum fungiert als Anknüpfungspunkt, an dem sich die Monomere an die wachsende Polymerkette binden. Hier findet die eigentliche chemische Reaktion statt, die zur Bildung des Polymers führt.

[X] Niedrigmolekulares Poly(ethylen) (LDPE = *Low-Density Poly(ethylene)*): 500 bis 5.000 Ethylen-Einheiten pro Kette. Hochmolekulares Poly(ethylen) (HDPE = *High-Density Poly(ethylene)*): 10.000 bis 100.000 Ethylen-Einheiten pro Kette.

Der Polymerisationsgrad kann durch verschiedene Parameter[XI] angepasst werden, um die gewünschten Eigenschaften des Polymers zu erhalten. Für den Kunststoff Poly(propylen) $(\mathbf{C}_3H_6)_n$ (PP) aus Propen $(\mathbf{C}_3H_6)$ gelten ähnliche Bedingungen. Beide Materialien PE und PP finden Einsatz z. B. als Verschluss oder Etikett für unsere PET-Flasche. Häufig werden Initiatoren zum Starten der Polymerisationsreaktion und Katalysatoren zur Beschleunigung der Polymerbildung sowie zur Senkung des Energiebedarfs eingesetzt.[XII]

Ein ähnliches Verfahren kommt auch bei der Herstellung von Poly(ethylenterephthalat) in unser PET-Flasche zum Tragen. Hier dienen Dimethylterephthalat $(\mathbf{C}_{10}H_{10}O_4)$ (**A**) und Ethylenglykol $(\mathbf{C}_2H_6O_2)$ (**B**) als Monomere, die in einer Kondensationspolymerisation[XIII] das gewünschte PET $(\mathbf{C}_{10}H_8O_4)_n$ und Methanol (CH_3OH) als zweites Produkt bilden.[XIV] Dabei werden die beiden Monomere abwechselnd in die Polymerkette eingebaut.

In diesem Prozess reagieren in der Regel zwei verschiedene funktionelle Gruppen miteinander, wobei die Monomere unter Abspaltung kleiner Moleküle zu längeren Ketten verbunden werden. Zur Veranschaulichung können wir uns Klemmbausteine vorstellen: Die *Verknüpfungspunkte 1* und *2* sind durch kleinere Steine blockiert, die zunächst entfernt werden müssen, um die Verknüpfungspunkte freizulegen (*Abbildung 8*). Erst dann können die *Verknüpfungspunkte 1* und *2* miteinander verbunden werden. Ohne diese Freilegung ist keine Polymerkette gebildet werden. Wichtig ist auch, dass *Verknüpfungspunkt 1* nur mit *Verknüpfungspunkt 2* verbunden werden kann, während eine Verbindung zwischen *1* und *1* oder *2* und *2* nicht möglich ist.

Der Polymerisationsgrad für PET liegt üblicherweise zwischen 100–200 Bausteinen:

[XI] Z. B. Zeit, Temperatur, Druck

[XII] Aktivierungsenergie

[XIII] Eine Kondensationspolymerisation ist eine Reaktion, bei der zwei Moleküle unter Abspaltung von z. B. Wasser, Methanol miteinander verbunden werden.

[XIV] Die hier vorgestellte Reaktion ist eine industrielle Variante. Als weitere Möglichkeit ist die Reaktion von Terephthalsäure $(\mathbf{C}_8H_6O_4)$ mit Ethylenglykol $(\mathbf{C}_2H_6O_2)$, unter Abspaltung von Wasser, etabliert.

A-B-A-B-A-B-A-B-A-B-A-B-A-B-A-B-A-B-A-B-A-B-A-B-A-B-A-B-
A-B-A-B-A-B-A-B-A-B-A-B-A-B-A-B-A-B-A-B-A-B-A-B-A-B-A-B-
A-B-A-B-A-B-A-B-A-B-A-B-A-B-A-B-A-B-A-B-A-B-A-B-A-B-A-B-
A-B-A-B-A-B-A-B-A-B-A-B-A-B-A-B-A-B-A-B-A-B-A-B-A-B-A-B-
A-B-A-B-A-B-A-B-A-B-A-B-A-B-A-B-A-B-A-B-A-B-A-B-A-B-A-B-
A-B-A-B-A-B-A-B-A-B-A-B-A-B-A-B-A-B-A-B-A-B-A-B-A-B-A-B-
A-B-A-B-A-B-A-B-A-B-A-B-A-B-A-B-A-B-A-B-A-B-A-B-A-B-A-B-
A-B-A-B

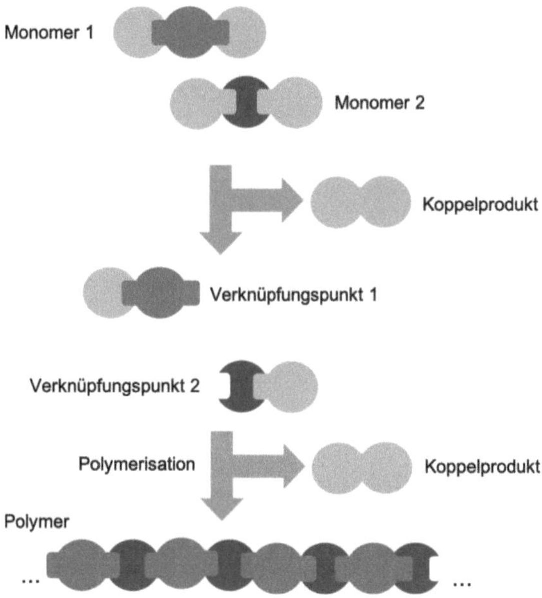

Abbildung 8. Vom Monomer zum Polymer – Teil 2.

Durch die Vielfalt der Monomer-Typen haben wir Zugang zu zahlreichen Polymerarten. Die hohe Flexibilität des Polymerherstellungsprozesses ermöglicht außerdem eine große Variationsbreite innerhalb einer Kunststoffart. Das Spektrum kann ebenfalls durch die Kombination verschiedener Monomere in den Polymerreaktionen erweitert werden, wodurch „gemischte" Polymere[XV] entstehen können.

[XV] Co-Polymere

Polymere allein bilden jedoch noch nicht das, was wir als „Kunststoff" oder „Plastik"[XVI] kennen. Wie gelangen wir von den Polymeren zu den Kunststoffgegenständen, die uns umgeben?
Polymere mögen zwar die Hauptkomponenten der Kunststoffe bilden, aber zur Vervollständigung werden weitere Komponenten hinzugefügt (*Abbildung 9*).

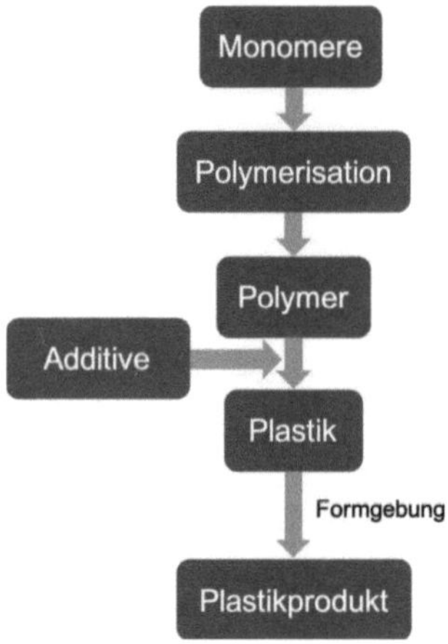

Abbildung 9. Vom Monomer zum Plastikprodukt.

Diese Zusatzstoffe tragen zu den gewünschten Eigenschaften der Kunststoffe bei und/oder verbessern deren Verarbeitung.[98] Beispiele für solche (Funktions-)Zusatzstoffe sind Farbstoffe, UV-Absorber[XVII], Flammschutzmittel[XVIII], Weichmacher[XIX], Antioxidantien[XX], Thermostabilisatoren[XXI], Entformungsmittel und Gleitmittel[XXII], Emulga-

[XVI] Im englischen Sprachgebrauch wird das Wort *„plastic"* verwendet.
[XVII] Schutz des Materials vor UV-Strahlung
[XVIII] Flammschutzmittel verlangsamen oder verhindern die Brennbarkeit des Materials.
[XIX] Weichmacher erhöhen die Flexibilität und Dehnbarkeit von Kunststoffen, indem sie deren Steifheit reduzieren und die Verarbeitungseigenschaften verbessern.
[XX] Ein Antioxidans verlangsamt oder verhindert die Oxidation des Materials.
[XXI] Thermostabilisatoren verhindern die thermische Zersetzung von Kunststoffen bei hohen Temperaturen, indem sie deren chemische Stabilität während der Verarbeitung und Anwendung gewährleisten.
[XXII] Entformungsmittel erleichtern das Herauslösen von Kunststoffen aus Formen, während Gleitmittel die Reibung zwischen dem Kunststoff und den Verarbeitungselementen redu-

toren[XXIII], Verstärkungsstoffe[XXIV], Antistatika[XXV], Füllstoffe[XXVI], Schlagzähmodifikatoren[XXVII], antimikrobielle Mittel bzw. Biostabilisatoren[XXVIII], Treibmittel oder Duftstoffe[XXIX].[99]

Neben den physikalisch mit dem Polymer vermischten Additiven werden zur Modifizierung von Kunststoffeigenschaften häufig auch Vernetzungsmittel eingesetzt.[XXX] Diese reagieren chemisch mit dem Polymer und helfen dabei, den Kunststoff direkt in den Formgebungsprozessen des Endprodukts herzustellen – aus Polymerketten werden Polymernetze.

Die Vielzahl an unterschiedlichen Zusatzstoffen eröffnet somit eine weitere Dimension für die gezielte Einstellung der Eigenschaften der Kunststoffe. Die unendlichen Möglichkeiten der Kunststoffvielfalt liegt in der Kombination der Monomere und der Zugabe von Additiven.

Der finale Schritt besteht in der Formgebungsphase, bei der die Kunststoffmischung in die gewünschte Form des Kunststoffprodukts gebracht wird.[XXXI,100] Ein Beispiel hierfür ist das Spritzguss-Verfahren (*Injection Molding*), bei dem durch Aufschmelzen des Kunststoff-

zieren, um die Fließeigenschaften zu verbessern.

XXIII Erlauben die Vermischung von nicht/schwer mischbaren Verbindungen

XXIV Verstärkungsstoffe erhöhen die mechanische Festigkeit und Steifigkeit von Kunststoffen, indem sie die Struktur des Materials stabilisieren und seine Tragfähigkeit verbessern.

XXV Antistatika verhindern bzw. schwächen die statische Aufladung von Materialien.

XXVI Füllstoffe werden in Kunststoffen verwendet, um die Materialkosten zu senken, das Volumen zu erhöhen und oft auch die physikalischen Eigenschaften wie Festigkeit oder Wärmedämmung zu verbessern.

XXVII Schlagzähmodifikatoren ermöglichen dem Material Stöße und Schläge zu absorbieren.

XXVIII Antimikrobielle Mittel und Biostabilisatoren schützen Kunststoffe vor mikrobiellem Wachstum und vorzeitiger Zersetzung, indem sie die Entwicklung von Bakterien, Schimmel und anderen Mikroorganismen hemmen.

XXIX Treibmittel erzeugen während der Verarbeitung von Kunststoffen Gase, die das Material aufschäumen und seine Leichtigkeit und Isolationsfähigkeit verbessern, während Duftstoffe dem Kunststoff einen gewünschten Geruch verleihen.

XXX Häufig werden Extruder (Prinzip der Archimedischen Schraube) zur Vermischung eingesetzt.

XXXI Die eingesetzte Methode ist abhängig von der Klassenzugehörigkeit des jeweiligen Kunststoffes: Thermoplaste (altgriechisch: *thermós* = warm, heiß, *plássein* = bilden, formen. Kunststoffe, die sich in einem bestimmten Temperaturbereich reversibel schmelzen/verformen lassen), Duroplaste (lateinisch: *durus* = hart, fest. Kunststoffe, die durch Wärme gehärtet werden, anschließend aber nicht mehr formbar sind), Elastomere (griechisch: *elastós* = dehnbar. Kunststoffe, die nach Deformation wieder in ihre ursprüngliche Form zurückkehren, aber nicht mehr schmelzbar/verformbar sind), wobei die Thermoplaste die größte Gruppe darstellen.

materials, das Einspritzen in eine Form und anschließendes Abkühlen und Aushärten das Kunststoffprodukt entsteht. Ebenso existiert das Extrusions-Verfahren, bei dem das geschmolzene Kunststoffmaterial durch eine Düse oder Öffnung gepresst wird, um Kunststoffprofile, Rohre, Folien oder Platten herzustellen.[XXXII]
Das Blasform-Verfahren (*Blow Molding*) verwendet Druckluft, um das vorgeschmolzene Kunststoffmaterial in die gewünschte Form zu blasen, häufig angewendet für die Herstellung von Hohlkörpern wie PET-Flaschen und Behältern.
Eine weitere Methode ist das Tiefziehen (*Thermoforming*), bei dem vorgewärmte Kunststoffplatten in Formen gelegt und durch Saugkraft oder Druck geformt werden (z. B. Verpackungen, Behälter).
Das Spritzblasen (*Injection Blow Molding*) kombiniert Spritzguss und Blasformen, während beim Rotationsformen (*Rotational Molding*) das Kunststoffmaterial in eine Hohlform gegeben wird, die erhitzt und um ihre Achse gedreht wird, sodass die Zentrifugalkraft das Material gleichmäßig gegen die Innenwände der Form drückt.
An diesem Punkt sind die Kunststoffkomponenten (Flaschenkörper, Deckel, Etikett) unserer PET-Flasche fertig und die Flasche kann ihrer eigentlichen Bestimmung/Anwendung als Transportgefäß und Verpackung für Getränke zugewiesen werden. Beachtenswert ist, dass für die Herstellung unserer PET-Flasche (ca. 25 g) insgesamt 47,5 g Erdöl benötigt werden.[101] Des Weiteren wurde eine Energiemenge von 47,2 MJ pro kg PET benötigt. Für eine PET-Flasche entspricht dies etwa 0,33 kWh – genug Energie, um ein Smartphone[XXXIII] etwa 26 Tage lang täglich aufzuladen.[102]

[XXXII] Vergleichbar zur Arbeitsweise eines 3D-Druckers für Kunststoffprodukte.
[XXXIII] iPhone 14 mit 12,68 Wh pro Ladevorgang

KAPITEL 7

Plastic Planet – Plastics make the world go round

Nachdem die gewünschten Eigenschaften des Kunststoffes und die Formgebung festgelegt wurden, tritt das Kunststoffprodukt[I] (*Input*) in die Kunststoffnutzungssphäre[II] ein, wo es erstmals in direkten Kontakt mit den Konsumenten kommt und seiner vorgesehenen Bestimmung zugeführt wird.[III,IV] Ein Blick um uns herum – überall finden wir Kunststoffe. Hierbei reichen die Anwendungen von Verpackungen für z. B. Lebensmittel, Getränke, Kosmetik, Medikamente, in der Bauindustrie für z. B. Rohre, Fenster, Dämmstoffe, Isolierungen, Beschichtungen, Bodenbeläge, in der Automobilindustrie für z. B. Fahrzeugteile, Armaturenbretter, Verkleidungen, Sitze, Reifen, in der Elektronik für z. B. Elektronikgehäuse, Kabel, Schalter, Stecker, Isolatoren, in der Medizin und dem Gesundheitswesen für z. B. medizinische Geräte, Einweg-

[I] Je nach Anwendungszweck des Kunststoffes können weitere Schritte zwischen der Formgebung und dem *Second Moment of Truth* (Nutzungsbeginn durch den Kunden) erforderlich sein, z. B. Einfüllung des Wassers in unsere PET-Getränkeflasche.

[II] Der Begriff *Kunststoffnutzungssphäre* (alternativ: Interaktionssphäre oder Produktsphäre) beschreibt den direkten Interaktionsbereich zwischen Konsument und Produkt, einschließlich der Nutzung und Anwendung des Produkts (Nutzungsphase, Verwendungsphase, *Customer Experience Phase*, *Post-Purchase Phase*), und umfasst den Zeitraum vom *Second Moment of Truth* bis zum Ende der Nutzung.

[III] Konsument: lateinisch: *consumere* = verbrauchen oder englisch: *consumer*. Produkte müssen nicht im wörtlichen Sinn „verbraucht werden", sondern es handelt sich oft eher um eine (temporäre) Nutzung von Ressourcen. Der Konsument kann sowohl eine natürliche Person (Mensch) als auch eine juristische Person (z. B. eine Firma) sein.

[IV] Es müssen drei Arten von Kunststoffprodukten aus Sicht des Konsumenten unterschieden werden: *Primäre Kunststoffprodukte:* Das sind Kunststoffe, mit denen der Konsument direkt in Kontakt kommt. Es handelt sich um Endverbraucherprodukte, die der Konsument besitzt und nutzt. Diese Produkte sind durch bewusste und direkte Interaktion gekennzeichnet. *Sekundäre Kunststoffprodukte:* Diese Kategorie umfasst Kunststoffe, die im öffentlichen Raum verwendet werden. Der Konsument nutzt sie, ohne sie zu besitzen. Wichtig ist hier auch, dass der Begriff „öffentlich genutzter privater Raum" mit einschließt. *Tertiäre Kunststoffprodukte:* Hierbei handelt es sich um Kunststoffe, die in industriellen Prozessen eingesetzt werden, um beispielsweise andere Güter herzustellen, und für den Endverbraucher in der Regel nicht sichtbar sind und kein direkter Kontakt besteht.

produkte, Implantate und medizinische Instrumente, im Haushaltswarenbereich für z. B. Pfannen, Geschirr, Behälter, Flaschen, Spielzeug, im Textilien- und Bekleidungsbereich, in der Landwirtschaft für z. B. Bewässerungssysteme, Folien, in der Luft- und Raumfahrt für z. B. leichte und hitzebeständige Materialien, im Energiebereich für z. B. Solarmodule, Windturbinen, in der Kommunikation für z. B. Mobiltelefone, Laptops, bis in die Wasseraufbereitung für z. B. Rohre, Filter, Behälter – und vieles mehr.

Ein weiterer Aspekt, der die Bedeutung und Relevanz von Kunststoffen unterstreicht, ist die weltweite jährliche Produktionsmenge. Zum Beispiel erhöhte sich das Produktionsvolumen für Kunststoffe von 1,5 Mio. Tonnen (1950), 100 Mio. Tonnen (1989), 200 Mio. Tonnen (2002), 279 Mio. Tonnen (2011) auf 390,7 Mio. Tonnen im Jahr 2021. In der letzten Dekade entspricht dies einem jährlichen Wachstum von ca. 4 % und ein Ende des Wachstums ist nicht in Sicht.[103,104] Von den im Jahr 2021 hergestellten 390,7 Mio. Tonnen[V] Kunststoff entfiel ein Großteil der Anwendungen (>76 %) auf Poly(ethylen) (PE, Anteil: 26,9 %[VI], Menge: 105,1 Mio. Tonnen), Poly(propylen) (PP, Anteil: 19,3 %, Menge: 75,4 Mio. Tonnen), Poly(vinylchlorid) (PVC, Anteil: 12,9 %, Menge: 50,4 Mio. Tonnen), Poly(styrol), Poly(ethylenterephthalat) (PET, Anteil: 6,2 %, Menge: 24,2 Mio. Tonnen), Polyurethan (PUR, Anteil: 5,5 %, Menge: 21,5 Mio. Tonnen), (PS[VII], Anteil: 5,3 %, Menge: 20,7 Mio. Tonnen). Auch Poly(methylmethacrylat) (PMMA,)[VIII], Polyamid (PA)[IX] und Poly(tetrafluorethylen) (PTFE)[X] haben einen gewissen Bekanntheitsgrad.

Zur Einordnung: Auch vor 1950 wurden Kunststoffe bereits industriell hergestellt, jedoch in wesentlich geringerem Umfang.[105,XI] Diese frühen

[V] In den 390,7 Mio. Tonnen sind auch 8,3 % recycelte Kunststoffe (32,4 Mio. Tonnen) und 1,5 % aus nachwachsenden Rohstoffen gewonnene Kunststoffe (5,9 Mio. Tonnen) enthalten.

[VI] Zusammengesetzt aus: 12,5 % (*HDPE* und *MDPE* = *Medium-Density Poly(ethylene)*) und 14,4 % (*LDPE* und *LLDPE* = *Linear Low-Density Poly(ethylene)*)

[VII] Zusammengesetzt aus: PS und PS-E (Expandiertes Poly(styrol), Styropor®)

[VIII] Bekannt als Acrylglas oder Plexiglas®.

[IX] Einige Vertreter dieser Klasse sind bekannt als Nylon.

[X] Bekannt als Teflon®.

[XI] Die industrielle Entwicklung stützte sich maßgeblich auf die wissenschaftlichen Fortschritte und Entdeckungen jener Zeit.

Entwicklungen bildeten jedoch die Grundlage für viele der heutigen technischen Verfahren zur Herstellung von Kunststoffen. Hier eine Auswahl[XII] bedeutender Meilensteine:

- 1839: *Charles Goodyear* entwickelt die Heißvulkanisation von Kautschuk (Gummi)[XIII], ein Verfahren, das die Haltbarkeit und Elastizität von Kautschuk erheblich verbessert.
- 1869: *John Wesley Hyatt* erfindet „Celluloid", den ersten thermoplastischen Kunststoff, der insbesondere für die Herstellung von Kämmen, Knöpfen und Billardkugeln eingesetzt wurde.[XIV]
- 1907: *Leo Baekeland* entwickelt Bakelit, den ersten vollsynthetischen Kunststoff, der vor allem in der Elektro- und Automobilindustrie breite Anwendung findet.[XV]
- 1935: *Wallace Hume Carothers* entwickelt Polyamide, die später als Nylon bekannt werden und zu einer der wichtigsten Kunstfasern für Textilien und technische Anwendungen avancieren.
- 1930: In Ludwigshafen startet die IG Farben mit der Synthese von Poly(styrol), einem vielseitigen Kunststoff, der später vor allem in Verpackungen, Isoliermaterialien und vielen weiteren Anwendungen breite Verwendung findet.
- 1933: Plexiglas® (PMMA) wird von *Röhm & Haas* in Deutschland produziert und findet vielfältige Anwendung in der optischen Industrie und Architektur.
- 1938: *Roy J. Plunkett* entdeckt Poly(tetrafluorethylen), den ersten Fluorkunststoff, der unter dem Markennamen Teflon® bekannt wird und insbesondere für Antihaftbeschichtungen Verwendung findet.
- 1941: Entwickelten *August Hoechtlen* und *Walter Droste* bei der IG Farben Polyurethanschaum, der durch seine isolierenden und

[XII] Die Auswahl erhebt keinen Anspruch auf Vollständigkeit, sondern dient lediglich dazu, einige zentrale Meilensteine hervorzuheben.
[XIII] Kautschuk (auch als Naturkautschuk bekannt) ist ein elastisches Material, das aus dem Saft (Latex) von Kautschukbäumen gewonnen wird. Der Latex besteht hauptsächlich aus Poly(isopren) ($(C_5H_8)_n$), einem Polymer aus Isopren-Molekülen.
[XIV] Celluloid besteht aus Cellulosenitrat und Campher als Weichmacher.
[XV] Herstellung aus Phenol und Formaldehyd.

dämpfenden Eigenschaften in vielen industriellen Anwendungen genutzt wird.

- 1949: *Fritz Stastny* entdeckt bei der BASF Styropor®, ein aufgeschäumtes Polystyrol, das sich ideal für Isolierung und Verpackungen eignet.
- 1952: *Karl Ziegler* entwickelt das Normaldruck-Verfahren zur Herstellung von Poly(ethylen) (PE) am *Max-Planck-Institut für Kohlenforschung in Mülheim an der Ruhr*, was die großtechnische Produktion dieses weit verbreiteten Kunststoffes ermöglicht.

Nach dem Zweiten Weltkrieg begann die Ära des „Konsumplastiks". Die während des Krieges gewonnene technologische Expertise wurde genutzt, um erschwingliche Alltagsprodukte herzustellen und ebnete den Weg für den unaufhaltsamen Aufstieg der Kunststoffe. Gleichzeitig markierte diese Entwicklung den Beginn der „Wegwerfgesellschaft".[106]
Wieder zurück in die Gegenwart: Von den 390,7 Millionen Tonnen Kunststoff, die 2021 weltweit hergestellt wurden, stammten 352,4 Millionen Tonnen (90 %) aus fossilen Ressourcen, während 32,4 Millionen Tonnen recycelte Kunststoffe ausmachten, was einem Anteil von 8,3 % entspricht.
Wie in *Kapitel 6* beschrieben, liegt die Stärke der Kunststoffe in den vielfältigen Kombinationsmöglichkeiten der Monomere und der Zugabe von Additiven, sodass täglich neue Kunststoffanwendungen entwickelt werden und die „Kunststoffabhängigkeit" immer weiter steigt.[107]
Allerdings haben wir bereits gesehen, dass Kunststoffe neben all ihren Vorteilen auch problematische Aspekte aufweisen, wie die Verwendung von fossiler Ressourcen als Rohstoffbasis, Kohlenstoffdioxid-Emission während der Herstellungsprozesse und die negativen Auswirkungen des Lebensendes der Kunststoffe, wie wir im nächsten Kapitel sehen werden (*Kapitel 8*). Angesichts dieser Herausforderungen stellt sich die Frage nach möglichen Alternativen. Die Umstellung auf nachwachsende Ressourcen anstelle von fossilen Ressourcen wird zwar diskutiert,

allerdings gibt es hier ein Mengenproblem und mögliche Konkurrenzsituationen mit anderen Biomasseanwendungen (*siehe Kapitel 19*).[XVI]
Neben Kunststoffen verwendet die Menschheit auch andere Materialien, wie z. B. Holz, Metall, Glas, Textilien, Papier, Beton, Keramik, Naturfasern, Leder, Stein, Gummi, Verbundmaterialien. Könnten diese die Kunststoffe komplett ersetzen?[XVII] Wie würde unsere Welt ohne Kunststoffprodukte aussehen?
Nehmen wir als erstes Beispiel Holz: Holz ist ein nachwachsender Rohstoff aus bewirtschafteten Wäldern. Es zeichnet sich durch Stärke und Festigkeit im Verhältnis zu seinem Gewicht aus und bietet gute Isolation gegen Wärme und Schall. Zudem ist Holz leicht zu bearbeiten, zu schneiden und zu verarbeiten, was seine Anpassungsfähigkeit an die Herstellung verschiedener Produkte erhöht. Allerdings ist Holz im Vergleich zu Kunststoffen weniger verformbar und empfindlich gegenüber Feuchtigkeit. Es kann teurer sein, insbesondere in hochwertiger Qualität, und unterliegt im Laufe der Zeit Veränderungen in Form und Farbe. Die Verfügbarkeit in gleichbleibender Qualität und ausreichender Menge ist ebenfalls problematisch. Die Frage, ob Holz Kunststoffe vollständig ersetzen könnte, muss daher mit *Nein* beantwortet werden, höchstens in ausgewählten Teilbereichen ist ein Ersatz möglich.
Auch Metallprodukte könnten Kunststoffprodukte nicht vollständig ersetzen, da beide Materialien jeweils spezifische Eigenschaften und Anwendungen haben, die auf bestimmte Anforderungen zugeschnitten sind. Ein Hauptgrund dafür ist, dass Metalle aufgrund ihrer Merkmale wie Härte, Wärmeleitfähigkeit und Dichte oft besser für Anwendungen geeignet sind, bei denen Festigkeit und Haltbarkeit entscheidend sind. Sie finden Einsatz in Strukturen, Maschinen, Elektronik und mehr. Jedoch können sie auch korrodieren und sind schwerer zu verarbeiten. Kunststoffe hingegen sind leichter, flexibler und weisen eine gute

[XVI] Aktuell haben Kunststoffe aus nachwachsenden Rohstoffen einen Marktanteil von ca. 1,5 % (2021).

[XVII] Die im Folgenden dargelegten Punkte sind eher allgemeiner Natur und als Leitlinien gedacht. Eine genauere Analyse muss jeweils produktspezifisch und anwendungsbezogen erfolgen. Zudem ist zu beachten, dass bestimmte Anwendungen der genannten Materialien im Laufe der Zeit durch Kunststoffe ersetzt wurden.

Isolierfähigkeit auf. Sie bieten eine breitere Palette an Anwendungen, insbesondere in Bereichen, wo Gewichtsreduzierung, elektrische Isolierung[XVIII] und Verformbarkeit wichtig sind. Daneben muss auch die aufwendige Gewinnung von Metallen als nachteilhaft genannt werden. Die Frage muss also auch hier mit *Nein* beantwortet werden. Auch für Metalle ist höchstens in ausgewählten Teilbereichen ein Ersatz möglich. Die Liste ließe sich auf weitere Materialien und Kombinationen erweitern, ohne das Ergebnis zu verändern: Ein vollständiger Ersatz ist nicht realistisch.

Als nächstes wollen wir wieder unser Beispiel der PET-Getränkeflasche heranziehen und es mit einem etablierten Parallelsystem, der Getränkeflasche aus dem Material Glas, vergleichen. Wichtig ist, dass die jeweilige Flasche „nur" die Verpackung für das eigentliche zu verkaufende Produkt darstellt. Zuerst ein offensichtlicher Aspekt: das stark unterschiedliche Gewicht. Beispielsweise wiegt eine 1-Liter-PET-Flasche ca. 25 Gramm, während eine 1-Liter-Glasflasche ca. 550 Gramm wiegt, was dem etwa 22-fachen entspricht.[XIX] Das bedeutet, aus einer Tonne PET können 40.000 Flaschen hergestellt werden, während aus einer Tonne Glas nur 1818 Flaschen gewonnen werden können. Mit der gleichen Materialmenge kann also viel mehr Inhalt verpackt werden.[108] Somit ergibt sich ein höherer Energieeinsatz inklusive höherer Kohlenstoffdioxid-Emission, vor allem für den Transport, für die Verpackung: Glas.[XX] Allerdings hängt der Energieeinsatz stark von den Entfernungen innerhalb der Lieferkette ab, also zwischen Flaschen-Hersteller, Abfüller, Handel und Konsument, und der Anzahl der Wiederbefüllungszyklen.[XXI] Schätzungen gehen von einem Kohlen-

[XVIII] Es gibt auch leitfähige Kunststoffe bzw. Polymere.

[XIX] Die Materialmenge ließe sich durch die Anwendung des *Salzbad-Härtens* reduzieren, bei dem das Glas in ein Salzbad eingetaucht wird, um seine Oberflächenhärte zu erhöhen und es widerstandsfähiger gegen mechanische Belastungen zu machen.

[XX] Das Mehrwegsystem ist hier nicht berücksichtigt.

[XXI] Glas: bis zu 50-mal, bei PET ca. 25-mal

stoffdioxid-Fußabdruck[XXII] für Wasserflaschen von 110 g/CO_2e[XXIII] je 0,7-Liter-Mehrwegflasche (Glas) und 95 g/CO_2e je 1-Liter-Mehrwegflasche (PET) aus.[XXIV,109]

Ein weiterer Aspekt ist der Herstellungsprozess. Für Kunststoffe haben wir uns ausgehend vom Erdöl den Weg bereits angesehen. Beim Glas starten wir unter anderem mit Sand, Kalk und Soda, die bei hohen Temperaturen (1450–1650 °C)[XXV] zusammengeschmolzen werden, häufig gemeinsam mit Altglas aus dem Glas-Recycling.[110] Die hohen Temperaturen werden durch die Verbrennung fossiler Rohstoffe, wie z. B. Erdgas erreicht, wodurch die Glasherstellung zu den energieintensivsten Industrien zählt.[XXVI] Sie benötigte z. B. in 2015 eine Energiemenge von 18,53 TWh[XXVII] (Bundesrepublik Deutschland), was dem Energiejahresverbrauch von 2,1 Millionen Personen[XXVIII] entspricht (2019).[111] Durch den Einsatz fossiler Ressourcen als Energiequelle entstehen 4,88 Millionen Tonnen des Treibhausgases Kohlenstoffdioxid, was auf die 1-Liter-Glasflasche mit 75% Recyclinganteil bezogen 31,6 g CO_2 (Neuware: 110 g) entspricht.[112] Im Vergleich dazu sind es bei der 1-Liter-PET-Flasche aus recyceltem Material 11,25 g CO_2 (Neuware: 53,75 g).[113] Daneben spielt auch der Preis eine Rolle, z. B. kostet eine Tonne neues PET etwa 1169 €[114] (recyceltes PET ca. 1510 €[115]) und eine Tonne Neuglas rund 300 €. Bezogen auf unsere Flaschen ergeben sich Werte von etwa 0,03 € für die PET-Flasche und ca. 0,17 €

[XXII] Der *CO_2-Fußabdruck* quantifiziert die gesamten Treibhausgasemissionen eines Produkts über den gesamten Lebenszyklus, von der Rohstoffgewinnung bis zur Entsorgung. Er fokussiert sich somit auf den Beitrag zum Klimawandel. Der *ökologische Fußabdruck* hingegen ist ein umfassenderer Indikator, der neben Treibhausgasemissionen auch den Verbrauch anderer natürlicher Ressourcen wie Wasser, Boden und Energie berücksichtigt. Der CO_2-Fußabdruck ist daher ein Teilaspekt des ökologischen Fußabdrucks.

[XXIII] CO_2e: CO_2-Äquivalente (englisch: *CO_2-equivalents*) ist eine Maßeinheit zur Vereinheitlichung der Klimawirkung der unterschiedlichen Treibhausgase (z. B. CO_2, Methan, Lachgas), die bei einem Prozess entstehen.

[XXIV] In den Werten sind alle CO_2e-Emissionen bis zur Auslieferung des Wassers enthalten.

[XXV] PET: Herstellungstemperatur <300 °C

[XXVI] Die Glasherstellung ist ein nicht flexibler Prozess, es ist eine konstante Produktion notwendig.

[XXVII] 1 Terawattstunde (TWh) entspricht 1.000.000.000 Kilowattstunden (kWh).

[XXVIII] Durchschnittliche Jahresverbrauch der Bundesrepublik Deutschland (2019): 8800 Kilowattstunden pro Person (Mittelwert der Wohnenergie aller Haushaltsgrößen).

für die Glasflasche.[XXIX,116] Insgesamt bietet die PET-Flasche einige Vorteile im Vergleich zur Glasflasche.
Stellen wir uns basierend auf den diskutierten Informationen nun eine Welt ganz ohne Kunststoffprodukte vor – eine Welt, in der dieses Material, das zahlreiche Aspekte unseres täglichen Lebens prägt und einen integralen Bestandteil unseres modernen Lebens darstellt, nicht existiert.[XXX] Die Auswirkungen auf Gesellschaft, Wirtschaft und Lebensweise wären tiefgreifend und vielfältig, sodass der derzeitige Lebensstandard kaum aufrechtzuerhalten wäre. Die Antwort scheint klar: Das Leben ohne Plastik wäre eine Utopie.

[XXIX] Es sind nur die Material und Herstellungskosten von PET und Neuglas enthalten, d. h., die Formung der Flasche, Abfüllung etc. sind nicht enthalten.

[XXX] Diese *Alles-oder-Nichts-Aussage* ist in der Realität natürlich nicht haltbar und muss differenzierter betrachtet werden. Sowohl das Vermeiden bzw. Einsparen von Kunststoffprodukten als auch der Ersatz von Kunststoffen durch alternative Materialien in ausgewählten Anwendungsbereichen ist durchaus erstrebens- und wünschenswert.

KAPITEL 8

Was ist Müll – Ist das noch gut oder kann das schon weg?

Auch wenn wir direkt von den Eigenschaften und der Herstellung zum Anfang des Lebensendes der Kunststoffe springen, ist es wichtig zu betonen, dass die Nutzungsphase von Kunststoffprodukten von zentraler Bedeutung ist. Diese Produkte wurden gezielt entwickelt und hergestellt, um in dieser Phase ihren Zweck zu erfüllen. Allerdings erreicht jedes Kunststoffprodukt früher oder später den Endbereich des anthropogenen bzw. gesellschaftlichen Metabolismus[I,117], wird zu Müll und gelangt ins Abfallmanagementsystem[II].
Aber was ist Müll? Im deutschen Sprachgebrauch werden verschiedene Begriffe mit gleicher oder ähnlicher Bedeutung für „Müll"[III] verwendet, wie beispielsweise „Abfall" oder „Unrat". Der Begriff „Abfall" wird im Deutschen Wörterbuch von *Jacob* und *Wilhelm Grimm* als ein „Niederfallen" oder „Gefallensein" beschrieben, wobei diesen Begriffen das Stigma des Defizitären anhaftet.[118]

[I] Der *gesellschaftliche/anthropogene Metabolismus* kann als Äquivalent zum biologischen Stoffwechsel betrachtet werden. Vergleichbar mit der Art, wie lebende Systeme durch den Austausch von Materialien und Energie ihre innere Ordnung aufrechterhalten, ist die Gesellschaft auf einen stetigen Zufluss von Ressourcen angewiesen, um ihre Strukturen und Funktionen zu erhalten. Der *gesellschaftliche Metabolismus* beschreibt den gesamten Prozess des Material- und Energieaustauschs zwischen einer menschlichen Gesellschaft und ihrer natürlichen Umwelt. Er umfasst die Gewinnung von Ressourcen, die Herstellung von Produkten, sowie den Eintrag von Abfällen in die Umwelt. Dieser Begriff betont die sozioökonomischen Strukturen und kulturellen Praktiken, die diese Austauschprozesse steuern. Der *anthropogene Metabolismus* berücksichtigt die Stoff- und Energiewechselprozesse aus einer physikalischen und chemischen Perspektive.

[II] Ein Abfallmanagementsystem ist ein ganzheitlicher Ansatz zur Planung, Organisation und Kontrolle aller Prozesse, die mit der Entstehung, Sammlung, dem Transport, der Behandlung und der Entsorgung von Abfällen verbunden sind. Ziel ist es, Abfallmengen zu minimieren, die Kreislaufwirtschaft zu fördern und die Umweltbelastung durch Abfälle nachhaltig zu verringern. Ein solches System umfasst neben der Abfallvermeidung und -reduktion auch die effiziente Sortierung, das Recycling, die energetische Verwertung und die sichere Beseitigung von nicht verwertbaren Reststoffen.

[III] Mittelniederdeutsch: *mül*, mittelhochdeutsch: *müllen*, althochdeutsch: *mullen* = zerreiben.

Eine anschauliche Metapher hierfür ist das Abfallen von Laubblättern von laubabwerfenden Bäumen. Diese Blätter erfüllen zunächst wichtige Funktionen für die Lebenserhaltung der Bäume, darunter die Photosynthese, bei der Wasser, Kohlenstoffdioxid und Lichtenergie in energiereiche chemische Stoffe wie Kohlenhydrate umgewandelt werden (*siehe Kapitel 2*). Zudem beeinflussen die Blätter den Wasserhaushalt des Baumes durch Transpiration und Verdunstung. Nachdem sie diese Aufgaben erfüllt haben, werden die Blätter nicht mehr benötigt und verlieren ihre Funktion. Daher kommt es zum Abfallen der Blätter auf den Boden. Die abgefallenen Blätter dienen als Rohstoffquelle für Bodenlebewesen, die sie als Nahrungsgrundlage nutzen. Schließlich werden die Nährstoffe aus den ehemaligen Blättern wieder von den Bäumen aufgenommen und für ihr Wachstum verwendet.[119] Insgesamt hat die Natur effiziente Zirkulationskreisläufe etabliert – Abfall als Ressource ermöglicht ein endloses Recycling.
Während natürliche Kreisläufe geschlossen sind und Abfälle als Ressourcen dienen, stellt sich die Frage nach der Kreislauffähigkeit von Prozessen in der Anthroposphäre.
Abfall steht in Verbindung mit der Funktion des Kunststoffprodukts und dem Verlust dieser Funktion. Was geschieht, wenn die Funktion eines Produkts erlischt? Ist es automatisch Abfall – oder könnte es doch noch einen Wert haben? Wichtig ist, dass der Funktionsverlust als individuelle Entscheidungsvariable des jeweiligen Nutzers anzusehen ist, d. h., der Nutzer bestimmt über das Ende des Bündnisses zum Produkt.[120] Folglich kann Abfall als eine Art soziales und kulturelles Konstrukt betrachtet werden.[121] Ob ein Kunststoffprodukt als „Abfall" gilt, wird nicht nur durch seine Eigenschaften bestimmt, sondern auch durch gesellschaftliche Normen, Werte und als Konsequenz daraus Entscheidungen darüber, was als wertvoll oder wertlos angesehen wird. Ist ein Kunststoffprodukt wirklich wertlos, nur weil sein Besitzer das entschieden hat?
Werfen wir einen Blick auf einige Szenarien, die die Bewertung von Abfall verdeutlichen:

Szenario 1: Nutzer 1 und *Nutzer 2* kaufen zur gleichen Zeit dasselbe Modell eines Produkts. Nach einem Jahr entscheidet sich *Nutzer 1*, das

Produkt, obwohl es noch voll funktionsfähig ist, gegen ein neueres Modell einzutauschen. Für *Nutzer 1* hat das Produkt der alten Generation nun keine Funktion mehr und wird deshalb als Abfall betrachtet. *Nutzer 2* nutzt sein Produkt weiter.

Szenario 2: Hier hat *Nutzer 1* entschieden, dass das Produkt für ihn Abfall ist, obwohl es noch voll funktionsfähig war. *Nutzer 2* übernimmt das „Abfallprodukt" von *Nutzer 1*, da das Produkt für ihn weiterhin nützliche Eigenschaften oder einen Wert aufweist. Das Produkt wird bei *Nutzer 2* weiterverwendet, bis auch dieser Nutzer die Entscheidung über das Ende der Nutzung trifft. Beispiel für dieses Szenario ist der *Second-Hand*-Bereich bzw. Gebrauchtware-Bereich.[122]

Szenario 3: In diesem Fall hat *Nutzer 1* das Produkt aufgrund eines Defekts als Abfall betrachtet. *Nutzer 2* übernimmt das „Abfallprodukt" von *Nutzer 1*, repariert es und nutzt es weiter, bis auch von *Nutzer 2* die Entscheidung über das Ende der Nutzung getroffen wird.

Szenario 4: Eine weitere Möglichkeit ist die Nachnutzung oder Aufwertung des Abfalls durch Änderung seiner Eigenschaften, sodass ein neues Produkt entsteht (*Upcycling*[IV]).[123] *Nutzer 1* hat das Produkt als Abfall betrachtet, und *Nutzer 2* übernimmt dieses „Abfallprodukt", um es umzufunktionieren und weiterzuverwenden, bis auch *Nutzer 2* die Entscheidung über das Ende der Nutzung trifft.

Szenario 5: *Nutzer 1* sieht ein Produkt als Abfall an, jedoch wird es von *Nutzer 2* demontiert, um funktionsfähige Komponenten zu gewinnen. Diese werden entweder weiterverwendet oder für neue Produkte eingesetzt.

Die Beispiele zeigen, dass es sich um ein komplexes, dynamisches System der Aufwertung und Abwertung von Produkten bzw. Produkteigenschaften handelt (*Abbildung 10*). Die Wertzuschreibung von Abfall

[IV] *Upcycling*: englisch: *up* = nach oben, *recycling* = Wiederverwertung. Abfallprodukte werden in neuwertige Produkte umgewandelt. Im Gegensatz zum *Downcycling* (englisch: *down* = nach unten, *recycling* = Wiederverwertung) kommt es zu einer stofflichen Aufwertung.

ist ambivalent, da die Grenzen zwischen wertvollen und wertlosen Objekten oft fließend sind und sich im Laufe der Zeit ändern. Insgesamt zeigt sich, dass die Wahrnehmung von Abfall stark durch gesellschaftliche und kulturelle Einflüsse geprägt ist und maßgeblich von den individuellen Entscheidungen der Nutzer abhängt. Dennoch wird am Ende der Nutzungsphase eines Kunststoffprodukts letztlich immer die Wertlosigkeit aus der Perspektive der Konsumenten stehen (*Output* der Kunststoffnutzungssphäre).

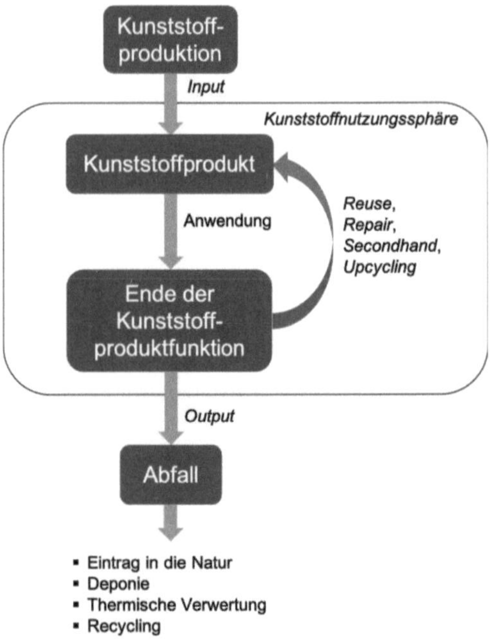

Abbildung 10. Kunststoffnutzungssphäre.

Neben den Konsumenten als Entscheider über den Status des Kunststoffprodukts müssen auch die Produzenten der Produkte als weitere Ebene berücksichtigt werden. Unter dem Gesichtspunkt der Profitmaximierung führen kurze Produktlebenszeiten und die daraus resultierende schnelle Entsorgungsentscheidung der Konsumenten dazu, dass neue Produkte schneller nachgefragt werden (z. B. technologische und psychologische Obsoleszenz[V,124], *Take-Make-Waste-Modell*[VI,125], Konzept der externen Effekte[VII,126], Wegwerfgesellschaft[VIII,127]). Die aktuellen Strukturen und die Logik unserer Konsumgesellschaft fördern dabei das ständige Wegwerfen und Neuanschaffen von Produkten. Dies führt zur Maximierung der Gewinne – die kontinuierliche Erzeugung von Abfall ist ein profitables Geschäftsmodell und Bestandteil des kapitalistischen Wirtschaftssystems.

Wir haben bereits verschiedene Aspekte des Abfallbegriffs beleuchtet und festgestellt, dass dieser oft unklar definiert wird. Doch was genau versteht der Gesetzgeber unter Abfall? Das Kreislaufwirtschaftsgesetz (KrWG) bietet eine Definition: Gemäß § 3 Absatz 1: „Abfälle im Sinne dieses Gesetzes sind alle Stoffe oder Gegenstände, derer sich ihr Besitzer entledigt, entledigen will oder entledigen muss. Abfälle zur Verwertung sind Abfälle, die verwertet werden; Abfälle, die nicht verwertet werden, sind Abfälle zur Beseitigung.“.[128]

Diese rechtliche Einordnung verdeutlicht, dass Abfälle, die nicht mehr genutzt werden können, in die Verwertungsphase überführt werden müssen. Die Mengen an Kunststoffabfällen, die als *Output* aus der Kunststoffnutzungssphäre in die Verwertungsphase transferiert werden zeigen dabei die Dimension des Problems: Im Jahr 2020 fielen etwa 29,5 Millionen Tonnen Kunststoffabfälle in der Europäischen Union[IX] zur Verwertung an.[129] Bezogen auf das Kunststoffproduktionsvolumen von

[V] Z. B. *Technologische Obsoleszenz*: Wenn Produkte so entwickelt werden, dass sie technisch schneller veralten. *Psychologische Obsoleszenz*: Konsumenten werden durch Marketing dazu ermutigt, funktionstüchtige Produkte durch „modernere“ oder „innovativere“ Modelle zu ersetzen.

[VI] Das *Take-Make-Waste-Modell* (*Nehmen-Produzieren-Wegwerfen-Modell*) beschreibt ein lineares Wirtschaftssystem, bei dem Rohstoffe entnommen, in Produkte umgewandelt und nach deren Gebrauch entsorgt werden, ohne Berücksichtigung von Wiederverwendung oder Recycling, was zu einer ständigen Erzeugung von Abfall und Ressourcenverschwendung führt.

[VII] Das *Konzept der externen Effekte* beschreibt Kosten oder negative Auswirkungen, wie Umweltverschmutzung oder Abfallproduktion, die nicht von den Unternehmen selbst getragen werden, sondern von der Gesellschaft, wodurch Unternehmen ihre Gewinne maximieren können, ohne die vollen ökologischen Kosten ihrer Produktion zu berücksichtigen.

[VIII] Die *Wegwerfgesellschaft* beschreibt eine Konsumkultur, in der Produkte aufgrund ihrer kurzen Lebensdauer und schnellen Ersetzbarkeit häufig weggeworfen werden, was zu einer erhöhten Abfallproduktion und einem verschwenderischen Umgang mit Ressourcen führt.

[IX] EU27+3

rund 57,2 Millionen Tonnen (2021)[X], ergibt sich, dass innerhalb eines Jahres die Kunststoffabfallmenge ca. 52 % der Produktionsmenge entspricht. Pro EU-Bürger[XI] wurden 2020 etwa 34,5 kg Plastikverpackungsabfall produziert.[130] Letztendlich werden früher oder später auch die verbleibenden 48 % der Kunststoffmenge zu Abfall.

Was mit diesem Kunststoffabfall passiert, werden wir uns in den folgenden Kapiteln mit den beiden Aspekten „Abfallentsorgung", „Verwertung" und „Beseitigung" von Abfällen genauer ansehen. Dabei gibt es folgende Pfade die die Kunststoffabfälle einschlagen können: Eintrag in die Umwelt, Lagerung auf Deponien, Verbrennung (thermische Verwertung) und Recycling.

[X] Enthält 5,8 Millionen Tonnen recycelte Kunststoffe und 1,3 Millionen Tonnen biobasierte Kunststoffe.
[XI] EU27

KAPITEL 9

Plastik in der Umwelt – Eine wachsende Bedrohung

Tonnenweise Plastikmüll treibt in den Ozeanen, und Mikroplastikpartikel finden sich in unserem Trinkwasser und unserer Nahrung.[I] Die Schattenseite der gegenwärtigen Kunststoffökonomie ist unübersehbar und hat weitreichende Konsequenzen für unsere Umwelt[II], unsere Gesundheit und unsere Gesellschaft. Die Menge an Kunststoffabfällen in der Umwelt hat dramatisch zugenommen – wir verwandeln die Welt zunehmend in eine globale Deponie/Müllhalde[III] – sieht so Ressourcenverantwortung aus?[131]

Doch wie gelangt dieser Abfall in die Umwelt, und wie konnte es überhaupt so weit kommen? Der Eintrag von Plastikabfall in die Umwelt kann grob in drei Kategorien unterteilt werden:

1. Mangelhaftes oder fehlendes Abfallmanagement: In vielen Ländern gibt es entweder unzureichende Abfallmanagementsysteme oder sie fehlen ganz. Dies betrifft sowohl unzureichende Infrastruktur als auch das Fehlen einer wirksamen Durchsetzung von Gesetzen zur Abfallentsorgung. In vielen niedrigen- und mittleren Einkommensländern wird z. B. ein Großteil des Abfalls auf offenen Deponien oder direkt in die Natur entsorgt, ohne Recycling oder andere geeignete Entsorgungs-

[I] Das bei der Verbrennung von Kunststoffabfällen entstehende Kohlenstoffdioxid stellt ebenfalls ein Problem für die Umwelt dar. Für das vorliegende Kapitel ist es jedoch ein nachgelagertes Problem, da der Kunststoff durch den Verbrennungsprozess nicht mehr in seiner ursprünglichen chemischen Form vorliegt. Wir werden uns jedoch zu einem späteren Zeitpunkt genauer damit befassen, da es einer eigenen Betrachtung bedarf (*siehe Kapitel 12*).

[II] In diesem Kapitel soll der Begriff *Umwelt* auf die *natürliche Umwelt* eingegrenzt werden. Darunter versteht man die Gesamtheit aller lebenden und nichtlebenden Elemente der Erde, die nicht durch menschliche Eingriffe entstanden sind. Diese bilden ein komplexes System, in dem alle Bestandteile (Biosphäre, Atmosphäre, Lithosphäre) miteinander verzahnt sind.

[III] *Müllhalde*: Ein unkontrollierter Ort zur Abfallablagerung, oft ohne Umweltschutzmaßnahmen. *Deponie*: Eine kontrollierte Anlage mit technischen Schutzvorkehrungen zur sicheren Abfalllagerung. Insgesamt ist der Begriff: *Müllhalde* zutreffender.

maßnahmen. Auch in Industrieländern führt Ineffizienz in den Recyclingstrukturen dazu, dass Abfälle, darunter große Mengen Plastik, nicht sachgemäß verarbeitet werden. Besonders problematisch ist der Export von Kunststoffabfällen in Länder mit schwachen Abfallmanagementsystemen, wo dieser oft unkontrolliert in die Umwelt gelangt.[132]

2. Unkontrollierte bzw. unsachgemäße Abfallentsorgung: Unkontrollierte Entsorgung umfasst beispielsweise das achtlose oder bewusste Wegwerfen oder Liegenlassen[IV] von Kunststoffgegenständen, darunter Einwegplastikprodukte und Verpackungen, die außerhalb des Abfallentsorgungssystems landen.[133] Das schließt auch die illegale Abfallentsorgung mit ein.

3. Mangelhaftes Design von Kunststoffprodukten hinsichtlich ihrer späteren Entsorgung: Das Design von Kunststoffprodukten ist ein wesentlicher Faktor des Problems.[134] Aktiv genutzte Kunststoffe können durch Witterungseinflüsse zerfallen, wodurch sie in kleinere Teile zerbrechen und unkontrolliert in die Umwelt gelangen. Plastikpartikel entstehen auch durch mechanischen Abrieb an Kunststoffprodukten wie Reifen[V], PET-Textilien[VI] oder PET-Wasserflaschen[VII]. Zudem sind manche Kunststoffpartikel, wie jene aus Kosmetika und Körperpflegeprodukten[VIII,135], so klein, dass sie vom Abfallmanagement nicht erfasst werden können.[136]

Was sind die Konsequenzen dieser Abflüsse aus der Kunststoffnutzungssphäre bzw. Anthroposphäre auf die Umwelt und den Menschen?
Der Eintrag von Kunststoffabfall in die Ozeane ist zu einem beunruhigenden Umweltproblem geworden. Neben dem direkten

[IV] *Littering*-Verhalten = gesellschaftliches Problem der „Vermüllung"
[V] Durchschnittlich ca. 120 Gramm Abrieb pro 1000 Kilometer
[VI] Z. B. werden bei einer *Fleece*-Jacke 260 bis 1900 (Mikro-)Fasern pro Waschgang freigesetzt.
[VII] In einem Liter Wasser konnten im Schnitt ca. 240.000 Plastikfragmente nachgewiesen werden.
[VIII] Im Jahr 2023 beschloss die EU ein umfassendes Verbot von absichtlich zugesetzten Mikroplastikpartikeln im Rahmen der REACH-Verordnung (REACH = *Registration, Evaluation, Authorisation and Restriction of Chemicals*).

Eintrag in die Ozeane stellt auch nicht richtig entsorgter Plastikmüll an Land ein Problem dar, da er früher oder später ebenfalls das Meer erreichen kann. Schätzungen zufolge gelangen jährlich 4,8 bis 12,7 Millionen Tonnen Kunststoff unkontrolliert in die Weltmeere – das entspricht der Ladung von 53 Containerschiffen und macht 1,2 bis 3,2 % der jährlichen Kunststoffproduktion aus.[137]

Ein alarmierendes Beispiel ist der *Great Pacific Garbage Patch*[IX], die größte Ansammlung von Kunststoffabfall im Nordpazifik, mit bis zu 1,8 Billionen Plastikteilen.[138] Diese diffuse Region, erstmal beschrieben 1988, umfasst eine Fläche von etwa 1,6 Millionen Quadratkilometern, was etwa 4,5-mal so groß ist wie die Fläche der Bundesrepublik Deutschland[139,X], und stellt eine Ansammlung dar, in der große Mengen Plastikabfälle durch Meeresströmungen zusammengeführt werden.[140] Neben dem *Great Pacific Garbage Patch* gibt es in fast jedem Ozean eigene großflächige Abfallansammlungen, wie den *North Atlantic Garbage Patch*, den *Indian Ocean Garbage Patch* und den *South Atlantic Garbage Patch*.[141] Die Auswirkungen auf die Meeresumwelt sind verheerend und betreffen sowohl die Tierwelt als auch die Wasserqualität. Meeresbewohner wie Fische, Schildkröten und Seevögel verschlucken Plastikteile, die ihren natürlichen Nahrungsmitteln ähneln, was zu Verstopfungen, inneren Verletzungen oder zum Tod führen kann. Tiere verfangen sich in Plastikabfällen, was zusätzliches Leiden verursacht.[142]

Das Problem verschärft sich, da viele Kunststoffe widerstandsfähig gegen den Abbau in Wasser sind bzw. der Abbau einen sehr langen Zeithorizont erfordert – was in der Kunststoffnutzungsphase von Vorteil ist und lange Produktlebensdauern ermöglichen kann. Somit treibt der Abfall über lange Zeiträume in den Ozeanen. Aufgrund des kaum vorhandenen Abflusses von Plastikabfall aus der Umwelt nimmt als Konsequenz die Menge an Plastikabfall in den Meeren Jahr für Jahr immer mehr zu.[143] Beispielsweise wird geschätzt, dass der Zerfall/Zersetzung einer Plastiktüte etwa 20 Jahre und eine PET-Plastikflasche sogar rund 450 Jahre dauern kann. Im Jahr 2018 stießen

[IX] Die englische Bezeichnung „*Garbage Patch*“ kann auf Deutsch als „Müllteppich“ oder „Müllansammlung“ übersetzt werden, wobei der Begriff Müllansammlung das Phänomen am besten beschreibt.

[X] Die Bundesrepublik Deutschland hat eine Fläche von ca. 357.683 km^2.

Forscher im *Great Pacific Garbage Patch* auf Kunststoffteilchen, die noch aus einer Zeit stammen, als die *Voyager 2*-Sonde ihre Reise ins All begann – 1977.[144]

Dabei ist zu unterscheiden zwischen Zerfall des Abfalls in kleinere Teile, bei dem die chemische Struktur erhalten bleibt und der Zersetzung der Polymerketten.[145] Die Biosphäre verfügt über kaum geeignete Mechanismen, um Kunststoffe abzubauen, da diese Materialien außerhalb des für die Biosphäre bekannten Stoffkreislaufs entstanden sind. Es wird also etwas in die zirkulären Kreisläufe der Natur eingebracht, das nicht dafür gemacht ist, und die Biosphäre bzw. Umwelt wird unfreiwillig zum Endlager einer linearen Wirtschaftsweise.

Die ersten systematischen Erkenntnisse über die negativen Auswirkungen von Kunststoffabfällen auf die Umwelt stammen aus den 1960er Jahren. Insbesondere die sichtbare marine Verschmutzung durch Plastikmüll löste damals Besorgnis aus. Die wachsende Umweltbewegung der damaligen Zeit trug maßgeblich dazu bei, das Bewusstsein für dieses Problem in der Öffentlichkeit zu tragen.[146] Die Frage bleibt: Warum reichen die gewonnenen Erkenntnisse nicht aus, um das Problem nachhaltig zu lösen?

Eine Ausnahme stellen hier biologisch abbaubare Kunststoffe dar, allerdings ist die Produktionsmenge im Vergleich zur Produktionsmenge der Top 10 Kunststoffe (noch) überschaubar.[147] Wenn wir nun die Zerfalls- bzw. Zersetzungszeit einer Plastiktüte von ca. 20 Jahren in Relation zur Nutzungsdauer von durchschnittlich 25 Minuten und zum Aufwand für die Herstellung setzen, wird deutlich, dass der aktuelle Umgang mit vielen Kunststoffprodukten problematisch ist.[148]

Ein besorgniserregender Aspekt sind Mikroplastikpartikel (kleiner als 5 mm[XI,XII]), die in zwei Hauptkategorien unterteilt werden: primäres Mikroplastik, das von Anfang an in dieser Partikelgröße hergestellt wurde, wie etwa in einigen Kosmetika oder Reinigungsprodukten, und sekundäres Mikroplastik, das durch den Zerfall von größeren Kunststoffeinheiten entsteht – das Meeresmakroplastik von heute ist das

[XI] Entspricht in etwa der Dicke von zwei 50 Cent Münzen.

[XII] ISO/TC 61 (*International Organization for Standardization*): Nanoplastik (<1 µm), kleines Mikroplastik (1 µm bis 1 mm), großes Mikroplastik (1 mm bis 5 mm), Mesoplastik (5 mm bis 25 mm), Makroplastik (>25 mm).

Mikroplastik von morgen.[149] Mikroplastik kann von einer breiten Palette von Lebewesen aufgenommen werden, von Plankton und Fischen bis hin zu Vögeln und Säugetieren und kann durch die Nahrungskette Auswirkungen auf die gesamte Ökosystemstruktur haben, einschließlich des Menschen[XIII].[150]

Dabei liegt das Problem nicht nur in der Größe der Partikel, sondern auch in ihrer allgegenwärtigen Präsenz – in einem Liter Atlantik-Oberflächenwasser[XIV] wurden bis zu 7 Mikroplastikpartikel[151] nachgewiesen oder im Packeis der Arktis[XV] bis zu 12.000 Mikroplastikpartikeln[152] pro Liter oder pro Quadratmeter Strand am *Gardasee* bis zu 1000 Mikroplastikpartikel[153]...(*Abbildung 11*).

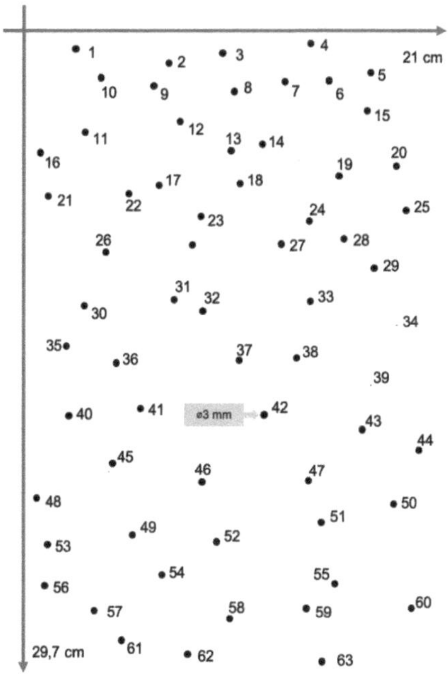

Abbildung 11. Anzahl der Mikroplastikteilchen am Gardasee-Strand auf einer DIN A4 Fläche.[154]

[XIII] Mikroplastik/Nanoplastik konnte im menschlichen Blut und Stuhl nachgewiesen werden.

[XIV] Der Wert wurde aus zwölf verschiedenen Probenstandorten und drei unterschiedlichen Tiefen innerhalb der oberen 200 Meter unterhalb der Wasseroberfläche ermittelt.

[XV] Framstraße

Die angegebenen Mengen weisen einen großen Fehlerbereich auf, sind standortabhängig und können somit stark variieren.
Mikroplastikpartikel wirken zudem wie „Schwämme" und können Schadstoffe, z. B. Pestizide[XVI], Schwermetalle, Industriechemikalien, Medikamentenrückstände, aus der Umwelt an sich binden. Dadurch erhöhen sie die toxische Belastung in Ökosystemen und könnten indirekt auch negative Auswirkungen auf die menschliche Gesundheit haben, etwa durch die Aufnahme kontaminierter Lebensmittel.[155]
Neben den Mikroplastikpartikel gibt es auch noch kleinere Partikel – Nanoplastik (<0,001 mm[XVII]), dem ebenfalls negative Effekte zugesprochen wird.[156] Auch hier lässt sich die Kaskade ansetzen: Das Meeresmakroplastik von heute ist das Mikroplastik von morgen und das Nanoplastik von übermorgen – und durch alle Phasen wandert auch unser im Kunststoff enthaltenes, markiertes Kohlenstoffatom (**C**) mit.
Obwohl die Begriffe „Mikro" und „Nano" beschreiben, dass es sich um „kleine" Plastikpartikel handelt, sprechen die jährlich generierten Mengen eine deutliche andere Sprache: Allein in der Bundesrepublik Deutschland sind es rund 300.000 Tonnen, was etwa 1 Billiarde Mikroplastikteilchen[XVIII] entspricht.[157] Es wird angenommen, dass Mikroplastikemissionen[XIX] einen Anteil von etwa 74 % am Eintrag in die Umwelt haben.[158] In der Bundesrepublik Deutschland liegt die Mikroplastikemission bei etwa 4 kg pro Kopf und Jahr[159], während sie weltweit etwa 0,21 kg[160] beträgt – das entspricht dem Gewicht von etwa 43 Plastiktüten[XX]. Um das Problem noch weiter zu verdeutlichen: Wenn wir unsere 1-Liter-PET-Flasche als Beispiel heranziehen, könnten daraus etwa 83.333 Mikroplastikteilchen[XXI] werden, bei nicht sachgemäßer Entsorgung.[XXII]

[XVI] Pflanzenschutzmittel, Biozide (chemische oder biologische Wirkstoffe, die Schadorganismen wie Bakterien, Viren, Pilze oder Insekten unschädlich machen oder deren Wachstum hemmen)
[XVII] Entspricht der Größe von Zellen.
[XVIII] 0,1–0,5 mg pro Mikroplastikteilchen (Durchschnitt 0,3 mg)
[XIX] Primäres Mikroplastik
[XX] 5 g pro Plastiktüte
[XXI] PET-Flasche: 25 Gramm, Mikroplastikteilchen: 0,3 mg
[XXII] Die Werte basieren auf der Annahme von 7 Mikroplastikpartikel pro Liter Meeresoberflächenwasser und 1000 Mikroplastikpartikel pro Quadratmeter Strand.

Seit den 1970er Jahren ist das Problem von Mikroplastik bekannt und wurde intensiv erforscht.[161] Dennoch verschärft sich die Situation kontinuierlich. Warum scheitern wir daran, eine nachhaltige Lösung zu finden? Ist der *Point-of-no-Return* mit irreversiblen Schäden an den Ökosystemen bereits erreicht?

Im Vergleich zu den anderen Entsorgungsarten für Plastikabfälle (wie Deponierung, thermische Verwertung und Recycling) führt der Abfluss von Plastik in die Biosphäre zu einem Verlust oder einer Verschiebung von Ressourcen von der Anthroposphäre in die Biosphäre[162] (und Atmosphäre[163]) – die *Plastiksphäre* dehnt sich somit immer weiter in die Umwelt aus.

Es gibt zahlreiche Initiativen, die Plastikabfälle[XXIII] beispielsweise aus dem Meer oder von Stränden, einsammeln und für Recyclingprojekte nutzen oder der sachgemäßen Entsorgung zuführen. Dennoch stellt die schiere Menge an Plastikabfall eine Herausforderung dar.[164] Zudem ist der Aufwand, der betrieben werden muss, um diese Abfälle zu sammeln und zu verarbeiten, um ein Vielfaches höher als bei einer korrekten Entsorgung über etablierte Systeme. Aufgrund der großflächigen Verteilung der Kunststoffabfälle über nahezu die gesamte Erde gestaltet sich deren Rückgewinnung als schwierig und ressourcenintensiv – möglicherweise sogar als unmöglich, insbesondere im Hinblick auf Mikroplastik und Nanoplastik.[165]

Auch wenn die Herausforderung unlösbar scheint, muss so viel Kunststoffabfall wie möglich aus Ozeanen, Flüssen und Böden entfernt werden – denn was heute auf dem Boden liegt, treibt morgen im Ozean, was heute Makroplastik ist, wird morgen zu Mikroplastik und gelangt übermorgen in die Nahrungskette.

An dieser Stelle sollte angemerkt werden, dass wir uns von der Vorstellung einer vom menschlichen Einfluss unberührten Umwelt verabschieden müssen. Der Einfluss ist überall unverkennbar, sodass die Biosphäre/Umwelt mittlerweile nur noch als Teil der Anthroposphäre betrachtet werden muss (*Abbildung 12*).

Angesichts der wachsenden Probleme durch Plastikabfälle in der Umwelt hat das kollektive Umweltbewusstsein zugenommen und es

[XXIII] Makroplastik

werden Maßnahmen diskutiert, um die negativen Auswirkungen von Kunststoffen zu minimieren oder zu vermeiden. Dazu zählen z. B. die Reduzierung oder das Verbot bestimmter Plastikprodukte sowie eine Verbesserung der Abfallwirtschaft.[166] Selbst die Verbrennung von Plastikabfällen ist im Vergleich zur unkontrollierten Einbringung in die Umwelt zu bevorzugen, auch wenn dabei das Treibhausgas Kohlenstoffdioxid freigesetzt wird.[XXIV,XXV]

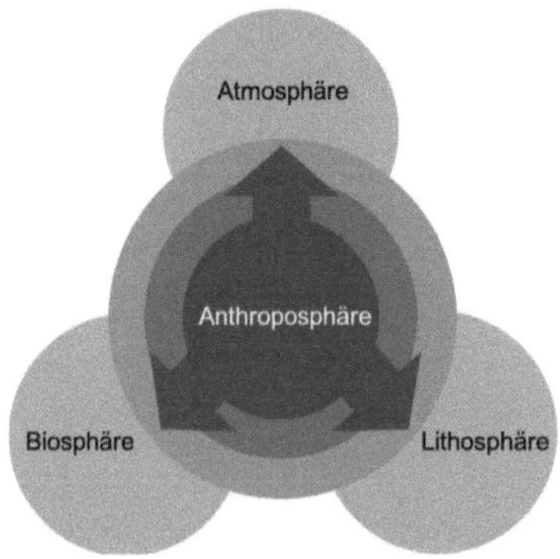

Abbildung 12. Wechselwirkungen der Anthroposphäre.

Die Umweltprobleme und die Eindämmung der Plastikflut lassen sich jedoch nicht allein durch technischen Fortschritt bewältigen. Sie erfordern auch umfassende wirtschaftliche und gesellschaftliche Veränderungen.[167] Besonders wichtig ist die Sensibilisierung und Reflexion der Konsumenten für die Auswirkungen ihrer Entscheidungen, da sie eine bzw. die zentrale Rolle spielen und die Abfallproblematik in der Umwelt eng mit individuellem Konsum und Wohlstand verknüpft ist.[168] Neben der Erkenntnis wäre es wünschenswert, dass dies zur Über-

[XXIV] Im Gegensatz zum Plastikabfall ist Kohlenstoffdioxid ein wichtiger Baustein für die Biosphäre und kann somit leicht in biologischen Prozessen verarbeitet werden. Auch kann eine technische Entnahme von Kohlenstoffdioxid an jedem Ort der Erde durchgeführt, völlig unabhängig von Entstehungsort des Kohlenstoffdioxids.

[XXV] Allerdings verursachen auch die anthropogenen Kohlenstoffdioxid-Emissionen Probleme.

windung der *Intentions-Verhaltens-Lücke*[XXVI] beiträgt und letztlich zu einem umweltbewussteren Handeln führt.[169]

Die Fakten sind klar – doch was hindert uns daran, entschlossen zu handeln?

[XXVI] Die *Intentions-Verhaltens-Lücke* beschreibt das Phänomen, dass Menschen zwar gute Absichten oder Pläne haben, wie etwa umweltbewusst zu handeln, diese jedoch oft nicht in tatsächliches Verhalten umsetzen.

KAPITEL 10

Plastikmülldeponien – Die stummen Zeugen einer Wegwerfkultur

Im letzten Kapitel haben wir gesehen, dass die unkontrollierte Entsorgung von Plastikabfällen in die Umwelt ein gravierendes Problem darstellt. Was können wir der unkontrollierten Entsorgung entgegensetzen und welche Lösungen gibt es? Damit wollen wir uns in diesem und den folgenden Kapiteln näher beschäftigen.

Bevor wir jedoch darauf eingehen, müssen wir uns zwei Kernelemente des Abfallmanagements ansehen, ohne deren Mitwirken das gesamte System zum Scheitern verurteilt wäre. Auf der einen Seite funktioniert die kontrollierte Entsorgung von Plastikabfällen nur, wenn ein effektives Sammelsystem bzw. eine Sammellogistik diesen Abfall einsammelt und anschließend im Abfallmanagementsystem weiter verteilt. Auf der anderen Seite spielt der Konsument die entscheidende Rolle: Mangelt es an der Bereitschaft und dem Willen der Konsumenten, kann selbst die beste Logistik oder das effektivste Abfallmanagementsystem nicht erfolgreich sein.

Um der unkontrollierten Entsorgung entgegenzuwirken, wurden verschiedene Strategien entwickelt. Deponien sind eine der gängigsten Methoden zur Entsorgung von Abfall in vielen Teilen der Welt.[I,170] Allerdings gibt es erhebliche Unterschiede zwischen überwachten und nicht überwachten Deponien, die sich in ihren Umweltauswirkungen stark voneinander unterscheiden. Dabei entsprechen nicht überwachten Deponien eher einer unkontrollierten Entsorgung (*siehe Kapitel 9*).

Eine Deponie wird für die langfristige oder dauerhafte Entsorgung von Abfall genutzt. *Was sind die Vorteile?* Deponien erfordern geringe Investitionskosten für die Abfallbeseitigung und haben im Vergleich zu anderen Abfallbehandlungsmethoden niedrigere laufende Kosten.

[I] Die Deponierung zählt zur Kategorie *Entsorgung* und nicht zur *Verwertung*, da weder eine stoffliche noch energetische Verwertung vorliegt.

Außerdem können Deponien fast überall eingerichtet werden; es werden lediglich große Freiflächen benötigt, was auch als negativer Aspekt angesehen werden kann, aber durch Verdichtung des Abfalls verringert werden kann. Daneben besteht im Vergleich zur unkontrollierten Entsorgung in die Umwelt der Vorteil, dass sich der Plastikabfall konzentriert an einem Ort befinden und nicht stark verdünnt in der Biosphäre zu finden ist.
Was sind die Nachteile? Eines der Hauptprobleme ist bereits im Namen enthalten: Deponie = Lagerung, d. h., die eigentliche Entscheidung über die Verwertung des Abfalls wird in die Zukunft verlagert. Beispielsweise enthält eine der größten Deponien *Apex Regional* (Las Vegas, USA) bereits etwa 50 Millionen Tonnen Abfall und stündlich kommen rund 300 Tonnen hinzu, was ca. 30 beladenen Lkws[171] entspricht.[172]
Daneben entzieht die Lagerung von Altkunststoffen auf Deponien dem technischen Kreislauf „werthaltige" Ressourcen und für neue hochwertige Kunststoffe müssen die schwindenden fossilen Ressourcen beansprucht werden; folglich ist die Deponierung wenig nachhaltig (*Linear Economy*, *Cradle-to-Grave*[II]).[173] Außerdem sollten die Grenzen der Deponie streng geschützt sein, um eine Verunreinigung z. B. des Bodens oder des (Grund-)Wassers zu vermeiden. Überdies muss die Freisetzung giftiger/verschmutzender Chemikalien berücksichtigt werden, die im Abfall bereits enthalten sind oder durch chemische, physikalische und biologische Prozesse während der Deponierung gebildet werden können.[174] Überwachte Deponien sind so konzipiert, dass sie den abgelagerten Abfall über einen sehr langen Zeitraum aufnehmen können und die Umweltauswirkungen auf ein Minimum beschränken. Dies umfasst Technologien zur Verhinderung von Grundwasser- und Bodenkontamination, Verhinderung von Kontamination durch Verwehung, sowie Maßnahmen zur Begrenzung von Methanemissionen, die bei der Zersetzung organischer Abfälle entstehen.[175] Die Treibhausgase Methan und Kohlenstoffdioxid bilden den größten Anteil am Deponiegas, wobei Methan ein ca. 33-mal höheres Treibhauspotential als Kohlenstoffdioxid hat.[176,III] Zur Minimierung des Treibhauspotentials kann das Methan verbrannt werden. Dabei ent-

[II] *Cradle-to-Grave* = „Von der Wiege bis zur Bahre"
[III] Je nach Quelle kann der Wert für das Treibhausgaspotenzial variieren.

stehen Kohlenstoffdioxid, Wasser und es wird Energie frei. Schließlich sind noch die Endzeitkosten von Deponien zu nennen, die nicht leicht vorhersehbar sind (z. B. Auslaufen, Rückbau).
Auf der anderen Seite kann die Deponie als Rohstoffressource bzw. Rohstoffbank angesehen werden (*Landfill Mining*).[177] Beispielsweise hat das Material der Deponie häufig einen gewissen Restbrennwert, der durch eine thermische Verwertung zur Energiegewinnung genutzt werden kann – aber unter Bildung von Kohlenstoffdioxid.
Zusätzlich können auch Rohstoffe wie z. B. Metalle zurückgewonnen werden. Allerdings ist im Vergleich zur *„erst Deponierung, dann thermische Verwertung“*-Variante eine direkte thermische Verwertung des Abfalls sinnvoller, auf Grund von Zersetzung in der Deponie und der zeitlichen Komponente.
Die diskutierten Nachteile haben in einigen Teilen der Welt zu einem Umdenken geführt.[IV] Beispielsweise gibt es innerhalb der EU zunehmende Deponiebeschränkungen[178], um eine bessere Verwertung der (Plastik-)Abfälle zu ermöglichen. Zwischen 2006–2018 ist der Anteil an Plastikmüll auf Deponien um etwa 44 % zurückgegangen.[179] In der Bundesrepublik Deutschland lag der Anteil an deponierten Plastikabfall im Jahre 2021 bei 0,6 % (0,03 Mio. Tonnen), während 64,4 % (3,66 Mio. Tonnen) der energetischen Verwertung zugeführt wurden. Im Jahre 2000 wurden rund 26 % deponiert und ca. 22 % verbrannt.[180] Allerdings muss auch der Abfallexport erwähnt werden, der oft „positiv“ in der Bilanz des Exporteurs gewertet wird, während die Behandlung der Abfälle im Importland häufig unzureichend ist.[181] Allerdings gibt es in der EU mittlerweile Einschränkungen bzw. Verbote für den Export von Plastikabfällen in Länder außerhalb der Organisation für wirtschaftliche Zusammenarbeit und Entwicklung (*OECD*[V]).[182]
Insgesamt kann ein Abwenden von der Deponierung nur gelingen, wenn alternative Entsorgungsmethoden vorhanden sind oder etabliert werden, die eine umfassende Mengenbehandlung ermöglichen.

[IV] Diese Veränderung erfordert sowohl finanzielle Mittel als auch den Willen zur Umsetzung. Daher variiert der Anteil an Plastikabfall, der auf Deponien entsorgt wird, stark von Land zu Land.
[V] *OECD = Organisation for Economic Co-operation and Development* = Organisation für wirtschaftliche Zusammenarbeit und Entwicklung

KAPITEL 11

Plastic-to-Power – Vom Plastikmüll zurück zum Ursprung

In den letzten beiden Kapiteln haben wir gesehen, dass die (unkontrollierte) Entsorgung von Plastikabfall in die Umwelt ein gravierendes Problem darstellt und auch die Einbringung von Plastikabfall in Deponien entzieht der Technosphäre Ressourcen, die durch „neue" fossile Ressourcen ersetzt werden müssen.

Eine weitere derzeit wichtige Entsorgungs- bzw. Verwertungsmöglichkeit ist die thermische/energetische Verwertung[I], also die Verbrennung von Plastikabfall (*Abbildung 13*). Bei der thermischen Verwertung wird der Plastikabfall in speziellen Anlagen verbrannt, die Müllverbrennungsanlagen oder thermische Müllbehandlungsanlagen.[183] Auch hier ist eine vorangehende Sammlung des Abfalls essentiell. Diese Anlagen ermöglichen es, den Plastikabfall bei hohen Temperaturen (800–1200 °C[II]) zu verbrennen. Während des Verbrennungsprozesses werden die Kunststoffabfälle, mit Hilfe des Sauerstoffs (O_2) aus der Luft, abgebaut. Als Endergebnis der Verbrennung (Oxidation) werden aus unseren langkettigen Molekülen wie z. B. Polyethylen $(\mathbf{C}_2H_4)_n$ oder PET $(\mathbf{C}_{10}H_8O_4)_n$ die bereits bekannten Moleküle Kohlenstoffdioxid ($\mathbf{C}O_2$) und Wasser (H_2O) gebildet. Dabei ist es unerheblich, welche kohlenstoffhaltige Kunststoffart im Plastikabfall enthalten ist. Das markierte Kohlenstoffatom (**C**) wird letztlich Teil des Kohlenstoffdioxid ($\mathbf{C}O_2$) und wir befinden uns wieder am Beginn unserer Reise (*siehe Kapitel 2*). Theoretisch entsteht so ein Kreislauf, bei dem Kohlenstoffdioxid sowohl den Anfang als auch das Ende bildet. Allerdings zeigt sich erneut das Problem einer zeitlichen Diskrepanz: Die lange Zeitspanne, die für die Bildung fossiler Rohstoffe benötigt wird, steht im extremen Gegensatz zur kurzen Nutzungsdauer der

[I] Energetisches Recycling; im Englischen: *Energy Recovery* = Energierückgewinnung
[II] Abhängig von der Verbrennungsanlage, z. B. Rostverfeuerung, Wirbelschichtfeuerung

daraus hergestellten Kunststoffe. Dies führt zu einem stark verzerrten fossilen CO_2-Kreislauf[III], der aus menschlicher Perspektive eher als linear anzusehen ist (*siehe Kapitel 4*, *Abbildung 4*).

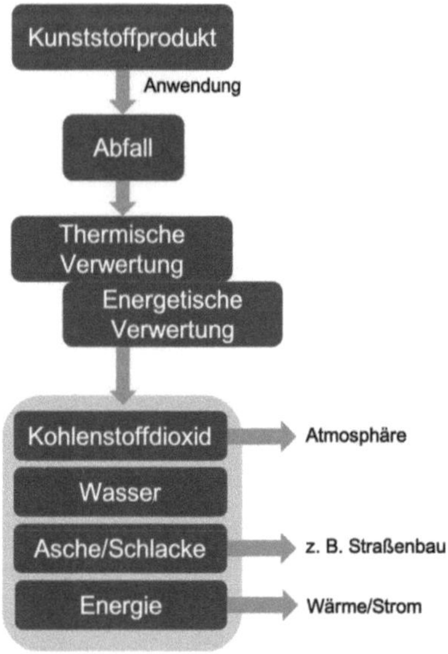

Abbildung 13. Thermische/energetische Verwertung von Plastikmüll.

Während des Verbrennungsprozesses können pro Kilogramm Abfall-PE 3,1 kg Kohlenstoffdioxid bzw. 2,3 kg Kohlenstoffdioxid pro Kilogramm Abfall-PET entstehen.[IV] Allerdings hängt die Menge an Kohlenstoffdioxid stark von der Zusammensetzung des Abfallplastiks ab (Additive, Füllmaterialien, andere Kunststoffe etc.). Das bedeutet, dass für unsere ca. 25 g PET-Flasche eine Kohlenstoffdioxidmenge von etwa 57 g entsteht. Wir hatten bereits diskutiert, dass früher oder später alle produzierten Kunststoffe zu Abfall werden (*siehe Kapitel 8*), d. h., für das in 2021 weltweit produzierte PET mit 24,2 Mio. Tonnen würden bei

[III] Aufgrund des hohen Anteiles an Kunststoffen basierend auf fossilen Ressourcen wird nur der fossile CO_2-Kreislauf berücksichtigt.
[IV] Als weitere Komponente entsteht Asche, die je nach Qualität beispielsweise Einsatz im Straßenbau findet oder endgelagert wird.

der thermischen Verwertung 55,7 Mio. Tonnen Kohlenstoffdioxid generiert und zum Treibhauseffekt beitragen.[184]

Im Gegensatz zu Plastikabfall auf Deponien oder in der Biosphäre sind die Produkte der thermischen Verwertung, Kohlenstoffdioxid und Wasser chemische Verbindungen, die mit biologischen Systemen kompatibel sind und in der Biosphäre verwertet werden können.[V] Aufgrund der Mengenbegrenzung und der begrenzten Assimilationskraft der Biosphäre ist jedoch keine vollständige Verwertung möglich, wie die Zunahme der Kohlenstoffdioxidkonzentration in der Atmosphäre zeigt (*siehe Kapitel 1*).[185] Dies hat dazu geführt, dass sich die Atmosphäre zu einer „kostenlosen" globalen Kohlenstoffdioxid-Deponie entwickelt hat, bei der das Kohlenstoffdioxid zwar lokal erzeugt wird, aber weltweit negative Auswirkungen verursacht – die realen Kosten werden externalisiert und sozialisiert. Die *Plastiksphäre* dehnt sich somit nicht nur immer weiter in die Biosphäre aus, sondern auch immer weiter in die Atmosphäre hinein (*siehe Kapitel 12*).

Ein weiterer Vorteil der thermischen Verwertung ist die Reduzierung der Umweltauswirkungen von Plastikabfall sowie die Minimierung von Schadstoffen durch die Vermeidung ihres Eintrags in die Umwelt (*siehe Kapitel 8*).[VI] Allerdings muss auch die mögliche Bildung von Schadstoffen durch den Verbrennungsprozess berücksichtigt werden.[186]

Neben der Erzeugung chemischer Verbindungen (CO_2, H_2O) wird bei der Verbrennung auch Energie in Form von Wärme frei.[187] Das bedeutet, dass eine gewisse Menge der vor Millionen Jahren in der Biomasse gespeicherten Sonnenenergie freigesetzt wird. Diese kann für technische Anwendungen genutzt werden.

Bei der energetischen Verwertung von Plastikabfall (*Plastic-to-Power*) wird die abgegebene Wärme zur Erzeugung von Wasserdampf genutzt. Das bedeutet, dass die Energie im Wasserdampf (zwischen-)gespeichert wird, der anschließend für Heizzwecke, zur Umwandlung in elektrische Energie oder für beides (*Kraft-Wärme-Kopplung*[188]) genutzt werden kann. Sowohl die Heizanwendungen als auch die elektrische Energie werden dann an Kunden verkauft. Daneben werden Kunststoffabfälle auch als Brenn-stoff in der Zementherstellung eingesetzt, um fossile Brennstoffe

[V] Die Mengenwirkung ist hier nicht berücksichtigt.
[VI] Ohne Anteil an Kohlenstoffdioxid.

wie Kohle zu ersetzen oder deren Menge zu minimieren und so die Brenn-öfen auf die erforderlichen 1500 °C zu erhitzen. In diesem Fall dient der Kunststoffabfall als Energielieferant.[189]

Bei der energetischen Verwertung von PE und PET kann eine Energiemenge von 6,9–12,8 kWh pro kg Abfall generiert werden, was einem Endkundenstrompreis von 2,10–3,84 € entspricht.[190] Dabei kann mit dieser Energiemenge z. B. eine Strecke von 47–87 km mit einem Elektroauto zurücklegt werden oder mit unserer ca. 25 g PET-Flasche kann ein Smartphone[VII] 12–25 Tage täglich aufgeladen werden.[191] Wichtig ist jedoch, dass nur die Energiemenge zurückgewonnen werden kann, die „direkt" im PET enthalten ist (24 MJ/kg PET), während die aufgewandte Prozessenergie für die Herstellung des PETs an dieser Stelle nicht rückführbar ist (47,2 MJ/kg PET).[192] Insgesamt ließe sich mit Hilfe der Energiegewinnung aus der energetischen Verwertung ein Teil des Aufwandes an Prozessenergie für neues PET aus fossilen Ressourcen kompensieren.

Die kontrollierte Erzeugung des Produktes Energie und dessen Verkauf ist der große Vorteil der energetischen Verwertung gegenüber den Varianten: Deponien oder unkontrollierten Entsorgung in die Umwelt und macht sie somit insgesamt zur „besseren" Option. Das zeigt sich auch an dem bereits beschriebenen Rückgang des Anteils des deponierten Kunststoffabfalls, von rund 26 % (2000) auf ca. 0,6 % (2021). Im gleichen Zeitraum stieg der Anteil des Plastikabfalls für die thermische Verwertung von etwa 22 % (2000) auf ca. 64 % (2021).[193] Der Wert für das Jahr 2021 entspricht ca. 3,66 Mio. Tonnen Kunststoffabfall, der energetisch verwertet wurde, mit einer geschätzten Energiemenge von rund 25,3 TWh[VIII], was in etwa 5 % des deutschen Stromverbrauchs entsprach.[194]

Wichtig ist jedoch, dass trotz der Vorteile der energetischen Verwertung von Kunststoffabfall die Bildung von Kohlenstoffdioxid und damit einhergehend ein Beitrag zur globalen Erwärmung erfolgt. Gleichzeitig wird das Material Kunststoff durch die Verbrennung unwiederbringlich zerstört, so dass wir an diesem Punkt die systemischen Grenzen der

[VII] iPhone 14 mit 12,68 Wh pro Ladevorgang

[VIII] Es wurde als Basis eine Energiemenge von 6,9 KWh/kg angenommen. 1 Terrawattstunde (TWh) = 1 Milliarde Kilowattstunden

Plastiksphäre verlassen – Kohlenstoffdioxid ist neben den Produkten der unkontrollierten Entsorgung eine weitere Ausgangsgröße (*Output*) der *Plastiksphäre*. Daher muss für die Herstellung neuer Kunststoffe erneut auf Erdöl als Rohstoff (*Input*) zurückgegriffen werden. Formal betrachtet handelt es sich um die Verbrennung fossiler Ressourcen mit einer temporären Zwischennutzung als Kunststoff.

Ist es gerechtfertigt, weiterhin die Abfälle des anthropogenen Metabolismus in die Atmosphäre abzugeben und diese als globale „Deponie" zu nutzen?

KAPITEL 12

Von Kohlenstoffdioxid zu Kunststoffen und wieder zurück auf Los

Wie bereits erläutert, führt unser derzeitiger Umgang mit Kunststoffen in den verschiedenen Kunststofflebensphasen zwangsläufig zur Freisetzung von anthropogenem Kohlenstoffdioxid. Dies geschieht bei der Herstellung der Rohstoffe, während der Produktion von Kunststoffprodukten, beim Transport sowie bei der Verwertung von Kunststoffabfällen – insbesondere durch die thermische Verwertung[I]. Am Ende ihres Lebenszyklus haben Kunststoffe daher eine beträchtliche Menge Kohlenstoffdioxid-Emissionen auf ihrem „CO_2-Konto" angesammelt – für unser PET etwa 4,45 kg[II] Kohlenstoffdioxid pro Kilogramm PET.[III,195]

Die Kunststoffherstellung verursacht jährlich etwa 1,8 Milliarden Tonnen CO_2-Äquivalente[IV], was rund 3,4 % der globalen Kohlenstoffdioxid-Emissionen entspricht und etwa dem 2,5-Fachen der Wassermenge der Müritz.[196] Hinzu kommen zusätzliche indirekte bzw. „graue" Emissionen, die beispielsweise während der Nutzungsphase entstehen. Gleichzeitig könnte die thermische Verwertung von Kunststoffabfällen (theoretisch) zusätzlich etwa 734 Millionen Tonnen Kohlenstoffdioxid pro Jahr freisetzen – etwa die Wassermenge der Müritz. Dies entspräche einem zusätzlichen Anteil von rund 1,4 %[197], ausgehend vom *Status quo*, ohne Berücksichtigung von Recyclingkonzepten und unter der

[I] Thermische Verwertung schließt in diesen Kapitel auch die energetische Verwertung mit ein.
[II] Anteile: 2,15 kg für die Herstellung; 2,3 kg für die Verbrennung; für die Nutzungsphase ist kein Wert angegeben, auf Grund der Komplexität.
[III] Das „CO_2-Konto", „CO_2-Rucksack" oder „CO_2-Fußabdruck" kann man sich wie eine Bilanz vorstellen, in der alle Treibhausgasemissionen summiert werden, die während der Herstellung, Nutzung und Entsorgung eines Produkts entstehen.
[IV] Wert für das Jahr 2019

Annahme, dass alle hergestellten Kunststoffe letztlich thermisch verwertet werden.[V,VI]

Obwohl der Anteil der *Plastiksphäre* an den jährlichen Gesamtemissionen von Kohlenstoffdioxid im Vergleich zum Sektor Energie geringer ist, sollte dieser Beitrag weder ignoriert, noch relativiert oder marginalisiert werden.

Bevor wir mögliche Lösungen betrachten und die Notwendigkeit und Dringlichkeit von Maßnahmen diskutieren, ist es wichtig, die Auswirkungen und Konsequenzen der Kohlenstoffdioxid-Emissionen genauer zu analysieren. Derzeit werden täglich etwa 104 Millionen Tonnen Kohlenstoffdioxid durch menschliche Aktivitäten freigesetzt.[198] Die Kohlenstoffdioxidkonzentration in der Atmosphäre hat sich von 1984 bis 2021 um 74 ppm[VII] (+22 %) erhöht und beträgt derzeit etwa 420 ppm – 2014 wurde die Symbolmarke von 400 ppm erstmals überschritten.[199] Dies entspricht einer Zunahme von 74 Molekülen Kohlenstoffdioxid pro 1.000.000 Moleküle Luft. In einem Liter Luft sind das etwa $1{,}86 \cdot 10^{18}$ zusätzliche Moleküle Kohlenstoffdioxid[VIII], die in den letzten 39 Jahren hinzugekommen sind.

Wie bereits festgestellt, ist Kohlenstoffdioxid ein essentieller Bestandteil des Kohlenstoffkreislaufs der Biosphäre (*siehe Kapitel 2*).[200] Könnte die Biosphäre das anthropogene Kohlenstoffdioxid nicht verwerten und unser CO_2-Problem lösen?

Daten zeigen, dass die Aufnahmekapazität der Biosphäre nicht ausreicht, um das vom Menschen verursachte anthropogene Kohlenstoffdioxid vollständig zu verstoffwechseln. Ein erheblicher Teil dieses Kohlenstoffdioxids verbleibt daher in der Atmosphäre (43 %) bzw. ist in den Ozeanen gelöst[IX] und ist dort „deponiert".[201]

Man könnte argumentieren, dass ein paar Moleküle mehr pro Million Luftmoleküle kaum der Rede wert sind – allerdings zeigt sich hier die „Macht der kleinen Zahlen" in Form des Klimawandels.

[V] Hergestellte Menge an Kunststoffen (2021): 367 Millionen Tonnen (*PlasticsEurope*), ca. 2,5 Tonnen CO_2 pro Tonne thermisch verwerteter Kunststoffabfall.

[VI] In der Realität wird dieser Wert deutlich niedriger ausfallen, aufgrund unsachgemäßer Entsorgung, z. B. in die Biosphäre.

[VII] ppm = *parts per million*

[VIII] 1.860.000.000.000.000.000 (Trillion, Exa-Bereich)

[IX] Im Meerwasser reagiert das aufgenommene/gelöste CO_2 mit Wasser (H_2O) zu „Kohlensäure" (H_2CO_3).

Kohlenstoffdioxid in der Atmosphäre ist besonders relevant im Kontext des Treibhauseffekts, einem physikalischen Prozess, der für das Leben, wie wir es kennen, unerlässlich ist.[202]

Der Hauptmechanismus des Treibhauseffekts lässt sich folgendermaßen erklären: Die Sonne sendet Energie in Form von Strahlung zur Erde. Ein Teil dieser Strahlung wird von der Erdoberfläche reflektiert (*Albedo*-Effekt), während der andere Teil absorbiert wird und die Erdoberfläche erwärmt. Ein Teil dieser Infrarotstrahlung[X] wird von Treibhausgasen wie Kohlenstoffdioxid, Methan, Lachgas, Ozon und Wasserdampf in der Atmosphäre absorbiert und in alle Richtungen, sowohl in den Weltraum als auch zurück zur Erdoberfläche, abgegeben. Dieser Rückstrahlungseffekt trägt zur Erhöhung der durchschnittlichen Oberflächentemperatur der Erde auf 15 °C bei – ohne Atmosphäre bzw. Treibhausgase würde die durchschnittlichen Oberflächentemperatur bei -18 °C liegen.[203]

Probleme entstehen, wenn durch menschliche Aktivitäten zusätzliche Mengen an Treibhausgasen[XI], insbesondere Kohlenstoffdioxid, in die Atmosphäre gelangen und den natürlichen Treibhauseffekt durch einen anthropogenen Anteil verstärken.[204,205] Obwohl im Verlauf der Erdgeschichte Phasen mit einer langsamen Zunahme und weit höheren CO_2-Konzentrationen aufgetreten sind, ist es wichtig zu betonen, dass der rasche Anstieg durch menschliche Aktivitäten beispiellos ist und gravierende Auswirkungen hat.[206] Diese Verstärkung des Treibhauseffekts durch den anthropogenen Anteil erfolgt jedoch nicht linear, sondern durch komplexe, nichtlineare Prozesse.[XII] Der Mensch neigt zwar dazu, Ereignisse isoliert und als einmaliges Geschehen mit einer

[X] Infrarotstrahlung ist eine Form elektromagnetischer Strahlung mit Wellenlängen, die sich von etwa 780 Nanometern bis zu einem Millimeter erstrecken. Dieser Bereich liegt jenseits des sichtbaren Lichts.

[XI] Methan: Emission ca. 7950 Millionen Tonnen CO_2e-Äquivalente (berücksichtigt das höhere Treibhauspotential eines Methanmoleküls) (2019); die anthropogene Methanemission trägt mit etwa 16,5 % zu den globalen Treibhausgasemissionen bei; Quellen: Tierhaltung, Landwirtschaft, Mülldeponien, Erdöl- und Erdgasindustrie etc. Lachgas (N_2O): Emission 18,4 Millionen Tonnen CO_2e-Äquivalente (2019); die anthropogene Lachgasemission trägt mit etwa 6,2 % zu den globalen Treibhausgasemissionen bei; Quellen: Verkehr, Energieversorgung etc. Fluorkohlenwasserstoffe und andere Gase: Emission ca. 1050 Millionen Tonnen CO_2e-Äquivalente (2019); Anteil ca. 2,2 %.

[XII] Beispielsweise kann der anthropogene Anteil auch den natürlichen Anteil erhöhen.

einzigen Ursache zu betrachten, doch die Realität ist geprägt von dynamischen Wechselwirkungen und Beziehungen (dynamische Komplexität). Rückkopplungseffekte[XIII] können die Auswirkungen weiter intensivieren und verschärfen.[207]

Die folgenden Punkte[XIV] beschreiben wichtige Effekte[XV] auf das Klima und die Biosphäre und beeinflussen sich auch gegenseitig:

Erderwärmung: Kohlenstoffdioxid und andere Treibhausgase intensivieren den natürlichen Treibhauseffekt, was zu einer Erwärmung der Erde und einem Anstieg der Energie in der Atmosphäre und den Meeren führt. In den letzten 100 Jahren ist die Durchschnittstemperatur der Atmosphäre um etwa 1,3 °C gestiegen.[208] Wissenschaftliche Modelle prognostizieren für eine CO_2-Konzentration von 450 ppm eine globale Erwärmung von nahezu 2 °C[XVI]. Die aktuellen CO_2-Werte nähern sich diesem kritischen Schwellenwert immer weiter an – es fehlen nur noch 30 ppm bzw. 13 Jahre[XVII] bei gleichbleibender Emissionsrate.[209]

Neben der Atmosphärentemperatur lag auch die Durchschnittstemperatur der Weltmeere um 0,67 °C (2022) über dem Mittelwert des 20. Jahrhunderts.[210]

Diese Erwärmung trägt zum anthropogenen Klimawandel[XVIII] bei und führt zu extremen Wetterereignissen wie Hitzewellen, Starkregen,

[XIII] Z. B. Wasserdampf-Rückkopplung (Steigende Temperaturen erhöhen die Verdunstung, was mehr Wasserdampf in die Atmosphäre bringt, der als starkes Treibhausgas wirkt und die Erwärmung weiter verstärkt), Eis-Albedo-Rückkopplung (Das Schmelzen von Eis reduziert die Albedo, wodurch mehr Sonnenenergie absorbiert wird, was die Temperatur weiter erhöht und das Schmelzen beschleunigt), Kohlenstoffdioxid- und Methan-Rückkopplungen (Das Auf-tauen von Permafrost setzt große Mengen Methan und Kohlenstoffdioxid frei, was den Treibhauseffekt verstärkt und die Erwärmung weiter vorantreibt), Ozean-Zirkulations-Rückkopplungen (Änderungen in der Ozeanzirkulation aufgrund von Erwärmung können die Wärmeverteilung und das regionale Klima beeinflussen, was zusätzliche Rückkopplungen im Klimasystem auslöst), Waldbrand-Rückkopplung (Erhöhte Temperaturen und veränderte Niederschläge fördern Waldbrände, die große Mengen Kohlenstoffdioxid freisetzen und dadurch die Erwärmung weiter verstärken).

[XIV] Die zu den jeweiligen Punkten angeführten Beispiele dienen lediglich als Illustration und bieten kein vollständiges Bild, sondern repräsentieren nur einen Ausschnitt.

[XV] Hierbei handelt es sich um qualitative Aspekte. Die Quantität der Auswirkungen ist abhängig von Zeit und evtl. Gegenmaßnahmen.

[XVI] Bezogen auf die vorindustrielle Zeit (ca. 1850–1900).

[XVII] 2023: +2,3 ppm

[XVIII] Im folgendem wird der Begriff *Klimawandel* verwendet, da er sich spezifisch auf die globalen und signifikanten Veränderungen im Kontext des menschlichen Einfluss bezieht. Der allgemeinere Begriff *Klimaveränderung* wird nicht verwendet, da er sowohl natürliche als auch

Wirbelstürmen und Überschwemmungen. Dies zeigt sich deutlich im inflationären Gebrauch des Begriffs „Jahrhundertereignis".[211] Zudem lässt sie Gletscher und Eiskappen schmelzen, was zu einem Anstieg des Meeresspiegels führt (20 cm im Zeitraum von 1907 bis 2018 mit sich beschleunigender Tendenz[XIX]).[212] Dies gefährdet Küstengebiete und erhöht die Wahrscheinlichkeit von Überflutungen.

Veränderungen in den Niederschlagsmustern: Der Klimawandel beeinflusst die regionalen Niederschlagsmuster erheblich. Einige Regionen sind zunehmend von Dürren betroffen, während andere vermehrt unter starkem Regen und Überschwemmungen leiden. Beispielsweise hat die Niederschlagsmenge in Europa um mehr als 6 % pro Jahrzehnt zugenommen.[213] Zudem kommt es zu saisonalen Veränderungen der Niederschlagsmuster: Beobachtungen für die Bundesrepublik Deutschland zeigen eine Zunahme der Niederschläge im Winter um bis zu 30 %, während der Sommer trockener wird.[214]

Veränderungen in Ökosystemen: Der Klimawandel beeinflusst die Verbreitung von Pflanzen und Tieren erheblich.[215] Einige Arten können sich schneller ausbreiten oder sich an neue Lebensräume bzw. Lebensbedingungen anpassen, während andere möglicherweise gefährdet oder vom Aussterben bedroht sind. Beispielsweise gehen Prognosen davon aus, dass durch einen Temperaturanstieg von 2 °C etwa 20–25 % der Arten in wichtigen Naturregionen verschwinden würden.[216]

Versauerung der Ozeane: Ein Teil der Kohlenstoffdioxid-Emission wird von den Ozeanen aufgenommen, was zu einer Versauerung des Meerwassers führt.[XX,XXI] Dies hat negative Auswirkungen auf marine Lebensformen, insbesondere auf solche mit Kalkschalen, wie Korallen und bestimmte Schalentiere.[217]

anthropogene Veränderungen umfassen kann.

[XIX] 3,7 mm pro Jahr zwischen 2006 und 2018

[XX] Im Meerwasser reagiert das aufgenommene CO_2 mit Wasser (H_2O) zu Kohlensäure (H_2CO_3). Diese Kohlensäure steht im Gleichgewicht mit Bikarbonat (HCO_3^-) und Carbonat (CO_3^{2-}) Ionen, wobei auch Wasserstoffionen (H^+) entstehen, die den pH-Wert des Meerwassers senken und die Versauerung verursacht.

[XXI] Seit der industriellen Revolution hat sich der pH-Wert um 0,1 Einheiten verringert, von 8,2 auf 8,1.

Diese klimatischen und ökologischen Veränderungen betreffen die Menschheit direkt und auch indirekt, indem sie die menschliche Gesundheit, Lebensgrundlagen und Lebensqualität beeinflussen und wirtschaftliche Folgen nach sich ziehen.[218]

Hier sind einige der wichtigsten Auswirkungen[XXII]:

Extremwetterereignisse: Zunahme von Hitzewellen, Überschwemmungen, Dürren und Stürmen, die zu Verlust von Menschenleben, Sachschäden und Beeinträchtigung der Infrastruktur führen. Beispielsweise führte die Hitzewelle im Sommer 2022 in Europa zu rund 60.000 hitzebezogenen Todesfällen.[219]
Extreme Wetterereignisse wie Stürme, Überschwemmungen und Hitzewellen können erhebliche Schäden an Gebäuden, Straßen, Brücken und anderen Infrastrukturen verursachen. Dies führt zu hohen Reparatur- und Wiederaufbaukosten und kann die wirtschaftliche Leistungsfähigkeit von Regionen beeinträchtigen.[220] Zwischen 2000 und 2021 sind in der Bundesrepublik Deutschland Schäden in Höhe von mindestens 145 Milliarden Euro aufgetreten, die dem Klimawandel zugeschrieben werden – ca. 3,4 % des deutschen Bruttoinlandsprodukts[XXIII,221]. Für die Zukunft variieren die geschätzten Kosten bis 2050 je nach Verlauf des Klimawandels und könnten zwischen 280 und 900 Milliarden Euro liegen – etwa 6,5 bis 20,9 % des Bruttoinlandsprodukts[XXIV].[222]
Die Zunahme von Schäden durch extreme Wetterereignisse könnte zu höheren Versicherungsprämien führen. Unternehmen und Privatpersonen müssten dann höhere Beiträge zahlen oder hätten in einigen Fällen Schwierigkeiten, überhaupt einen Versicherungsschutz zu erhalten. Die Rückversicherungsgesellschaft *Swiss Re* prognostiziert,

[XXII] Die zu den jeweiligen Punkten angeführten Beispiele dienen lediglich als Illustrationen und bieten kein vollständiges Bild, sondern repräsentieren nur einen kleinen Ausschnitt.
[XXIII] Das Bruttoinlandsprodukt (BIP), ist eine Kennzahl zur Beurteilung der ökonomischen Aktivität eines Landes. Es erfasst den Gesamtwert sämtlicher Güter und Services, die innerhalb festgelegter Zeitspannen in einer Nation hergestellt werden. Bundesrepublik Deutschland: 4305,2 Mrd. € (2024).
[XXIV] Basis 2024: 4305,2 Mrd. € (Bundesrepublik Deutschland)

dass die wirtschaftlichen Kosten des Klimawandels in den nächsten zehn Jahren auf jährlich 144 Milliarden Euro ansteigen könnten, was Versicherungsschäden in Höhe von 29 bis 38 Milliarden Euro zur Folge hätte.[223]

Gesundheitsprobleme: Steigende Temperaturen, Umweltveränderungen und verschlechterte Luftqualität beeinträchtigen die Gesundheit der Menschen.

Wasserknappheit: Veränderungen in den Niederschlagsmustern, Gletscher schmelzen und die Verfügbarkeit von Süßwasser nimmt ab. Dies führt langfristig zu Wasserknappheit für Haushalte, Landwirtschaft und Industrie.[224]

Meeresspiegelanstieg: Der Anstieg des Meeresspiegels durch das Schmelzen der Polarkappen und Gletscher bedroht Küstenstädte und -dörfer. Dies führt zu Umsiedlungen und Verlust von Lebensraum.[225]

Nahrungsmittelunsicherheit: Veränderungen im Klima beeinflussen die landwirtschaftliche Produktivität. Dürren, Überschwemmungen und unvorhersehbare Wetterbedingungen können zu Ernteausfällen und somit zu Nahrungsmittelknappheit und steigenden Lebensmittelpreisen führen. Veränderte Niederschlagsmuster und höhere Temperaturen können auch die Verbreitung von Krankheiten und Schädlingen begünstigen, die Ernten schädigen. Erwärmte Gewässer und veränderte Meeresströmungen beeinflussen die Verbreitung und Produktivität von Fischbeständen. Dies kann die Lebensgrundlagen von Gemeinschaften, die auf Fischerei angewiesen sind, gefährden und die Ernährungssicherheit beeinträchtigen.[226] Im Jahr 2018 fehlten weltweit 30 Millionen Tonnen Getreide aufgrund längerer Trockenperioden, was in der Bundesrepublik Deutschland zu einem Preisanstieg für Getreideprodukte um über 6 % führte.[227] Prognosen zeigen, dass die Erträge in einigen Regionen bis zum Ende des Jahrhunderts um bis zu 25 % zurückgehen könnten, insbesondere bei Mais, der eine Schlüsselrolle für die weltweite Ernährungssicherheit spielt.[228]

Migration und Konflikte: Der Klimawandel kann zu Bevölkerungsbewegungen führen, wenn Menschen gezwungen sind, aufgrund von Umweltveränderungen wie Dürren oder Überflutungen ihre Wohnorte zu verlassen. Dies kann soziale Spannungen und Konflikte verursachen, insbesondere in Regionen mit begrenzten Ressourcen.[229]

Gesellschaftliche und wirtschaftliche Ungleichheiten: Umweltprobleme sind eng mit wirtschaftlichen und gesellschaftlichen Entwicklungen verbunden. Die Auswirkungen des Klimawandels treffen nicht alle Menschen gleichermaßen. Besonders vulnerable Gruppen wie arme Gemeinschaften, indigene Völker und Frauen sind häufig stärker betroffen. Dies kann bestehende soziale und wirtschaftliche Ungleichheiten weiter verschärfen.[230]

Psychische Gesundheit: Die Unsicherheit und der Stress, die durch die direkten und indirekten Folgen des Klimawandels entstehen, können auch die psychische Gesundheit beeinträchtigen. Angst, Depression und posttraumatische Belastungsstörungen können infolge von Naturkatastrophen und anhaltender Umweltveränderungen zunehmen.[231]

Verlust von Arbeitsplätzen und Einkommensverlust: Der Klimawandel kann Arbeitsplätze in besonders betroffenen Branchen wie Landwirtschaft, Fischerei und Tourismus gefährden. Dies führt zu Einkommensverlusten und beeinträchtigt die wirtschaftliche Stabilität von Gemeinden und Regionen. Schätzungen des *Potsdam-Instituts für Klimafolgenforschung* zufolge könnte der Klimawandel bis 2050 einen globalen Einkommensverlust von etwa 19 % verursachen, was jährlichen Schäden von rund 36 Billionen Euro entspricht.[232]

Dieser Einblick in die (wirtschaftlichen) Folgen verdeutlicht die dringende Notwendigkeit einer umfassenden Anpassungs- und Minderungsstrategie, um die Auswirkungen des Klimawandels zu bewältigen und die Resilienz zu stärken.[233] Gleichzeitig wird deutlich, dass die Menschheit zunehmend nur noch auf die Folgen reagiert und kaum proaktiv handelt. Je länger die Phase der Untätigkeit andauert oder nur minimale Maßnahmen ergriffen werden, desto gravierender und unvorhersehbarer werden die Konsequenzen, desto mehr schrumpft die Anzahl der verbleibenden Handlungsmöglichkeiten und desto teurer wird es. Die Frage ist: Wann ist der *Point-of-no-Return* erreicht, wann können wir nicht mehr zurück?[XXV]

Die Bewältigung der Auswirkungen des Klimawandels ist eine Jahrhundertaufgabe für die gesamte Menschheit – und für jeden Einzelnen. Denn jede lokal verursachte Kohlenstoffdioxid-Emission hat weitreichende globale Folgen und trägt in gleicher Weise zur Veränderung des Klimas bei.[234]

Die gegenwärtigen Methoden im Umgang mit Kunststoffen in der *Plastiksphäre* tragen, wie bereits festgestellt, zur Erhöhung der Treibhausgasemissionen und damit zum Klimawandel bei. Welche Schritte können wir unternehmen, um den CO_2-Fußabdruck von Kunststoffen und Kunststoffabfällen zu minimieren?

Im Folgenden sind einige wichtige Ansätze[XXVI,XXVII] und Maßnahmen zur Reduzierung der CO_2-Emissionen aufgeführt, wobei die Kombination dieser Methoden das größte Potenzial zur Reduktion aufweisen kann:

Einsatz erneuerbarer Energien: Ein bedeutender Schritt ist die Umstellung auf erneuerbare Energiequellen und CO_2-arme Technologien wie Solarenergie, Windkraft, Wasserkraft und Geothermie entlang der gesamten Wertschöpfungskette der *Plastikökonomie.* Durch die Reduzierung der Nutzung fossiler Brennstoffe wie Kohle, Öl und Gas kann der CO_2-Ausstoß deutlich gesenkt werden.

Steigerung der Energieeffizienz: Dieser Ansatz trägt zu geringeren CO_2-Emissionen, Kosteneinsparungen und einer höheren Wettbewerbs-

[XXV] In der Klimadiskussion werden kritische Schwellenwerte im Erdsystem als Kipppunkte bezeichnet, bei deren Überschreitung sich klimatische Prozesse oder Systeme irreversibel und plötzlich verändern können. Diese Veränderungen sind oft selbstverstärkend und führen zu weiteren dramatischen Auswirkungen auf das Klima, die Ökosysteme und die menschliche Gesellschaft. Einmal überschritten, könnten diese Kipppunkte nicht mehr umkehrbar sein oder nur mit enormem Aufwand wieder ins Gleichgewicht gebracht werden.

[XXVI] Viele davon haben wir bereits in den vorangegangenen Kapiteln diskutiert.

[XXVII] Die Biosphäre, Atmosphäre usw. sind ein komplexes Netzwerk dynamischer Wechselwirkungen. Eingriffe in ein Element können weitreichende Folgen für das gesamte System haben, was eine ganzheitliche Betrachtung und nachhaltige Strategien erfordert.

fähigkeit bei. Durch den Einsatz moderner und optimierter Technologien kann der Energieverbrauch in der Produktion, beim Transport und bei der Nutzung von Kunststoffen erheblich reduziert werden. Es ist auch wichtig, dass selbst bei der Verwendung erneuerbarer Energien ein energieeffizienter Umgang notwendig ist, da auch erneuerbare Energien „versteckte" Kosten mit sich bringen. Wenn wir beispielsweise anstelle von 100 Solarpanels nur 50 benötigen, sparen wir Ressourcen und Fläche. Daher sollte der Einsatz erneuerbarer Energien nicht mit einem Energieüberfluss gleichgesetzt werden.

Langlebigkeit bzw. optimale Lebensdauer der Kunststoffanwendung: In der heutigen Konsumgesellschaft weisen viele Produkte eine kurze Nutzungsphase auf, was eng mit unseren aktuellen Konsum- und Produktionsmustern verknüpft ist. Langlebigkeit bezieht sich auf die Fähigkeit eines Produkts, über einen längeren Zeitraum hinweg funktionstüchtig zu bleiben, während optimale Lebensdauer die ideale Zeitspanne beschreibt, in der ein Produkt unter Berücksichtigung von Effizienz und Funktionalität am besten genutzt werden kann. Um eine nachhaltige *Circular Plasticonomy* zu erreichen und den verantwortungsvollen Umgang mit Ressourcen zu gewährleisten, ist es entscheidend, sowohl die Langlebigkeit als auch die optimale Lebensdauer von Kunststoffen zu verlängern. Ein zentraler Ansatz zur Verlängerung der Nutzungsphase besteht darin, Mehrweg- und Wiederverwendungsmodelle weiter auszubauen.[235] Diese Strategien können den Bedarf an Einwegkunststoffen erheblich reduzieren. Beispielsweise könnte eine Verdopplung der Nutzungsdauer dazu führen, dass nur die Hälfte der Produktionsmenge benötigt wird, was wiederum zu einer erheblichen Einsparung von Ressourcen führt. Schätzungen gehen von einem Einsparpotential von bis zu 30 % aus.[236]

Innovation und Design von Materialien: Die Entwicklung von bzw. die Umstellung zu Kunststoffen, die weniger CO_2-intensiv in der Herstellung sind, kann ebenfalls einen wichtigen Beitrag leisten.

Allerdings wird es aus wirtschaftlichen Gründen voraussichtlich nicht möglich sein, die CO_2-Emissionen der *Plastiksphäre* auf null zu reduzieren. Zudem muss die zeitliche Komponente der Umstellung berücksichtigt werden, da während der Umstellungsphase weiterhin CO_2-Emissionen entstehen.

Was können wir also mit den verbleibenden und den weiterhin entstehenden CO_2-Emissionen tun?

Ein vielversprechender Ansatz zur Reduzierung der CO_2-Emissionen in die Atmosphäre ist das Konzept der CO_2-Abscheidung und CO_2-Speicherung (*Carbon Capture and Storage*, *CCS*, Sequestrierung[XXVIII]).[237] Diese Technologie ermöglicht es, CO_2-Emissionen aus Industrieprozessen und Verbrennungsanlagen abzutrennen und zu speichern, anstatt sie in die Atmosphäre freizusetzen. Durch die Entwicklung und Implementierung von *CCS*-Technologien können die CO_2-Emissionen effektiv umgeleitet werden und auch bereits in der Atmosphäre befindliches Kohlenstoffdioxid verwertet werden (*Direct Air Capture*, *DAC*), was einen Beitrag zur Minderung des Klimawandels leistet.[238]

Eine Möglichkeit zur Speicherung von Kohlenstoffdioxid ist die geologische Speicherung, bei der das abgeschiedene Kohlenstoffdioxid in geologischen Formationen[XXIX] unter der Erde eingelagert wird. Dies erfolgt häufig in erschöpften Öl- und Gasfeldern oder in nicht durchlässigen Gesteinsschichten. Eine weitere Methode ist die Tiefseespeicherung, bei der das Kohlenstoffdioxid in die Tiefen (>3000 m) der Ozeane verpresst wird.[239] In diesen Tiefen bleibt das Kohlenstoffdioxid aufgrund der hohen Druck- und Temperaturbedingungen entweder in Form hydratisierter Eisstrukturen[XXX] oder in gelöster Form. Die Ozeane bieten ein erhebliches Volumen zur Speicherung von Kohlenstoffdioxid, jedoch bestehen Umweltbedenken hinsichtlich möglicher Auswirkungen auf marine Ökosysteme.[240]

Obwohl *CCS* auf den ersten Blick vielversprechend erscheint, besteht die Gefahr, dass es die Motivation zur CO_2-Einsparung und CO_2-Vermeidung verringert und den *Status quo* beibehält, indem Kohlen-

[XXVIII] Sequestrierung bezeichnet die langfristige Speicherung von Kohlenstoffdioxid in natürlichen oder künstlichen Systemen wie Wäldern, Böden, Ozeanen oder unterirdischen Gesteinsformationen, um den Kohlenstoffdioxid-Gehalt in der Atmosphäre zu reduzieren und den Klimawandel zu bekämpfen.

[XXIX] Geologische Formationen sind natürliche Gesteins- oder Sedimentlagen, die verschiedene Gesteinstypen enthalten können.

[XXX] Käfigverbindungen aus Wassermolekülen, in denen CO_2-Moleküle eingeschlossen sind.

stoffdioxid lediglich umgeleitet wird.[241] Zudem führt es zur „Vernichtung" fossiler Rohstoffe, die zu Kunststoffen verarbeitet und letztendlich zu Kohlenstoffdioxid umgewandelt werden, wodurch die fossilen Vorräte weiter erschöpft werden. Auch muss erwähnt werden, dass die *CCS*-Verfahren Energie erfordern.[242]

Was können wir mit dem gesammelten Kohlenstoffdioxid anfangen? Eine Möglichkeit ist die Nutzung und Speicherung (*Carbon Utilization and Storage*, *CCU*), bei der das gesammelte Kohlenstoffdioxid für industrielle Anwendungen verwendet wird, bevor es langfristig gespeichert wird.[243] Ein Beispiel hierfür ist die Verwendung von Kohlenstoffdioxid in der chemischen Industrie als C1-Baustein[XXXI] für die Herstellung wichtiger Basischemikalien wie Kohlenmonoxid, Methanol oder anderen organischen Molekülen.[244] Darüber hinaus kann Kohlenstoffdioxid auch als Energiespeicher[XXXII] genutzt werden. Durch die Umwandlung von überschüssiger erneuerbarer Energie mit Kohlenstoffdioxid, kann Energie gespeichert und bei Bedarf wieder freigesetzt werden. Dies kann insbesondere in Zeiten hoher Energieproduktion, wie bei starkem Wind oder Sonnenschein, von Vorteil sein, um die Energieversorgung zu stabilisieren und die Nutzung erneuerbarer Energien zu maximieren.[245]

Eine weitere Möglichkeit ist die Umwandlung von Kohlenstoffdioxid in mineralische Carbonate durch Mineralisierung. Die CO_2-Mineralisierung basiert auf der Reaktion von Kohlenstoffdioxid mit Gesteinen oder Mineralien, wie zum Beispiel *Olivin*[XXXIII] oder *Basalt*, wodurch stabile Carbonate gebildet werden.

Diese Methoden bieten nicht nur ökologische Vorteile, sondern können auch wirtschaftliche Chancen eröffnen, da sie zur Minderung der CO_2-Emissionen beitragen und gleichzeitig die Speicherkosten senken bzw. ein *Waste-to-Value*-Konzept[XXXIV] verfolgen.

[XXXI] Ein C1-Baustein ist eine Kohlenstoffgruppe mit einem einzelnen Kohlenstoffatom (z. B. Kohlenstoffdioxid, Kohlenmonoxid, Methanol).

[XXXII] Kohlenstoffdioxid kann als Speicher für Wasserstoff bzw. die darin enthaltene Energie genutzt werden, beispielsweise in Form von Ameisensäure (HCO_2H) oder Methanol.

[XXXIII] *Olivin* (Mg_2SiO_4) besteht aus Magnesium, Silizium und Sauerstoff. *Olivin* reagiert mit in Wasser gelöstem Kohlenstoffdioxid und bildet Quarz (SiO_2) und Magnesiumcarbonat ($MgCO_3$).

[XXXIV] *Waste-to-Value* ist ein Konzept, mit dem Ziel, Abfall von einem reinen Entsorgungsproblem in eine wertvolle Ressource zu transformieren.

Insgesamt können wir nur durch nachhaltige Strategien im Umgang mit Kohlenstoffdioxid die ökologischen Herausforderungen unserer Zeit bewältigen und eine resiliente Zukunft gestalten. Das bedeutet auch, dass jede vermiedene Tonne Kohlenstoffdioxid-Emission – wenn wir zur „Macht der kleinen Zahlen“ zurückkehren – eine Wirkung hat und einen Beitrag leistet.

Bisher haben wir noch nicht über die Optimierung von Wiederverwendungsstrategien für Kunststoffe am Ende ihrer Lebensdauer gesprochen. Die Umsetzung effizienter Kreislaufwirtschaftssysteme, die eine Wiederverwertung von Kunststoffen ermöglichen, kann den Rohstoffverbrauch senken und die CO_2-Emissionen reduzieren. Im nächsten Schritt wollen wir uns verschiedene Recycling-Konzepte im Detail anschauen.

KAPITEL 13

Abfall zu Rohstoff – Mechanisches Recycling von Kunststoffabfällen

Was wäre, wenn Kunststoff ausschließlich deponiert oder verbrannt würde, wie wir es im vorangegangenen Kapitel gesehen haben?
In einer solchen Welt würde Plastik nach der Abfallbehandlung unwiederbringlich verloren gehen – ein klassisches Beispiel für den linearen *Cradle-to-Grave*-Ansatz. Die Folge wäre eine stetige Zunahme von Müll auf Deponien, eine verstärkte Umweltverschmutzung, insbesondere durch Mikroplastik, sowie ein Anstieg der Treibhausgasemissionen.
Im Gegensatz dazu verfolgen zirkuläre Modelle einen ganzheitlicheren Ansatz. Hier wird Kunststoffabfall als wertvolle Ressource betrachtet und in den Produktionskreislauf zurückgeführt. Durch das Recycling entsteht ein geschlossener Kreislauf (*Cradle-to-Cradle*[I,246]), der Ressourcen schont, die Umwelt entlastet und neue Produkte hervorbringt. Zur Abgrenzung von den bereits beschriebenen *Second-Hand-* oder *Upcycling*[II]*-Konzepten* ist es wichtig zu betonen, dass der Kunststoff hierbei die Kunststoffnutzungssphäre als *Output* verlassen hat (*siehe Kapitel 8, Abbildung 10*).
Eine erste Variante dieser zirkulären Verfahren ist das mechanische Recycling[III], bei dem der Abfallkunststoff mit all seinen enthaltenen Komponenten[IV] in einem Prozess aus Zerkleinern, Waschen, Schmelzen und Umformen wiederverwertet wird, um ein neues Produkt zu erhalten.[247]

[I] *Cradle-to-Cradle* = „Von der Wiege zur Wiege“
[II] In der Kunststoffnutzungssphäre
[III] Werkstoffliches Recycling, physikalisches Recycling
[IV] Additive, andere Kunststoffe

Der entscheidende Ausgangspunkt für einen erfolgreichen mechanischen Recyclingprozess bildet die Sammlung von Plastikabfällen – ohne effektives Sammelsystem ist kein Recycling möglich. In der Bundesrepublik Deutschland gibt es hierfür beispielsweise das duale System[V], das seit 1991 etabliert ist.[248] Es hat die Aufgabe, gebrauchte Verkaufsverpackungen aus privaten Haushalten und vergleichbaren Erzeugungsstellen zu sammeln, zu sortieren und zu verwerten.[VI] Das duale System koordiniert die Erfassung dieser Verpackungen und beauftragt Entsorgungsunternehmen mit der Durchführung der Abfallentsorgung. Zudem sorgt es für die Einrichtung von Sammelstrukturen für verschiedene Verpackungsfraktionen und strebt an, die gesetzlich festgelegten Verwertungsquoten gemäß dem deutschen Verpackungsgesetz[249] und der EU-Verpackungsrichtlinie[250] zu erreichen.

Auch dieses System kann nur erfolgreich sein, wenn die Verbraucher bereit sind, sich zu beteiligen. In der Bundesrepublik Deutschland gibt es zwar eine hohe Akzeptanz für Recycling[251], doch die Fehlwurfrate von 40–60 % bedeutet, dass ein erheblicher Teil der eingeworfenen Abfälle (Leichtverpackungen) nicht die erforderlichen Kriterien[VII] erfüllt und daher nicht recycelbar ist.[252] Die Gründe für diese Fehlwurfrate sind vielfältig und reichen von der hohen Komplexität, Unkenntnis und Verwirrung über Bequemlichkeit bis hin zu „intelligenten" Fehlwürfen[VIII].[253] Es ergibt sich somit noch Verbesserungspotenzial, zu dem sowohl der Gesetzgeber, die Recycling-

[V] Der Begriff *duales System* bezieht sich darauf, dass zusätzlich zur öffentlichen Abfallentsorgung ein alternatives Entsorgungssystem für gebrauchte Verkaufsverpackungen eingerichtet wurde.

[VI] Auch dieses System kann nur erfolgreich sein, wenn die Verbraucher bereit sind, sich zu beteiligen.

[VII] Darf in die gelbe Tonne (bzw. den Gelben Sack): Kunststoffe: Plastikbecher, Wurst- und Käseverpackungen, Eisverpackungen, Plastiktüten, Kosmetikverpackungen aus Plastik, Styroporverpackungen; Metalle: Konservendosen, Alufolie, Getränkedosen; Verbundstoffe: Getränkekartons, Milchtüten. Darf *nicht* in die gelbe Tonne (bzw. den Gelben Sack): Verpackungen mit Restinhalt (z. B. halbvolle Joghurtbecher, stark verschmutzte Verpackungen); Verpackungen aus nicht recycelbaren Kunststoffen (z. B. Biokunststoffe); Verbundverpackungen, die nicht trennbar sind; Verpackungen aus Glas, Papier, Pappe oder Karton.

[VIII] „Intelligente" Fehlwürfe beziehen sich auf Materialien, die zwar theoretisch recycelbar sind, aber nicht als Verpackungen gelten. Sie entstehen aus einem Missverständnis über die Recyclingfähigkeit dieser Materialien.

unternehmen als auch die Verbraucher beitragen können. Beispielsweise könnten die Hürden für das Recycling durch den Einsatz eines *Single-Stream*-Ansatzes[IX] verringert werden. Bei diesem System müssen die Verbraucher die Wertstoffe nicht selbst vorsortieren, was die Bequemlichkeit erhöht. Stattdessen erfolgt die Trennung der gesammelten Materialien durch effiziente industrielle Verfahren, die die gemischten Abfälle in verschiedene Wertstoffströme aufteilen und dem Recycling zuführen.[254]

Die eigentliche Herausforderung für das mechanische Recycling beginnt also bereits an dieser Stelle: Ein Blick in den gelben Sack bzw. die gelbe Tonne zeigt, dass Plastikabfälle einerseits oft komplexe, heterogene Mischungen aus verschiedenen Kunststoffsorten sind und andererseits häufig Fremdmaterialien[X] wie z. B. Metall, Papier oder Bioabfälle enthalten.[255] Diese Verunreinigungen erschweren (und verteuern) den Recyclingprozess erheblich (oder machen ihn teilweise unmöglich) und erfordern aufwändige Sortier- und Reinigungsverfahren, um eine Wiederverwertung der Kunststoffe zu ermöglichen.

Wie bereits in *Kapitel 6* beschrieben, haben die verschiedenen Kunststoffe unterschiedliche Materialeigenschaften und eine Vermischung verschiedener Abfallkomponenten ergibt ein neues Material mit wiederum anderen Eigenschaften. Beispielsweise setzt sich unsere Wasserflasche am Lebensende aus dem Flaschendeckel (PP oder PE), dem Flaschenetikett (PP oder PE), dem Flaschenkörper (PET) und eventuelle Verunreinigungen zusammen.[XI] Ein gemeinsames mechanisches Recycling dieser Komponenten würde kein Material ergeben, mit dem beispielsweise neue Wasserflaschen hergestellt werden könnten. Daher ist es wichtig, dass die unterschiedlichen Abfallkunststoffe nicht miteinander vermischt recycelt werden. Eine effiziente Trennung nach Kunststofftypen (Sortenreinheit[XII]) ist deshalb ebenfalls ein kritischer Schritt und legt den Grundstein für einen erfolgreichen

[IX] Einstrom- oder Einzelstrom-Ansatz

[X] Sowohl bezogen auf die Kunststoffe selbst, als auch auf Fehlwürfe im gelben Sack bzw. in der gelben Tonne.

[XI] Unsere PET-Flasche ist ein Sonderfall, der in einigen Ländern über das Rücknahmesystem für Pfandflaschen zum mechanischen Recycling gelangt.

[XII] Unvermischte Kunststoffe

mechanischen Recyclingprozess und somit für das zukünftige Plastikmaterial.[256]

Nach der Sortierung des Plastikmülls und der Abtrennung von plastikfremden Materialien erfolgt eine mechanische Zerkleinerung der Abfallkunststoffprodukte, normalerweise mithilfe von Schneidemaschinen, Schreddern oder Mühlen.[257] Die Plastikabfälle werden in kleinere, gleichförmigere Stücke zerschnitten, um eine bessere Verarbeitbarkeit zu gewährleisten.

Neben der Sortenreinheit der Abfallkunststoffe spielt auch deren Reinheit eine entscheidende Rolle für die Qualität des Recyclingprodukts. Um (biologische) Verunreinigungen, Etiketten und andere Fremdstoffe zu entfernen, die die Qualität beeinträchtigen, sind Reinigungsprozesse notwendig. Das Waschen erfolgt oft mit Wasser und Reinigungsmitteln, nachgefolgt von einer Trocknungsphase. Sieben kann verwendet werden, um weitere Verunreinigungen mechanisch zu entfernen. Während des Reinigungsprozesses werden strenge Qualitätskontrollen durchgeführt, um sicherzustellen, dass die gereinigten Kunststoffe den erforderlichen Standards entsprechen. Die Reinigung von Plastikabfällen kann eine Herausforderung darstellen, insbesondere wenn die Abfälle stark verschmutzt sind oder viele verschiedene Kunststoffarten vermischt sind. Nach der Reinigung bzw. während der Reinigung kann eine weitere Kunststoffsortierung erfolgen.

Anschließend folgt der eigentliche Schritt des mechanischen Recyclings, der die Grundlage für die Herstellung neuer Kunststoffprodukte bildet. Dieser Verfahrensschritt hängt von der Materialklasse[XIII] der Kunststoffe ab. Für die große Klasse der Thermoplaste (z. B. PE, PP, PET)[258] werden die reversiblen thermischen Eigenschaften der Kunststoffe für das Recycling genutzt. Das bedeutet, dass die gereinigten und zerkleinerten Kunststoffe (Rezyklat[XIV], Sekundärrohstoff) geschmolzen und in

[XIII] Thermoplaste, Duroplaste, Elastomere. Für die Duroplaste und Elastomere ist eine weitere thermische Verformbarkeit nicht gegeben, sodass andere Prozesse notwendig sind. Für Abfall-Duroplaste können als Zusatzstoff bei der Herstellung neuer Duroplasten hinzugegeben werden. Für das Recycling von Elastomeren sind gegebenenfalls chemische Prozesse notwendig.

[XIV] Rezyklat bezeichnet Material, das durch Recyclingprozesse aus Abfällen zurückgewonnen wurde und anschließend als Rohstoff für neue Produkte verwendet wird.

die neue gewünschte Form gebracht werden. An dieser Stelle des mechanischen Recyclings entsteht eine direkte Verbindungsstelle zur klassischen Herstellungsweise von *Virgin*-Kunststoffprodukten[XV], über die bereits beschriebene Erdölroute (*siehe Kapitel 6*). Das ermöglicht in den bereits etablierten Produktionsprozess einzusteigen und insgesamt wird damit ein Kreislauf geschlossen (*Abbildung 14*).

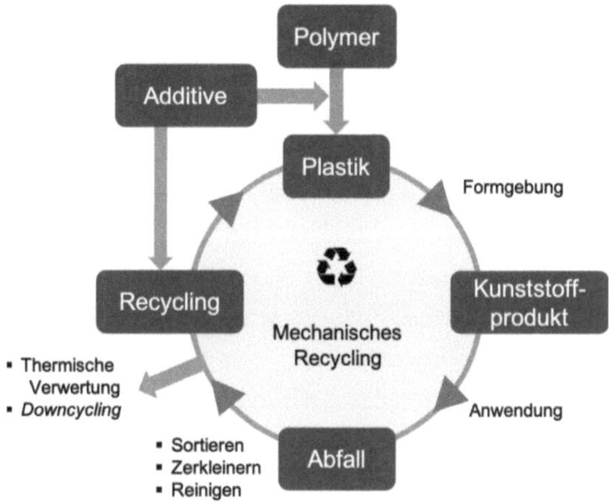

Abbildung 14. Mechanisches Recycling.

Nach dem Schmelzen werden die flüssigen Kunststoffe durch eine Schablone gedrückt (z. B. Extruder), um die gewünschte Form (z. B. Granulat, Folien, Rohre) zu erhalten. Während des Extrusionsprozesses können verschiedene Zusatzstoffe wie Farbstoffe, Stabilisatoren und Verstärkungsmaterialien hinzugefügt werden, um die Eigenschaften des recycelten Kunststoffes je nach Verwendungszweck anzupassen.
Das mechanische Recycling von Plastikabfällen bietet somit eine umweltfreundliche Möglichkeit Plastikabfälle zu neuen (recycelten) Produkten umzuwandeln. Diese Art der Wiederverwertung ermöglicht eine Reduktion des Bedarfs an fossilen Ressourcen, da der Plastikabfall die Ressource für neue Kunststoffe darstellt. Im Jahr 2021 waren 8,3 %

[XV] Englisch: *virgin* = „jungfräulich", abgekürzt „*v*". Der Begriff soll im Folgenden die direkte Herkunft der Kunststoffe aus Erdöl definieren. Während der „r" für eine recycelte Herkunft der Kunststoffe stehen soll.

der weltweit eingesetzten Kunststoffe auf Basis von Recyclingmaterialien, d. h., für 32,4 Mio. Tonnen Kunststoffe konnte Erdöl als stoffliche Ressource eingespart werden.[259] Durch das mechanische Recycling wird ein großer Teil der für dieses Verfahren geeigneten Kunststoffabfälle stofflich verwertet, indem sie zu neuen Produkten verarbeitet werden.[XVI] Dies trägt zu einer hohen Recyclingeffizienz bei.[XVII,XVIII]

Des Weiteren wird durch die kürzere Produktionskette beim mechanischen Recycling weniger Prozessenergie benötigt (ca. -50 %[XIX,260]), als bei der Herstellung von *Virgin*-Kunststoffen.

Basierend auf diesen Aspekten kommt es zu einer Reduktion der Umweltauswirkungen von Kunststoffen, indem fossile Ressourcen eingespart und die negativen Konsequenzen der thermischen Verwertung oder Deponierung vermieden werden. Darüber hinaus ergeben sich auch finanzielle Vorteile, wie etwa Rohstoffeinsparungen oder reduzierte CO_2-Emissionskosten.[261]

Beispielsweise kann der Kohlenstoffdioxid-Ausstoß durch mechanisches Recycling gegenüber dem *Virgin*-Kunststoff, sowie gegenüber der thermischen Verwertung, deutlich verringert werden und somit den CO_2-Fußabdruck des Materials verbessern.[262] Schätzungen gehen davon aus, dass 1,45–3,22 Tonnen CO_2e pro Tonne Rezyklat eingespart werden können.[263]

Das mechanische Recycling minimiert auch die Menge an Kunststoffabfällen, die auf Deponien landen oder anderweitig entsorgt werden müssten. Dies trägt dazu bei, Deponieraum zu sparen und die damit verbundenen Umweltauswirkungen zu reduzieren.

[XVI] Während beim Waschprozess und Zerkleinern durch mechanische Beanspruchung Materialverluste auftreten, ist der Extrusionsprozess vergleichsweise effizient und führt zu geringen Materialverlusten.

[XVII] Die Recyclingeffizienz gibt an, welcher Anteil des theoretisch recyclingfähigen Materials nach dem Recyclingprozess als Sekundärrohstoff zur Verfügung steht. Die Recyclingeffizienz hängt von verschiedenen Faktoren ab, wie der Art des Materials, der Qualität der Sortierung, der Effizienz der Recyclingverfahren und dem Grad der Verunreinigungen im gesammelten Material. Je höher die Recyclingquote, desto erfolgreicher ist der Recyclingprozess. Um die Betrachtung zu vereinfachen, beschränken wir uns in dieser Analyse auf die Effizienz des Recyclingprozesses an sich.

[XVIII] Extrusionsprozess: 100 % *Input*-Polymer wird zu ca. 100 % *Output*-Polymer.

[XIX] Die Einsparung ist abhängig von der Kunststoffart, vom Recyclingprozess etc.

Aufgrund der Vorteile ist das mechanische Recycling ein Kernelement einer Kreislaufwirtschaft und einer nachhaltigen Wirtschaftsweise (*Circular Economy, Circular Plasticonomy*), bei der Kunststoffe als wertvolle Ressourcen betrachtet werden, die immer wieder verwendet werden können.[264] Allerdings kann Recycling maximal 100 % des Kunststoffabfalls wiederverwerten, was bedeutet, dass die Menge an recycelbarem Kunststoff begrenzt ist. Steigt die Nachfrage nach Kunststoffen über diese Maximalmenge hinaus, muss sie durch neue Kunststoffe (*Virgin*-Kunststoffe) gedeckt werden. Dasselbe gilt für Verluste durch unsachgemäße Entsorgung, wie beispielsweise Einträge in die Natur. Das bedeutet, dass mit Recycling kein Wachstum möglich ist.
Als Konsequenz des mechanischen Recyclings befindet sich unser Kohlenstoffatom (**C**) somit in einem geschlossenen Kreislauf und kann diesen immer wieder durchlaufen – sind wir also bei *„Aus Alt mach Neu, unendlich oft"* angekommen?
Wenn wir uns allerdings die Zahlen ansehen, liegt trotz der Vorteile des mechanischen Recyclings die thermische Verwertung von Plastikabfällen vorn (45 % vs. 54 %, 2021, Bundesrepublik Deutschland), auch wenn ein schrittweise Zunahme des Anteils des mechanischen Recyclings erkennbar ist (38 % vs. 61 %, 2019).[265] Wieso ist das so?
Eine der größten Herausforderungen im mechanischen Recycling besteht darin, eine ausreichend hohe Qualität des recycelten Materials zu erzielen.[266] Wie bereits beschrieben, können Verunreinigungen in den Kunststoffabfällen, die durch den Reinigungsprozess nicht entfernt werden konnten, die Qualität mindern und zu unterschiedlichen Qualitätsklassen führen. So kann häufig aus einer ehemaligen PET-Flasche keine neue PET-Flasche hergestellt werden, sondern möglicherweise „nur" ein Polyester-T-Shirt, das bis vor kurzem nicht mechanisch recycelt werden konnte. Inzwischen gibt es jedoch erste Anlagen, die aus Abfall-Polyester-Fasern recycelte Fasern herstellen können.[267]
Daneben können trotz hoher Sortenreinheit beim wiederholten mechanischen Recycling die recycelten Kunststoffe weiter an Qualität verlieren, was ihre Verwendung in hochwertigen Produkten ebenfalls einschränken kann (*Abbildung 15*). Durch die thermische Belastung bei der Extrusion kann es zur teilweisen Zerstörung der Polymerketten kommen, wodurch sich die Materialeigenschaften verändern und aus

der PET-Flasche kann möglicherweise keine PET-Flasche mehr hergestellt werden.[268]

A-B-A-B-A-B-A-B-A-**X** **X**-B-A-B-A-B-A-B-A-B-A-B-A-B-A-B-A-
B-A-B-A-B-A-B-A-B-A-B-A-B-A-B-A-B-A-B-A-B-A-B-A-B-A-B-A-
B-A-B-A-B-A-B-A-B-A-B-A-B-A-B-A-B-A-B-A-B-A-B-A-B-A-B-A-
B-A-B-A-B-A-B-A-B-A-B-A-B-A-B-A-B-A-B-A-B-A-B-A-B-A-B-A-
B-A-B-A-B-A-B-A-B-A-B-A-B-A-B-A-B-A-B-A-B-A-B-A-B-A-B-**X** **X**-A-
B-A-B-A-B-A-B-A-B-A-B-A-B-A-B-A-B-A-B-A-B-A-B-A-B-A-B-A-
B-A-B-A-B-A-B-A-B-A-B-A-B-A-B-A-B-A-B-A-B-A-B-A-B-A-B-A-
B-A-B-A-B (**X** = Kettenbruch, Bruchstelle[XX])

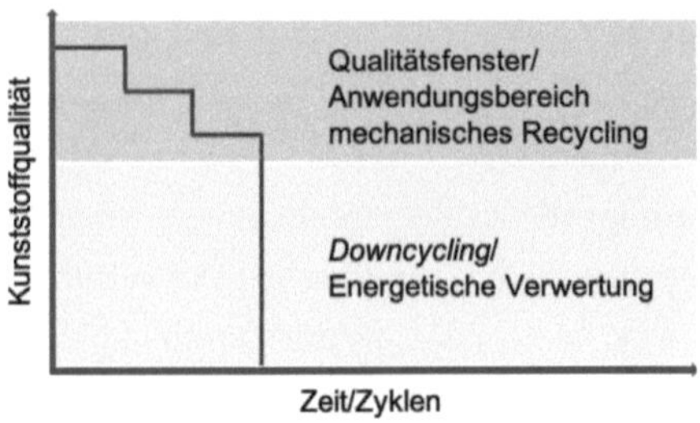

Abbildung 15. Kunststoffqualität vs. mechanisches Recycling.

Ähnliche Phänomene können auch durch Alterungsprozesse des Kunststoffs auftreten.[269] Daneben stellen auch die im Ursprungskunststoff oder im bereits erfolgreich recycelten Kunststoff enthaltenen Additive ein Problem dar.[270] Diese können durch die Sortierung und auch Reinigung[XXI] nicht entfernt werden, da sie homogen im Material verteilt und somit Teil des Materials sind, d. h., die ursprünglichen Additive des Urkunststoffes werden immer im Nachfolgematerial enthalten sein und bei jedem Recyclingschritt können neue Additive hinzukommen, d. h., die Additive werden im recycelten Material ange-

[XX] Durch die zwei Bruchstellen in der Ausgangskette sind drei kürzere Ketten gebildet worden.
[XXI] Eine allerdings aufwendige und vergleichsweise teure Möglichkeit die Additive zu entfernen, besteht im Auflösen/Waschen der Kunststoffen mit Lösungsmitteln und dem Entfernen der Additive.

reichert und es kann irgendwann zu Grenzwertüberschreitungen für die Additive kommen und somit zu einer nicht mehr geeigneten Qualität für verschiedenste Produkte (z. B. Lebensmittelverpackungen).[XXII,271] Hinzu kommt die Möglichkeit der Zersetzung von Additiven, z. B. durch thermische Belastung und/oder Alterung, unter Bildung von neuen Chemikalien, die sich ebenfalls im Kunststoff anreichern können. Daneben spielen auch die im Kunststoff enthaltenen Farbstoffe eine Rolle für das mechanische Recycling. Beispielsweise führt das mechanische Recycling einer grünen PET-Flasche zu einem Rezyklat, das ebenfalls eine grüne Farbe besitzt, d. h., aus diesem Material ließen sich keine farblosen PET-Flaschen herstellen, sodass die Anwendungsbreite eingeschränkt ist. Darüber hinaus ergibt die Vermischung von farblosen PET-Abfall mit geringen Anteilen an farbigem PET-Abfall ebenfalls kein farbloses Rezyklat.
Besonders problematisch sind Kunststoffe die aus mehreren Kunststoffarten bzw. Polymerarten bestehen – etwa durch physikalische Vermischung (im Extruder), Verklebung oder chemische Verbindung (Co-Polymere). Diese Materialien lassen sich mechanisch nicht recyceln bzw. sortenrein zurückgewinnen und nur als Mischmaterial mit evtl. geringerer Qualität einsetzen.[272]
Mit jedem weiteren Recyclingzyklus kann somit die Qualität sukzessive abnehmen bzw. viele Faktoren können die Qualität erheblich beeinträchtigen, bis irgendwann der recycelte Kunststoff nicht mehr den Qualitätsanforderungen entspricht und gegebenenfalls thermisch verwertet oder dem *Downcycling* (*siehe Kapitel 14*) zugeführt wird oder mit *Virgin*-Kunststoffe vermischt/gestreckt wird.[273] Für unseren Kunststoff ergibt sich dadurch eine Art von Qualitätsabwärtsspirale, sodass ein endloses Recycling nicht möglich ist. Aber es ermöglicht eine Lebenszeitverlängerung des Kunststoffes und je „reiner“ der Kunststoff umso länger kann das Leben sein. Für unser Kohlenstoffatom (**C**) ergibt sich zwar die Situation, dass es mit dem Kunststoff recycelt wird, aber das erhaltene Material mit jedem Zyklus immer schlechter wird.[XXIII]

[XXII] Eine Möglichkeit zur Verlängerung der Lebensdauer besteht in der Zugabe von *Virgin*-Kunststoff zum recyceltem Kunststoff.
[XXIII] Beim Recycling 1. Ordnung bleibt die Qualität des recycelten Materials auf dem gleichen

Die Zugabe von *Virgin*-Kunststoffen zum Rezyklat verbessert die Gesamtqualität des neuen Kunststoffs (Material mit recyceltem Anteil). Allerdings kann diese additive Methode niemals die Qualität von reinem *Virgin*-Kunststoff erreichen – sie kann ihr nur nahekommen. Zudem führt dieses Vorgehen dazu, dass die Kunststoffmenge stetig wächst. Nehmen wir ein Beispiel: Wir haben 1 kg Rezyklat und vermischen es mit 1 kg *Virgin*-Kunststoff – so entstehen 2 kg Kunststoff (Material mit 50 % Anteil an recyceltem Kunststoff). Im nächsten Durchlauf müssen wir 2 kg *Virgin*-Kunststoff hinzufügen und erhalten 4 kg usw. Dadurch geraten wir in das Dilemma einer Aufwärtsspirale.
Es ist wichtig anzumerken, dass für die Durchführung des mechanischen Recyclings Energie benötigt wird. Das bedeutet, dass sowohl die Energiemenge als auch die Herkunft der Energie in die Überlegungen einbezogen werden müssen. Außerdem entstehen durch den Energiebedarf Kosten, während die thermische Verwertung ohne zusätzlichen Energieaufwand funktioniert.
Wenn wir uns die mechanische Recycling-Situation an unserem Modell der PET-Flasche (ca. 25 g) ansehen, ergibt sich, dass etwa 31 % des PET-Rezyklats[XXIV] aus der Flasche wieder für eine neue Flasche eingesetzt wird (*Bottle-to-Bottle*).[274] Auf der anderen Seite müssen somit rund 69 % an *Virgin*-PET zugegeben werden, um wieder eine vollständige Flasche zu erhalten. Die restlichen ca. 69 % des PET-Rezyklats fließen in andere Anwendungen wie Verpackungen oder Textilfasern (*Bottle-to-X*).[XXV] Dies hat zur Folge, dass nach fünf mechanischen Recyclingzyklen (ohne Berücksichtigung von Verlusten) nur noch 0,07 g des Originalmaterials in der fünften PET-Flasche enthalten sind.

Niveau wie vor dem Recyclingprozess. Das Material kann somit für den gleichen Zweck oder in Anwendungen mit denselben Anforderungen verwendet werden wie das Originalmaterial. Beim Recycling 2. Ordnung sinkt die Qualität des Materials nach dem Recyclingprozess unter die Qualität des Ursprungsmaterials. Das Material wird typischerweise für Anwendungen mit niedrigeren Anforderungen verwendet. Beim Recycling 3. Ordnung geht die „Qualität" vollständig verloren (z. B. thermische Verwertung).
Beim mechanischen Recycling muss je nach Qualität des Ausgangsmaterials und der resultierenden Rezyklate von Fall zu Fall entschieden werden, ob es sich um Recycling 1. Ordnung (gleiche Qualität) oder Recycling 2. Ordnung (niedrigere Qualität) handelt. Allerdings zeigt sich über mehrere Recyclingzyklen hinweg, dass das mechanische Recycling aufgrund des schrittweisen Qualitätsverlustes tendenziell dem Recycling 2. Ordnung zuzuordnen ist.
XXIV Von der Flasche zum einsatzfähigen Rezyklat treten Verluste an Material auf.
XXV Dieser Anteil kann evtl. auch als *Downcycling* diskutiert werden.

Darüber hinaus wird für die Herstellung von 1 kg PET-Rezyklat aus PET-Abfall eine Energiemenge von 8,6 MJ benötigt. Zum Vergleich: Für die Neuherstellung von 1 kg *Virgin*-PET müssen 107 MJ aufgewendet werden. Dies zeigt neben der Materialersparnis auch eine erhebliche Energieersparnis von ca. 92 %.[275]

Nachdem wir die Vorteile und Nachteile des mechanischen Recyclings gesehen haben, müssen wir unsere Vision an dieser Stelle anpassen von *„Aus Alt mach Neu, unendlich oft"* zu *„Aus Alt mach Neu, ein paar Mal"*. Daneben ist auch wichtig, dass das *„neue"* Produkt nicht notwendigerweise der Qualität des *„alten"* Produktes entspricht.

KAPITEL 14

Plastik im Abstieg – Das *Downcycling* von Kunststoffabfällen

Im letzten Kapitel haben wir uns mit dem mechanischen Recycling von Plastikabfällen beschäftigt, bei dem der Abfall als Ressource für neue Produkte diente. Der Aspekt der Qualität war dabei entscheidend für die Realisierung des mechanischen Recyclings und die späteren Einsatzmöglichkeiten der recycelten Kunststoffe. Plastikabfälle, die nicht den Qualitätsanforderungen entsprechen bzw. bereits recycelte Kunststoffe die nicht die erforderliche Qualität für ein erneutes mechanisches Recycling aufweisen, können thermisch/energetisch verwertet werden. Zwischen diesen beiden Optionen gibt es jedoch noch eine Zwischenstufe – das *Downcycling*[I].[276] Unter *Downcycling* versteht man einen Recyclingprozess, bei dem das neue recycelte Material von wesentlich geringerer Qualität und Funktionalität ist als das Originalmaterial, d. h., der Qualitätsverlust beim *Downcycling* ist signifikant größer als der Qualitätsverlust beim mechanischen, was beispielsweise den Einsatz im Lebensmittelbereich kaum denkbar macht (*Abbildung 16*).[277,II] Aufgrund der niedrigen Qualität des *Downcycling*-Materials ist ein anschließendes erneutes Recycling, sowohl mechanisch als auch durch erneutes *Downcycling*, unwahrscheinlich, wodurch schließlich die thermische Verwertung unvermeidlich wird (*Abbildung 17*). Insgesamt wird durch diesen Prozess kein Kreislauf aufgebaut, in dem der Kunststoff zirkulieren kann, sondern es entspricht eher einer Abwärtskaskade und die *Downcycling*-Phase ist ein zeitlicher Einschub bzw. eine Lebenszeitverlängerung des Kunststoffes auf dem Weg zur thermischen

[I] Das *Downcycling* kann ebenfalls beim werkstofflichen Recyclings verortet werden. Allerdings gibt es deutliche qualitative Unterschiede zwischen den Rezyklaten. Aufgrund der vielseitigen Betrachtungsweisen der wertzuweisenden Begriffe *Downcycling* und *Upcycling* liegt der Hauptfokus hier auf der Materialqualität.

[II] Recycling 2. Ordnung

Verwertung, sodass es sich um ein *Open-Loop* Recycling (Offener Kreislauf)[III] handelt.

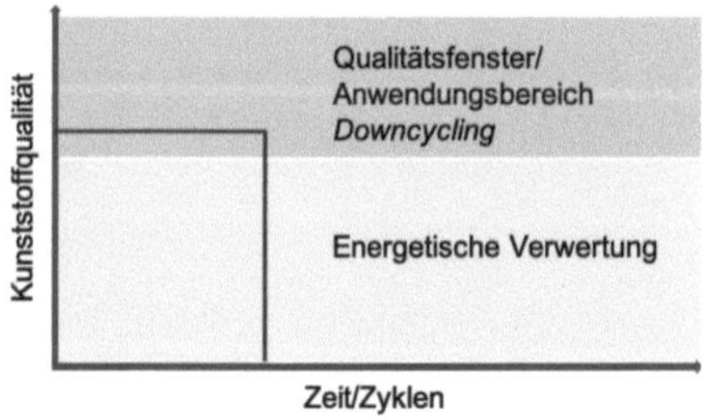

Abbildung 16. Kunststoffqualität vs. *Downcycling.*

Wie können wir aber beurteilen, ob ein Kunststoffabfall für weiteres Recycling geeignet ist und welches Recyclingverfahren bzw. welche Anwendung am besten passt? Eine wertvolle Entscheidungshilfe bietet der *Downcycling*-Index.[278] Dieser Index[IV] ist eine quantitative Kenngröße, die den Qualitätsverlust eines Materials beschreibt. Er zeigt, wie stark die Materialqualität in verschiedenen Aspekten – wie mechanische Eigenschaften (z. B. Zugfestigkeit, Biegefestigkeit, Schlagzähigkeit), optische Eigenschaften (z. B. Farbe, Transparenz) und chemische Reinheit – im Vergleich zum Primärmaterial – gesunken ist. Neben den materialwissenschaftlichen und funktionalen Qualitätsaspekten spielen auch thermodynamische und ökonomische Faktoren eine Rolle.[279] Selbst bei ausreichender Materialqualität kann ein *Downcycling*-Prozess aufgrund zu hohen Energiebedarfs oder unrentabler Produktionskosten als ungeeignet angesehen werden. Eine umfassende Bewertung muss daher sowohl die Materialqualität als auch die Energieeffizienz und Wirtschaftlichkeit gleichermaßen berücksichtigen.

[III] *Open-Loop* Recycling bezeichnet den Prozess, bei dem Materialien in ein anderes Produkt umgewandelt werden, das nicht identisch mit dem ursprünglichen Produkt ist. *Closed-Loop* Recycling hingegen bezeichnet den Prozess, bei dem Materialien nach der Nutzung in ihren ursprünglichen Zustand zurückgeführt werden, um dasselbe Produkt erneut herzustellen. Das mechanische Recycling kann sowohl im *Open-Loop-* als auch im *Closed-Loop* Recycling eingeordnet werden, je nach Auslegung bzw. Anwendung: z. B. *Bottle-to-Bottle* für *Closed-Loop* Recycling und *Bottle-to-X* für *Open-Loop* Recycling.

[IV] *Downcycling*-Index = (Eigenschaften des Rezyklats)/(Eigenschaften des Primärmaterials) ×100

Der *Downcycling*-Prozess weist gewisse Parallelen im Ablauf zum mechanischen Recycling auf und kann mit diesem gekoppelt werden. Auch hier durchläuft der Prozess eine Sortierung, Reinigung und Verarbeitung des Plastikabfalls, wobei die Sortierungsanforderungen weniger streng sind. Allerdings wird auch hier eine gewisse Grundqualität benötigt, um das vorgesehene Einsatzspektrum der recycelten Kunststoffe zu gewährleisten.

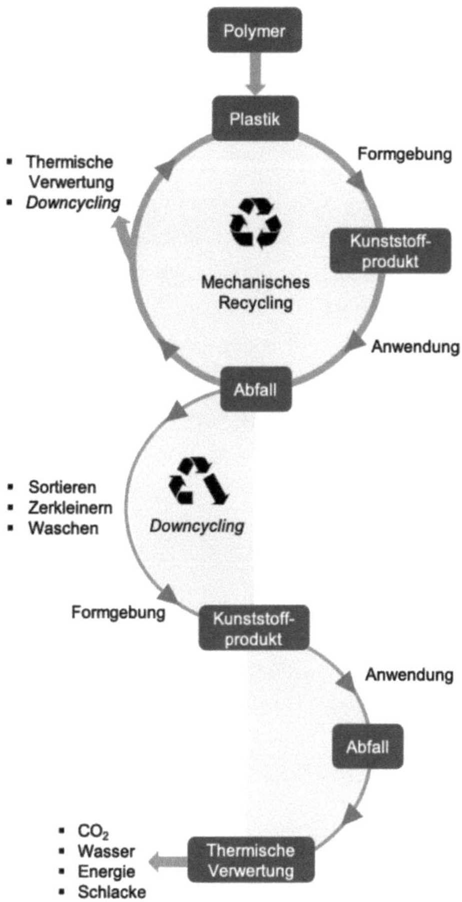

Abbildung 17. Downcycling.

Darüber hinaus können zur Einstellung der Eigenschaften der recycelten Kunststoffe mehrere Kunststoffsorten miteinander vermischt werden. Auch beim *Downcycling*-Prozess ist der entscheidende Schritt, die thermische Umwandlung (Extruder) der vorbereiteten Kunststoffabfälle in die gewünschten Formen, wie z. B. Granulat, oder Produkte, wie z. B. Gartenmöbel oder Kunststoffbehälter.[V]
Daneben besteht auch die Möglichkeit, Kunststoffabfälle nicht kunststoffbasierten Produkten beizumischen, z. B. als Additiv für Asphalt.[280] Obwohl das *Downcycling* minderwertigere Produkte hervorbringt und augenscheinlichen keinen Kreislauf ermöglicht, sollte betont werden, dass das *Downcycling* dennoch eine Rolle im Gesamtzusammenhang einer Kreislaufwirtschaft spielt. Dabei beinhaltet es Vorteile wie die Reduzierung von Abfällen, die Schonung von Ressourcen und die Verlängerung der Lebensdauer von Kunststoffen. Auch hier wird jedoch für die Herstellung des *Downcycling*-Rezyklats Energie benötigt, die in einer Kosten-Nutzen-Kalkulation einbezogen werden muss.
Um dies am Beispiel der PET-Flasche zu verdeutlichen, besteht die Möglichkeit, dass die Flasche entweder direkt oder nach einem mechanischen Recycling in einem *Downcycling*-Prozess z. B. zu Polyester-Fasern geformt wird, die für die Herstellung von Textilien verwendet werden kann (*Bottle-to-Textiles*).[281,VI] Nach der Nutzungsdauer der Textilien bestehen aktuell kaum Möglichkeiten eines Recycling[VII], sodass eine thermische Verwertung[VIII] angeschlossen wird (*Abbildung 17*).[IX] Unser Kohlenstoffatom (**C**) befindet sich somit in einer Abwärtsspirale und am Ende steht wieder Kohlenstoffdioxid (**C**O_2) und Wasser. Nachdem wir die Vorteile und Nachteile des *Downcyclings* gesehen haben, gilt für die Vision *„Aus Alt mach Neu, unendlich oft"* eher *„Aus Alt mach Neu, aber mit niedriger Qualität und eventuell nur einmal"*.

[V] Recyclingeffizienz: 100 % *Input*-Polymer wird zu ca. 100 % *Output*-Polymer.
[VI] Im Fashion-Bereich wird das PET häufig mit Baumwolle gemischt.
[VII] Eine Nachnutzung als z. B. Füllmaterial ist möglich, allerdings steht an deren Ende ebenfalls die thermische/energetische Verwertung.
[VIII] Selbstverständlich sind auch die Einbringung in die Umwelt bzw. in eine Deponie eine Option, aber die weniger bevorzugten.
[IX] Als Maßstab für die Kategorie *Downcycling* wurde das aktuelle Nichtvorhandensein geeigneter Recyclingverfahren gewählt.

KAPITEL 15

Molekulare Transformation – Das chemische Recycling von Plastikabfall

Die bis jetzt besprochenen Recyclingmethoden, das mechanische Recycling und das *Downcycling*, sind Verfahren, bei denen durch physikalische Prozesse wie Sortieren, Waschen und Schmelzen neue recycelte Produkte geschaffen werden. Wichtig hierbei ist, dass die Polymerkomponente des Kunststoffs erhalten bleibt und nicht willentlich verändert wird. Allerdings kann es durch äußere Einflüsse wie Licht und Wärme oder durch prozesstechnische Aspekte zu einem unerwünschten Abbau der Polymerkomponente kommen, wodurch sich die Materialeigenschaften verändern können (*siehe Kapitel 13*).

Der Aspekt der Qualität ist bei beiden Methoden entscheidend für die Einsatzmöglichkeiten der recycelten Kunststoffe. Die Qualität recycelter Kunststoffe nimmt durch wiederholtes Recycling stetig ab (Abwärtsspirale), sodass die thermische Verwertung am Lebensende dieser Kunststoffe steht und unser Kohlenstoff (**C**) letztlich Teil von Kohlenstoffdioxid (**CO_2**) wird. Der (recycelte) Kunststoff verliert seine Funktion als unmittelbar nutzbare Ressource.

Als Alternative kann an diesem Punkt das chemische Recycling[I] zum Einsatz kommen.[282] Dabei wird Plastikabfall, der mechanisch nicht (mehr) recycelbar ist oder nicht (mehr) im *Downcycling* verwendet werden kann, als Ressource genutzt.[II]

Das chemische Recycling von Kunststoffen ist ein Prozess, bei dem Kunststoffabfälle durch chemische Reaktionen in ihre ursprünglichen

[I] Häufig wird der Begriff *chemisches Recycling* breit ausgelegt und schließt auch das *Feedstock*-Recycling (*siehe Kapitel 16*) ein. Wir wollen allerdings die beiden Recyclingarten separat betrachten.

[II] Selbstverständlich kann auch Kunststoffabfall, der für das mechanische Recycling oder *Downcycling* einsetzbar ist, chemisch recycelt werden.

Monomere oder andere definierte chemische Verbindungen[III] umgewandelt werden (Abbaureaktion, Depolymerisation[IV]). Der bereits besprochene Polymerisationsprozess wird dabei umgekehrt, wobei die Depolymerisation die Verbindung zwischen den *Verknüpfungspunkten 1* und *2* trennt (*siehe Kapitel 6, Abbildung 7*).[283] Um dies zu erreichen, werden Depolymerisationsmittel[V] und Katalysatoren als Hilfsmittel eingesetzt.

Im Gegensatz zum mechanischen Recycling/*Downcycling* werden beim chemischen Recycling die Molekülstrukturen der Kunststoffe zerlegt und in chemische Grundbausteine zurückgeführt (*Abbildung 18*). Diese Grundbausteine können einfacher von Additiven und Verunreinigungen getrennt, isoliert und gereinigt werden.

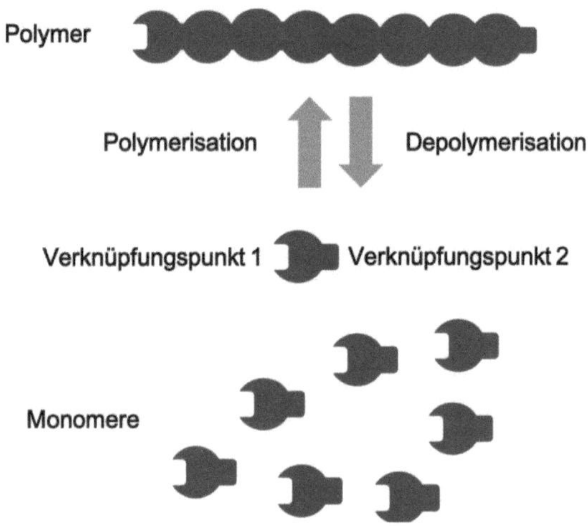

Abbildung 18. Chemisches Recycling: Depolymerisation und Polymerisation.

III Für den Aufbau eines effizienten Kreislaufes ist das entsprechende Monomer mit dem wir gestartet sind am besten geeignet. Mit dem Abbau zu anderen chemischen Verbindungen sind evtl. andere Polymere/Kunststoffe möglich, die aber vom ursprünglichen Kunststoff abweichen.

IV Gegenprozess zur Polymerisation

V Ein Depolymerisationsmittel ist eine Substanz oder eine Energieform, die die Polymerisation eines Polymers rückgängig macht, indem sie die Polymerketten in kürzere Einheiten, Oligomere oder Monomere, spaltet. Dabei kann das Mittel selbst mit den Abbauprodukten reagieren und neue chemische Bindungen eingehen – dies ist jedoch nicht zwingend der Fall.

Die Monomere können wieder in die bereits besprochene Produktionskette eingefügt und zum Aufbau neuer Polymere durch Polymerisation eingesetzt werden, die dann zu Kunststoffen und Kunststoffprodukten werden (*Abbildung 19*).[284] Wichtig ist hierbei, dass je nach Art des chemischen Prozesses folgende Möglichkeiten bestehen: Recycling in den geschlossenen Kreislauf (*Closed-Loop* Recycling[VI], Polymer A zu Polymer A) und Recycling im offenen Kreislauf (*Open-Loop* Recycling[VII], Polymer A zu Polymer B).

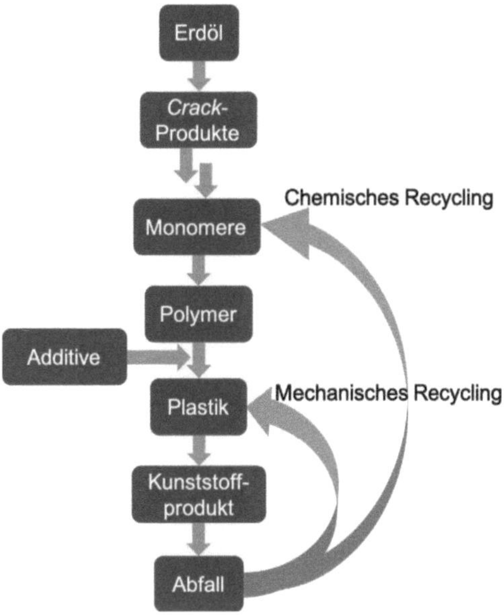

Abbildung 19. Chemisches Recycling vs. mechanisches Recycling.

Durch diese Umwandlungsmöglichkeiten eröffnet sich ein breites und flexibles Spektrum an Optionen, von der Rückgewinnung des Ausgangspolymers bis hin zur Herstellung gänzlich neuer Kunststoffe.
Was bedeutet das chemische Recycling für unseren PET-Kunststoff? Starten wir mit unserem PET-Modell, das aus 100 sich wiederholenden Einheiten (A-B) besteht (*siehe Kapitel 6*). Zusätzlich enthält das Material

[VI] Bei dieser Betrachtung steht das Material im Vordergrund und nicht das Produkt.
[VII] Bei dieser Betrachtung steht das Material im Vordergrund und nicht das Produkt.

auch Farbstoffe (**D**), Additive (**E**) und Verunreinigungen durch den Gebrauch (**F**):

A-B-A-B... **D,E,F**

Zur Depolymerisation werden die PET-haltigen Abfälle in einem Reaktionskessel mit dem Depolymerisationsmittel Methanol und einem Katalysator unter Wärmeeinwirkung abgebaut.[285] Durch diesen Prozess wird das PET-Polymer vollständig zerlegt und es entstehen die bereits bekannten Monomere Dimethylterephthalat ($\mathbf{C}_{10}H_{10}O_4$) (100 **A**-Bausteine) und Ethylenglykol ($\mathbf{C}_2H_6O_2$) (100 **B**-Bausteine).[VIII,IX]
Die bei der Depolymerisation anfallenden Monomere enthalten typischerweise noch Verunreinigungen wie Additive, Reaktionsneben-produkte, Katalysatorreste oder Abbauprodukte (**D**, **E** und **F**). Um diese zu entfernen und die Monomere für die Anforderungen an eine erneute Polymerisation vorzubereiten, werden sie durch verschiedene Reinigungsschritte aufbereitet. Zu den gängigen Verfahren zählen die Destillation (*siehe Kapitel 5*), die sich zur Abtrennung flüchtiger Bestandteile wie Ethylenglykol (**B**) oder überschüssigem Methanol eignet, und die Kristallisation[X], die zur Reinigung von Dimethyl-terephthalat (**A**) eingesetzt wird. Diese Prozesse führen zur Gewinnung von Monomeren mit hoher Reinheit.

[VIII] Für diese Variante des PET-Abbaus wird als Reaktionspartner Methanol benötigt, das bei der Polymerisation wieder frei wird, sodass für das Depolymerisationsreagenz ein Kreislauf entsteht.
[IX] Anstelle von Methanol als Depolymerisationsreagenz kann z. B. auch Wasser genutzt werden, allerdings ergeben sich dann als Produkte: Terephthalsäure ($\mathbf{C}_8H_6O_4$) und Ethylenglykol ($\mathbf{C}_2H_6O_2$).
[X] Kristallisation ist ein Prozess, bei dem sich aus einer Flüssigkeit oder einem Gas Kristalle bilden. Dabei ordnen sich die Teilchen (Atome, Ionen oder Moleküle) in einer regelmäßigen Struktur an.

Anschließend werden **A** und **B** im Polymerisationsprozess wieder zu PET (rPET) zusammengesetzt, allerdings mit recycelten Einheiten (*Abbildung 20*). Dabei kann die Länge der Kette bzw. die Anzahl der Kettenglieder aufgabenspezifisch eingestellt werden.

A-B-A-B-A-B-A-B-A-B-A-B-A-B-A-B-A-B-A-B-A-B-A-B-A-B-A-B-
A-B-A-B-A-B-A-B-A-B-A-B-A-B-A-B-A-B-A-B-A-B-A-B-A-B-A-B-
A-B-A-B-A-B-A-B-A-B-A-B-A-B-A-B-A-B-A-B-A-B-A-B-A-B-A-B-
A-B-A-B-A-B-A-B-A-B-A-B-A-B-A-B-A-B-A-B-A-B-A-B-A-B-A-B-
A-B-A-B-A-B-A-B-A-B-A-B-A-B-A-B-A-B-A-B-A-B-A-B-A-B-A-B-
A-B-A-B-A-B-A-B-A-B-A-B-A-B-A-B-A-B-A-B-A-B-A-B-A-B-A-B-
A-B-A-B-A-B-A-B-A-B-A-B-A-B-A-B-A-B-A-B-A-B-A-B-A-B-A-B-
A-B-A-B

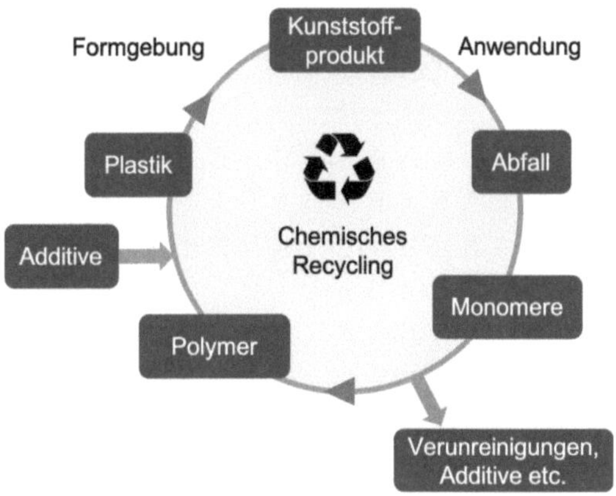

Abbildung 20. Chemisches Recycling.

Der beschriebene Polymerisationsprozess entspricht dem für *Virgin*-PET aus fossilen Ressourcen, sodass eine Integration der Depolymerisationsprodukte **A** und **B** in die für *Virgin*-PET etablierte Produktion gegeben ist. Während das mechanische Recycling mit bereits fertigen Kunststoffprodukten arbeitet, setzen wir beim chemischen Recycling an einem früheren Punkt im Produktionsprozess an, nämlich bei den Grundbausteinen der Kunststoffe (*Abbildung 19*).

Im vorliegenden Fall entspricht die Anzahl der sich wiederholenden Einheiten (**A**-**B**) 100 und somit dem ursprünglichen Polymer. Wenn wir das *Virgin*-PET und das rPET nebeneinander- oder übereinanderlegen, können wir keinen Unterschied erkennen – das chemische Recycling bringt uns also tatsächlich zum Ausgangspunkt zurück.[XI]
Das gezeigte Beispiel nutzt den vollständigen Abbau zu den Monomeren als Ansatz. Eine energiesparende Variante davon ist der unvollständige Abbau zu kleineren Fragmenten, bei dem nach der Abtrennung von Additiven und Verunreinigungen die Fragmente wieder zu einem vollständigen Polymer zusammengesetzt werden.

Das Abfallpolymer wird durch Depolymerisation zu:

A-B-A-B-A-B-A-B-A-B-A-B
A-B-A-B-A-B-A-B-A-B-A-B-A-B-A-B-A-B-A-B-A
B-A-B-A-B-A-B-A-B-A-B-A-B-A-B
A-B-A-B-A-B-A-B-A
B-A-B-A-B-A-B-A-B-A-B-A-B-A-B-A-B-A-B-A-B-A-B
A-B-A-B-A-B-A-B-A-B-A-B-A-B-A-B-A-B-A
B-A-B-A-B-A-B-A-B-A-B-A-B-A-B-A-B-A-B-A-B
A-B-A-B-A-B-A-B-A-B-A-B-A-B-A
B-A-B-A-B-A-B-A-B-A-B-A-B-A-B-A-B-A
B-A-B-A-B-A-B-A-B-A
B-A-B-A-B-A-B-A-B-A-B-A-B-A-B-A-B-A-B-A-B
A-B-A-B-A-B-A-B-A-B-A-B-A-B-A-B

wird durch Polymerisation zu:

A-B-A-B-A-B-A-B-A-B-A-B-A-B-A-B-A-B-A-B-A-B-A-B-A-B-A-B-
A-B-A-B-A-B-A-B-A-B-A-B-A-B-A-B-A-B-A-B-A-B-A-B-A-B-A-B-
A-B-A-B-A-B-A-B-A-B-A-B-A-B-A-B-A-B-A-B-A-B-A-B-A-B-A-B-
A-B-A-B-A-B-A-B-A-B-A-B-A-B-A-B-A-B-A-B-A-B-A-B-A-B-A-B-
A-B-A-B-A-B-A-B-A-B-A-B-A-B-A-B-A-B-A-B-A-B-A-B-A-B-A-B-

[XI] *Downcycling*-Index: 100 % bzw. >100 %

A-B-A-B-A-B-A-B-A-B-A-B-A-B-A-B-A-B-A-B-A-B-A-B-A-B-A-B-
A-B-A-B-A-B-A-B-A-B-A-B-A-B-A-B-A-B-A-B-A-B-A-B-A-B-A-B

Nach der Fertigstellung des Polymers können Farbstoffe (**G**) und Additive (**H**) hinzugefügt werden, um die Materialeigenschaften einzustellen.[XII] Hierbei ist die Qualität dieser recycelten Kunststoffe nicht von der Qualität von *Virgin*-Kunststoffen zu unterscheiden, d. h., es kommt insgesamt zu keinem Qualitätsverlust. Es ist sogar möglich, die Qualität zu verbessern.[XIII] Beispielweise kann ein in der Qualität niedriges *Downcycling*-Kunststoffprodukt durch das chemische Recycling wieder zu hochwertigen Kunststoffprodukten umgewandelt bzw. aufgewertet werden (*Abbildung 21*).

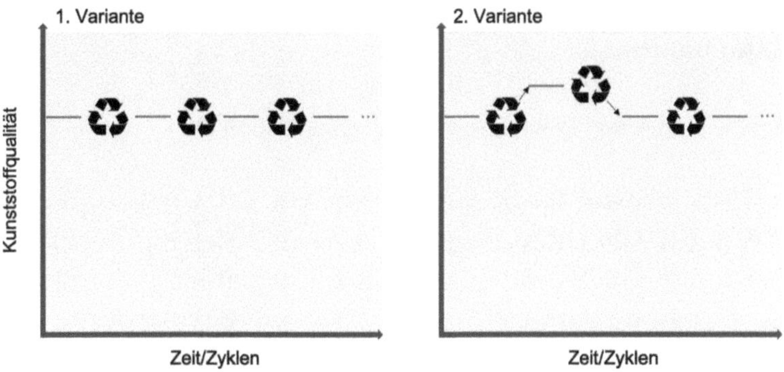

Abbildung 21. Kunststoffqualität vs. chemisches Recycling.

Dies ermöglicht eine viel breitere Anwendungspalette der recycelten Kunststoffe, vergleichbar der Breite der *Virgin*-Kunststoffe. Wenn wir das Beispiel der PET-Flasche wieder aufgreifen, die mechanisch nicht mehr recycelbar war und zu Textilien im *Downcycling* wurde, ermöglicht das chemische Recycling eine Wiederherstellung der PET-Flasche aus den Abfalltextilien.[286]

[XII] G gleich/ungleich D; H gleich/ungleich E
[XIII] Recycling 1. Ordnung

Darüber hinaus erlaubt das chemische Recycling die Entfernung von Schadstellen (**X**), die durch Alterung oder durch das mechanische Recycling/*Downcycling* entstehen.

A-B-A-B-A-B-A-B-A-**X**   **X**-B-A-B-A-B-A-B-A-B-A-B-A-B-A-B-A-
B-A-B-A-B-A-B-A-B-A-B-A-B-A-B-A-B-A-B-A-B-A-B-A-B-A-B-A-
B-A-B-A-B-A-B-A-B-A-B-A-B-A-B-A-B-A-B-A-B-A-B-A-B-A-B-A-
B-A-B-A-B-A-B-A-B-A-B-A-B-A-B-A-B-A-B-A-B-A-B-A-B-A-B-A-
B-A-B-A-B-A-B-A-B-A-B-A-B-A-B-A-B-A-B-A-B-A-B-A-B-**X**   **X**-A-
B-A-B-A-B-A-B-A-B-A-B-A-B-A-B-A-B-A-B-A-B-A-B-A-B-A-B-A-
B-A-B-A-B-A-B-A-B-A-B-A-B-A-B-A-B-A-B-A-B-A-B-A-B-A-B-A-
B-A-B-A-B

Wird durch Depolymerisation zu: 98 **A**- und 98 **B**-Bausteine und 4 defekten Bausteine **X**.

Die Bausteine **A** und **B** werden durch Polymerisation zu:

A-B-A-B-A-B-A-B-A-B-A-B-A-B-A-B-A-B-A-B-A-B-A-B-A-B-A-B-
A-B-A-B-A-B-A-B-A-B-A-B-A-B-A-B-A-B-A-B-A-B-A-B-A-B-A-B-
A-B-A-B-A-B-A-B-A-B-A-B-A-B-A-B-A-B-A-B-A-B-A-B-A-B-A-B-
A-B-A-B-A-B-A-B-A-B-A-B-A-B-A-B-A-B-A-B-A-B-A-B-A-B-A-B-
A-B-A-B-A-B-A-B-A-B-A-B-A-B-A-B-A-B-A-B-A-B-A-B-A-B-A-B-
A-B-A-B-A-B-A-B-A-B-A-B-A-B-A-B-A-B-A-B-A-B-A-B-A-B-A-B-
A-B-A-B-A-B-A-B-A-B-A-B-A-B-A-B-A-B-A-B-A-B-A-B-A-B-A-B

Auf Grund der Möglichkeit einer gleichbleibenden Qualität bietet das chemische Recycling theoretisch ein endloses Recycling der Kunststoffe und unseres darin enthaltenes Kohlenstoffatom (**C**) (*Abbildung 20*).[XIV] Wir sind also bei *„Aus Alt mach Neu, unendlich oft"* angekommen.
Realistischerweise müssen wir jedoch davon ausgehen, dass eine vollständige Umwandlung des Abfallkunststoffes in recycelten Kunststoff nicht erreicht werden kann – es treten immer Verluste auf. Setzen wir eine durchschnittliche Ausbeute von 95 %[XV] an, so würde nach etwa

[XIV] Evtl. Verluste durch den Prozess sind hier nicht berücksichtigt.
[XV] Entspricht der Recyclingeffizienz.

90 Recyclingzyklen nur noch 1 % des ursprünglichen Polymers im recycelten Material enthalten sein. Auch das Auftreten von Schadstellen im Polymer hat Auswirkungen. In unserem Beispiel führen zwei Schadstellen im Polymer zu einem unwiederbringlichen Verlust von zwei Einheiten. Dies entspricht einer Abnahme von 2 % im Vergleich zum ursprünglichen *Virgin*-Polymer. Das bedeutet, dass zur Erhaltung der Materialmenge ein gewisser Anteil an *Virgin*-Polymer hinzugefügt werden muss. Gleiches gilt für die Deckung eines Wachstums der Kunststoffmenge – Recycling kann lediglich die vorhandene Abfallmenge verarbeiten und ist somit mengenmäßig begrenzt.

Insgesamt kann aber ein Beitrag zu einer nachhaltigeren Kreislaufwirtschaft (*Circular Economy*, *Circular Plasticonomy*) und zu einem effizienteren Umgang mit Ressourcen geleistet werden. Das chemische Recycling bietet die Möglichkeit eine Verringerung der Abhängigkeit vom Erdöl, da der Abfall als Ressource für neue Kunststoffe genutzt wird. Auch die CO_2-Bilanz wird besser eingeschätzt als für die Herstellung des *Virgin*-Kunststoffes, z. B. für PET wird ein etwa 40 % geringeres Treibhausgaspotential angenommen.[287] Wie beim mechanischen Recycling oder *Downcycling* besteht auch hier die Notwendigkeit eines Energieeinsatzes, um den Abbauprozess durchzuführen, da wir uns mit dem Polymer in einer energetischen Senke befinden. Um in Richtung Monomer zu gelangen, ist die Zugabe von Energie erforderlich.[XVI] Beispielsweise werden für das chemische Recycling 29–73 MJ[XVII] pro kg PET benötigt, während für das mechanische Recycling nur 8,6 MJ pro kg PET erforderlich sind – das sind 70–88 % weniger.[288] Der Energieeinsatz für das chemische Recycling ist höher, aber die Qualität entspricht der von *Virgin*-PET. Im Gegensatz dazu tritt beim mechanischen Recycling eine Qualitätsminderung auf, weshalb in einer spezifischen Anwendung eine Kosten-Nutzen-Rechnung angestellt werden muss, um zu entscheiden, ob chemisches oder mechanisches Recycling sinnvoller ist. Für ein Kilogramm PET aus dem mecha-

[XVI] Die Energiemenge lässt sich durch z. B. die Zugabe von Katalysatoren verringern oder durch Prozessoptimierungen.

[XVII] Es gibt unterschiedliche Verfahrenskonzepte für das chemische Recycling von PET, die einen unterschiedlichen Energiebedarf aufweisen: Hydrolyse, Glykolyse und Methanolyse.

nischen Recycling wird ein minimaler Verkaufspreis von 0,48 € geschätzt, während für das chemische Recycling[XVIII] ein fast doppelt so hoher Preis von 0,86–0,94 € erwartet wird. Zudem gibt es für rPET aus dem mechanischen Recycling Preisabstufungen, abhängig von der Qualität (rPET Flaschenqualität > rPET Textilienqualität).
Vergleicht man die notwendige Energiemenge für die Neuherstellung von 1 kg *Virgin*-PET (107 MJ) mit der für das chemische Recycling (29–73 MJ), zeigt sich neben der Materialersparnis auch eine Energieersparnis von 32–73 %. Darüber hinaus wird geschätzt, dass einige chemische Recyclingverfahren auch preislich bereits mithalten können: Der minimale Verkaufspreis für 1 kg liegt bei 0,86–0,94 € im Vergleich zu *Virgin*-PET, das etwa 1,07 € kostet. Der aktuelle Preis für rPET beträgt 1,19 €[289] pro Kilogramm, während *Virgin*-PET bei 1,11 €[290] aufgerufen werden. Für rPET gibt es einen Premiumaufschlag von ca. 7 % aufgrund der hohen Nachfrage, um auch den gesetzlich vorgeschriebenen Rezyklatanteil[XIX] für Verpackungen zu erfüllen, der sich bis zum Jahr 2030 schrittweise auf 30 % erhöht.[291]
Mit PET besteht die Möglichkeit eines *Open-Loop* Recyclings.[XX] Nach der Depolymerisation von PET kann beispielsweise eines der Monomere, wie Ethylenglykol ($\mathbf{C}_2H_6O_2$) (**B**) durch ein anderes Monomer, wie 1,4-Butandiol ($C_4H_{10}O_2$) (**J**) ersetzt werden. Dadurch entsteht nach der Polymerisation mit Dimethylterephthalat ($\mathbf{C}_{10}H_{10}O_4$) (**A**) ein neues Polymer, Poly(butylenterephthalat) (PBT), das andere Eigenschaften und Anwendungsprofile als PET aufweist.

A-J-A-J-A-J-A-J-A-J-A-J-A-J-A-J-A-J-A-J-A-J-A-J-A-J-A-J-A-J-A-J-A-J-A-J-A-J-A-J-A-J-A-J-A-J-A-J-A-J-A-J-A-J-A-J-A-J-A-J-A-J-A-J-A-J-A-J-A-J-A-J-A-J-A-J-A-J-A-J-A-J-A-J-A-J-A-J-A-J-A-J-A-J-A-J-A-J-A-J-A-J-A-J-A-J-A-J-A-J-A-J-A-J-A-J-A-J-A-J-A-J-A-J-A-J-A-J-A-J-A-J-A-J-A-J-A-J-A-J-A-J-A-J-A-J-A-J-A-J-A-J-A-J-A-J-A-J-A-J-A-J-A-J-A-J-A-J-A-J-A-J-A-J-A-J-A-J-A-J-A-J-A-J-A-J-A-J-A-J-A-J

[XVIII] Es gibt unterschiedliche Verfahrenskonzepte für das chemische Recycling von PET, die unterschiedliche Kosten aufweisen: Hydrolyse, Glykolyse und Methanolyse.
[XIX] EU Direktive 94/62/EG
[XX] Daneben besteht auch die Möglichkeit eines *Plastic-to-Chemicals*-Ansatzes. Dabei kann der Kunststoffabfall in für die chemische Industrie nützliche Chemikalien umgewandelt werden, die nicht in der Kunststoffindustrie Anwendung finden.

Das gewonnene PBT kann nach seiner Nutzungsphase ebenfalls in einem *Closed-Loop* chemisch recycelt werden. Alternativ besteht die Möglichkeit (*Open-Loop*), 1,4-Butandiol ($C_4H_{10}O_2$) (**J**) gegen Ethylenglykol ($\mathbf{C}_2H_6O_2$) (**B**) auszutauschen, um so wieder zum PET zurückzukehren.

Wichtig ist zu beachten, dass jede Kunststoffart ein maßgeschneidertes Konzept für ein chemisches Recycling benötigt. Es existiert kein universelles Abbau-Verfahren das alle Kunststoffe einschließt – und es wird auch keines geben. Die gezeigten Vorteile sprechen für den Einsatz von chemischen Recyclingverfahren. Allerdings zeigen die Anteile an der aktuellen Kunststoffverwertung ein anderes Bild: Weniger als 1 % der Plastikabfälle werden chemisch recycelt (Bundesrepublik Deutschland, 2021).[292]

Was sind die Gründe dafür?

Einerseits gibt es technische Herausforderungen, andererseits wirtschaftliche. Der Aufbau einer chemischen Recyclinganlage ist mit hohem zeitlichen, technischen und regulatorischen Aufwand sowie finanziellem Risiko verbunden und weist eine wesentlich höhere Komplexität auf als Anlagen für das mechanische Recycling. Beispielsweise werden die Investitionskosten für eine PET-Recyclinganlage mit einer Kapazität von 160.000 Tonnen pro Jahr auf ca. 1 Milliarde Euro geschätzt.[293] Auch die Heterogenität der Abfallströme und die Robustheit der Verfahren stellen Herausforderungen dar.

Darüber hinaus wurde zu lange an der thermischen Verwertung festgehalten, aufgrund ihrer Einfachheit und vergleichsweise geringeren Kosten, sodass sich erst mit der Perspektivänderung zur Bedeutung von Kohlenstoffdioxid und der steigenden Bepreisung/Besteuerung für Kohlenstoffdioxid-Emissionen (55 € pro Tonne, 2025)[294] eine Fokusänderung in Richtung des Recyclings erfolgte. Daher wird der Einfluss des chemischen Recyclings erst mittel- bis langfristig sichtbar werden.[295,XXI]

Nachdem wir die Vorteile und Nachteile des chemischen Recyclings betrachtet haben, müssen wir die Vision *„Aus Alt mach Neu, unendlich oft"*

[XXI] Es existiert eine breite Palette wissenschaftlicher Konzepte und industrieller Projekte zum chemischen Recycling, die sich in verschiedenen Entwicklungsstadien befinden, inklusive einiger kommerzieller Produktionsanlagen.

um den Zusatz „*Aus Alt mach Neu, sehr oft, aber mit hohem Aufwand*“ ergänzen.

KAPITEL 16

Feedstock-Recycling – Vom Plastikabfall zurück zur Petrochemie

Im letzten Kapitel haben wir uns mit dem chemischen Recycling von Plastikabfällen beschäftigt, bei dem der Polymeranteil des Abfalls in definierte Monomere oder Bausteine zerlegt wird, um anschließend diese wieder zu „neuen" Polymeren zusammenzusetzen. Daneben gibt es ein vergleichbares Recycling-Konzept, das *Feedstock*-Recycling.[296] Der Kern dieses Prozesses besteht jedoch darin, Kunststoffabfälle in noch elementarere chemische Bausteine, dem *Feedstock* bzw. Rohstoff, zurückzuführen (*Abbildung 22*).

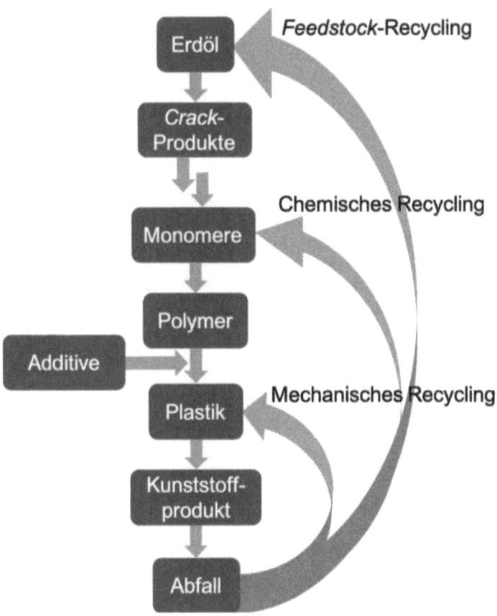

Abbildung 22. Feedstock-Recycling vs. chemisches Recycling vs. mechanisches Recycling.

Dabei entsprechen diese *Feedstock*-Chemikalien nicht den Monomeren wie im chemischen Recycling, sondern sind in der Produktionskette noch weiter vorn angesiedelt und vergleichbar mit den fossilen Ressourcen z. B. Erdöl, d. h., dass zur Rückgewinnung der Kunststoffe ein längerer Weg nötig ist, als bei den anderen Recyclingarten (*siehe Kapitel 5*).[297]

Um die *Feedstock*-Chemikalien aus dem Kunststoffabfall zu generieren, wird z. B. die *Pyrolyse*-Technologie eingesetzt, die wir als Grundkonzept bereits bei der Herstellung des Erdöls in der Lithosphäre kennengelernt haben (*siehe Kapitel 2*).[298] Durch die Anwendung kontrollierter Hitze (>300 °C – >600 °C[I]) in einer sauerstofffreien Umgebung werden Kunststoffabfälle in *Pyrolyse*-Reaktoren[II] in molekulare Bausteine zerlegt.[299] Im Gegensatz zum chemischen Recycling erfolgt hierbei nicht zwingend eine selektive Trennung an den Verknüpfungspunkten, vielmehr kann eine gewisse „willkürliche" Aufspaltung der Verbindungen stattfinden. Dieser Prozess führt zur Bildung einer Mischung von unterschiedlichen Chemikalien[III] (*Pyrolyse*-Gase[IV], *Pyrolyse*-Öle[V], *Pyrolyse*-Feststoffe[VI]), die eine gewisse Ähnlichkeit zu fossilen Ressourcen aufweist, d. h., dass unser markierter Kohlenstoff (**C**) jetzt in einer Vielzahl von Chemikalien enthalten ist.[300] Die erhaltene Chemikalienmischung kann anschließend in die etablierten Prozessschritte zur Kunststoffproduktion eingespeist oder gekoppelt werden, wobei nicht zwangsläufig der im Abfall enthaltene Kunststoff zurückgewonnen werden muss, sondern vielmehr eine breite Variation anderer Kunststoffe möglich ist (*siehe Kapitel 5*).

Die Einleitung des *Feedstocks* in den Produktionsprozess ermöglicht einen geschlossenen Kreislauf (*Closed-Loop* Recycling) oder offenen

[I] Abhängig vom jeweiligen Verfahren

[II] Z. B. Drehrohröfen, Wirbelschichtreaktoren oder Festbettreaktoren

[III] Die Zusammensetzung und die Verhältnisse hängen von verschiedenen Faktoren ab, wie z. B. Art des Abfalls, Reaktortyp, Bedingungen im Reaktor.

[IV] *Pyrolyse*-Gase: Diese Gase bestehen hauptsächlich aus Kohlenwasserstoffen wie Methan, Ethan, Propan, Butan und Wasserstoff.

[V] *Pyrolyse*-Öle: Diese Öle sind komplexe Gemische aus Kohlenwasserstoffen, die in ihrer Zusammensetzung Rohöl ähneln. Sie können in Raffinerien zu Kraftstoffen (wie Benzin oder Diesel) oder zu petrochemischen Produkten weiterverarbeitet werden.

[VI] *Pyrolyse*-Feststoffe: Diese sind feste Rückstande, die hauptsächlich aus Kohlenstoff bestehen.

Kreislauf (*Open-Loop* Recycling) und unterstützt die *Circular Plasticonomy*. Aufgrund der niedrigen Selektivität der *Pyrolyse* ist eine vollständige Rückgewinnung des Polymers im *Closed-Loop* Recycling schwer realisierbar und somit die Recyclingeffizienz im Vergleich zu den anderen Recyclingmethoden niedriger.[VII]

Des Weiteren sind auch andere Chemikalien aus dem *Feedstock* zugänglich, die nicht notwendigerweise für den Kunststoffkreislauf verwendet werden, wie beispielsweise Treibstoffe.[301] Allerdings muss hier die Frage gestellt werden, ob wir uns noch innerhalb der Grenzen der *Plastiksphäre* befinden oder nicht eher im Bereich *Plastic-to-X* bzw. im Falle von Treibstoff im Bereich *Waste-to-Power*/*Plastic-to-Power*[VIII]?[302]

Eine weitere Option für das *Feedstock*-Recycling ist der Abbau des Kunststoffabfalls nicht in erdölähnliche Chemikalien, sondern in Kohlenstoffmonoxid und Wasserstoff (H_2), die anschließend in einer Aufbaureaktion zu für die Kunststoffchemie geeigneten Verbindungen kombiniert werden (*siehe Fischer-Tropsch-Synthese, Kapitel 4*).[303]

Insgesamt erlaubt das *Feedstock*-Recycling eine Unabhängigkeit des recycelten Kunststoffs vom ursprünglichen Abfallkunststoff, was bei den anderen Recyclingarten nicht gegeben ist bzw. beim chemischen Recycling[IX] nur bedingt zutrifft. Auch für das *Feedstock*-Recycling gilt eine Qualitätsunabhängigkeit zwischen Abfallkunststoff und recyceltem Kunststoff, sodass eine Erhöhung der Qualität möglich ist und die Qualität der von *Virgin*-Kunststoffen entspricht.[X,XI] Ein wesentlicher Vorteil der *Pyrolyse* besteht darin, dass sie die Möglichkeit bietet, verschiedene Arten von Kunststoffabfällen zu verarbeiten, was dem Verfahren eine hohe Flexibilität verleiht, z. B. die Deckel (PP oder PE)[XII] unserer Wasserflasche.[304] Die Integration von *Feedstock*-Recycling

[VII] Nehmen wir an, dass unser Kunststoff nur aus der *Pyrolyse*-Öl-Fraktion gebildet werden kann, dann entspricht die Recyclingeffizienz 70–80 %, allerdings nur wenn alle Komponenten des *Pyrolyse*-Öles für die Herstellung des Kunststoffes geeignet sind.

[VIII] Bei der Nutzung als Treibstoff ist die Energiebilanz zu berücksichtigen und eine direkte Verbrennung des Abfalls ist vorzuziehen.

[IX] Einige durch das chemische Recycling gewonnene Monomere können auch für andere Kunststoffe genutzt werden, allerdings bleibt das chemische Grundmotiv im Monomer enthalten.

[X] *Downcycling*-Index: 100 % oder >100 %

[XI] Recycling 1. Ordnung

[XII] Für den PET-Flaschenkörper ist das chemische Recycling besser geeignet.

in industrielle Prozesse schont die begrenzten fossilen Ressourcen und minimiert gleichzeitig die Umweltauswirkungen von Kunststoffen.

Allerdings gibt es auch einige negative Aspekte, die die positive Effekte des *Feedstock*-Recyclings reduzieren. Die Bildung einer Vielzahl unterschiedlicher Chemikalien und Stoffgruppen je nach angewendetem Verfahren, beispielsweise 70–80 % *Pyrolyse*-Öle und etwa 10 % Gase, erfordert geeignete Abnehmer für alle entstehenden Fraktionen, um zu neuen Kunststoffen zu kommen und den Kohlenstoff (**C**) in der *Plastiksphäre* zu halten.[305] Auch ist eine gewisse Sortenreinheit des Kunststoffabfalls notwendig.[306] Die Qualität des *Input*-Materials spielt eine Rolle für die Qualität der *Pyrolyse*-Produkte.

Zudem wird für das Durchführen des *Feedstock*-Recyclings ebenfalls Energie benötigt. Diese Energie wird oft durch die energetische Verwertung der Gaskomponenten im *Pyrolyse*-Gas gewonnen. Dabei wird ein Teil des ehemaligen Kunststoffes verbrannt und zu Energie, Kohlenstoffdioxid (**CO_2**) und Wasser umgewandelt, was die CO_2e-Bilanz des Prozesses beeinflusst.

Somit könnten maximal 70–80 % des ursprünglichen Kunststoffes wieder in neuen Kunststoff überführt werden, wobei sich mit jedem weiteren Zyklus eine Reduktion der nutzbaren Ressource ergibt. Nach 13–21 Nutzungszyklen würde der Anteil des ursprünglichen Kunststoffes bei nur noch 1 % liegen, während 99 % in Kohlenstoffdioxid (**CO_2**) umgewandelt worden wären.

Insgesamt sind wir also auch beim *Feedstock*-Recycling bei *„Aus Alt mach Neu, unendlich oft"* angekommen, wobei auch hier eher gilt: *„Aus Alt mach Neu, oft, aber mit hohem Aufwand, wobei Neu materialtechnisch nicht Alt entsprechen muss"*. Allerdings bleiben der Energieaufwand und die CO_2-Bilanz Herausforderungen, die gelöst werden müssen.[307,XIII]

[XIII] Es existiert eine breite Palette wissenschaftlicher Konzepte und industrieller Projekte zum *Feedstock*-Recycling, die sich in verschiedenen Entwicklungsstadien befinden, inklusive einiger kommerzieller Produktionsanlagen.

KAPITEL 17

Im Dschungel der Optionen – Was ist wirklich das beste Recycling?

Nach der Betrachtung der unterschiedlichen Recyclingmethoden stellt sich unweigerlich die Frage: Welche Methode ist in Bezug auf Materialqualität, Effizienz, Energiebedarf, Umweltverträglichkeit und Nachhaltigkeit die beste?

Um diese Frage zu beantworten, bedarf es einer detaillierten Analyse und eines Vergleichs der verschiedenen Ansätze – vom mechanischen Recycling über das *Downcycling* bis hin zum chemischen Recycling und *Feedstock*-Recycling (sowie energetischem Recycling[I]). Besonders entscheidend ist hierbei auch der Blick über einen einzelnen Recycling-Zyklus hinaus – also die Frage, wie sich jede Methode langfristig auf den Materialkreislauf bzw. die *Circular Plasticonomy* auswirkt. Jede dieser Methoden bringt spezifische Stärken und Schwächen mit sich, die wir im Folgenden näher beleuchten. Um die verschiedenen Methoden besser zu vergleichen, nutzen wir eine vereinfachte *SWOT*-Analyse[II].[308] Für diese Analyse betrachten wir jede Recyclingmethode in ihrer Gesamtheit, ohne auf feinere Unterschiede innerhalb der Verfahren einzugehen.

Eine erfolgreiche Materialsammlung und gegebenenfalls Reinigung der Kunststoffabfälle bilden die Grundlage für alle Recyclingverfahren, mit Ausnahme der energetischen Verwertung. Im Folgenden konzentrieren wir uns deshalb ausschließlich auf die Prozesse innerhalb der Recyclinganlagen. Das bedeutet, wir betrachten die Schritte ab der Anlieferung der gesammelten Materialien (*In Gate*).

[I] Energetische Verwertung

[II] *SWOT* = *Strengths* (Stärken), *Weaknesses* (Schwächen), *Opportunities* (Chancen), *Threats* (Bedrohungen)

Mechanisches Recycling –
Bewährter Standard mit Einschränkungen (*siehe Kapitel 13*)
Das mechanische Recycling ist das gängigste Verfahren, bei dem Kunststoffabfälle durch physikalische Prozesse wie Zerkleinern, Waschen und Schmelzen zu neuen Rohstoffen verarbeitet werden, ohne die chemische Struktur des Polymeranteils zu verändern.

Stärken:

- *Energieeffizienz*: Mechanisches Recycling von Kunststoffen erfordert im Vergleich zur Neuproduktion weniger Energie. Dies führt zu einer deutlichen Reduzierung des CO_2-Fußabdrucks in der Kunststoffverarbeitung und macht es insgesamt zu einem energieeffizienten Verfahren.
- *Rohstoffeffizienz*: Durch die Wiederverwendung bestehender Materialien und einer hohen Recyclingeffizienz reduziert das mechanische Recycling den Bedarf an primären Rohstoffen, wie beispielsweise Erdöl oder Erdgas.
- *Abfallreduktion*: Diese Methode trägt zur Verringerung der Abfallmenge bei, indem sie Kunststoffabfälle wiederverwendet und so die Deponie- und Verbrennungsbelastung reduziert.
- *CO_2-Einsparung*: Mechanisches Recycling verursacht im Vergleich zur Primärproduktion von Kunststoffen sowie zu anderen Recyclingverfahren[III] wie chemischem Recycling und *Feedstock*-Recycling geringere Treibhausgasemissionen.
- *Skalierbarkeit*: Das mechanische Recycling ist eine bewährte und etablierte Technologie, die sich durch ein hohes Potenzial zur schnellen und kosteneffizienten Ausweitung auszeichnet. Im Vergleich zu anderen Recyclingverfahren (chemischem Recycling, *Feedstock*-Recycling) sind die Investitionskosten geringer, was eine zügigere Implementierung und Skalierung ermöglicht.
- *Wirtschaftlichkeit*: Mechanisches Recycling zeichnet sich durch seine Kosteneffizienz aus, da es im Vergleich zu anderen Recyclingverfahren (chemischem Recycling, *Feedstock*-Recycling) und der Neu-

[III] Bezogen auf den 1. Zyklus

produktion von Kunststoffen geringere Betriebskosten und Investitionskosten verursachten.

- *Schadstoffentstehung*: Das mechanische Recycling verursacht nur geringe Schadstoffemissionen, da im Gegensatz zu chemischen Verfahren keine bzw. wenig zusätzliche Chemikalien oder Lösungsmittel benötigt werden.

Schwächen:

- *Qualitätsverlust*: Ein wesentlicher Nachteil des mechanischen Recyclings ist der mögliche Qualitätsverlust des recycelten Materials. Durch den Recyclingprozess können Kunststoffeigenschaften wie Festigkeit, Haltbarkeit und Farbe beeinträchtigt werden, was zu einem Produkt führt, das möglicherweise nicht die gleiche Qualität aufweist, wie das ursprüngliche Material (*Downcycling*-Index: <100 %, Recycling 2. Ordnung).
- *Zyklenzahl*: Die Zyklenzahl dieses Recyclings ist begrenzt, da die Materialqualität mit jedem weiteren Recyclingdurchgang abnimmt.
- *Materialbeschränkungen*: Das mechanische Recycling ist nicht für alle Kunststofftypen gleichermaßen geeignet. Die mechanische Recyclingfähigkeit einiger Kunststoffe wird durch ihre spezifische Zusammensetzung oder Beschaffenheit eingeschränkt, was die Effektivität des Verfahrens insgesamt beeinträchtigt.
- *Sortieraufwand*: Das mechanische Recycling erfordert eine sorgfältige Sortierung und gründliche Reinigung der *Input*-Materialien. Dies ist notwendig, um Verunreinigungen zu entfernen und in Konsequenz eine hohe Qualität des Rezyklats sicherzustellen. Der damit verbundene Aufwand ist zeitintensiv und kann zu Zusatzkosten führen.
- *Integration*: Die Verarbeitungsmethoden des mechanischen Recyclings weisen Ähnlichkeiten zu den Produktionsprozessen basierend auf *Virgin*-Kunststoffen. Dies ermöglicht eine (nahtlose) Integration in bestehende Produktionsanlagen und Infrastrukturen.

Chancen:

- *Verbesserte Technologien*: Durch die kontinuierliche Weiterentwicklung von Sortier- und Reinigungstechnologien besteht die Chance, die Effizienz des mechanischen Recyclings weiter zu steigern. Fortschritte in der Automatisierung und Sensorik können den Sortierprozess beschleunigen und insgesamt die Qualität der recycelten Materialien (weiter) verbessern.

- *Erweiterung der Akzeptanz:* Die zunehmende Sensibilisierung für Umweltfragen und staatliche Fördermaßnahmen für Recyclingpraktiken bieten die Chance, die Akzeptanz von mechanischen Recyclingprodukten bei den Konsumenten zu steigern.
- *Kreislaufwirtschaft:* Eine bedeutende Chance des mechanischen Recyclings liegt in seiner Integration in Kreislaufwirtschaftsmodelle. Indem recycelte Kunststoffe als Rohstoffe für die Produktion neuer Produkte dienen, wird ein geschlossener Materialkreislauf geschaffen. Dies fördert nachhaltige Produktionspraktiken, reduziert die Abhängigkeit von fossilen Rohstoffen und trägt zu einer effizienteren Ressourcennutzung bei. Die Integration in *Circular Economy* fördert eine effizientere Ressourcennutzung und trägt zu einer nachhaltigeren Wirtschaft bei.

Bedrohungen:

- *Qualitätsprobleme*: Ein wesentlicher Nachteil und eine potenzielle Bedrohung für das mechanische Recycling stellen Qualitätsprobleme dar. Durch den Recyclingprozess können Qualitätsmängel auftreten, die die Wettbewerbsfähigkeit gegenüber anderen Recyclingverfahren mindern können. Produkte aus recyceltem Material könnten in Bezug auf Festigkeit, Haltbarkeit oder Ästhetik beeinträchtigt sein, was die Marktakzeptanz verringern könnte. Um diese Bedrohung zu bewältigen, ist es entscheidend, die Qualitätssicherung im Recyclingprozess zu verbessern und Technologien zu entwickeln, die eine gleichbleibend hohe Produktqualität gewährleisten.

***Downcycling* – Praktische Lösung mit begrenztem Potenzial (*siehe Kapitel 14*)**

Downcycling beinhaltet die Wiederverwertung von Materialien, aber nicht in ihrer ursprünglichen Form oder Qualität. Das recycelte Material wird in der Regel zu einem qualitativ „minderwertigeren“ Produkt verarbeitet.

***Stärken*:**

- *Energieeffizienz*: Das *Downcycling* erfordert im Vergleich zur Neuproduktion von Kunststoffen einen geringeren Energieaufwand. Dies führt zu einer Reduzierung des CO_2-Fußabdrucks in der Kunststoffverarbeitung und macht es zu einem energieeffizienten Verfahren.
- *Rohstoffeffizienz*: Durch die Wiederverwendung bestehender Materialien und einer hohen Recyclingeffizienz reduziert das *Downcycling* den Bedarf an primären Rohstoffen, wie beispielsweise Erdöl oder Erdgas. Dies schont Ressourcen und trägt zur Verringerung der Rohstoffabhängigkeit bei.
- *Abfallreduktion*: Das *Downcycling* trägt zur Reduzierung der Abfallmengen bei, indem Kunststoffabfälle einer erneuten Nutzung zugeführt werden. Dies verringert die Belastung von Deponien und Verbrennungsanlagen.
- *CO_2-Einsparung*: Das *Downcycling* verursacht im Vergleich zur Primärproduktion von Kunststoffen sowie zu anderen Recyclingverfahren[IV] wie chemischem Recycling und *Feedstock*-Recycling geringere Treibhausgasemissionen.
- *Skalierbarkeit*: Das *Downcycling* basiert auf etablierten Technologien und zeichnet sich durch ein hohes Potenzial zur schnellen und kosteneffizienten Ausweitung aus. Die im Vergleich zu anderen Verfahren (chemisches Recycling, *Feedstock*-Recycling) geringeren Investitionskosten ermöglichen eine rasche Implementierung und Skalierung.
- *Wirtschaftlichkeit*: Das *Downcycling* ist ein kostengünstiges Recyclingverfahren, das aufgrund geringerer Betriebskosten wirtschaftlich attraktiv ist.
- *Schadstoffentstehung*: Das *Downcycling* verursacht nur geringe Schadstoffemissionen, da im Gegensatz zu chemischen Verfahren keine bzw. wenig zusätzliche Chemikalien oder Lösungsmittel benötigt werden.

[IV] Bezogen auf den 1. Zyklus

Schwächen:

- *Qualitätsverlust*: Ein wesentlicher Nachteil des *Downcyclings* ist der (unvermeidliche) Qualitätsverlust des Materials. Da das recycelte Material in qualitativ „minderwertigere" Produkte umgewandelt wird, kommt es zu einer Beeinträchtigung der Materialeigenschaften im Vergleich zum ursprünglichen (*Virgin*-)Material (*Downcycling*-Index: <100 % und kleiner als beim mechanischen Recycling, Recycling 2. Ordnung).
- *Anwendungsbeschränkung*: *Downgecycelte* Produkte weisen aufgrund ihrer geringeren Qualität oft begrenzte Anwendungsmöglichkeiten auf. Die Qualitätseinbußen führen dazu, dass diese Produkte für hochwertige Anwendungen ungeeignet sind, was ihre Marktfähigkeit und Verbreitung einschränkt.
- *Zyklenzahl*: Die Zyklenzahl des *Downcyclings* ist (stark) begrenzt, da die Materialqualität mit jedem Recyclingdurchgang abnimmt. In der Regel kann von nur einem einzigen Zyklus ausgegangen werden.
- *Integration*: Die Verarbeitungsmethoden des *Downcyclings* weisen Ähnlichkeiten zu den Methoden der Herstellung von Produkten aus *Virgin*-Kunststoff und dem mechanischen Recycling auf, was eine gewisse Integration in bestehende Produktionsprozesse ermöglicht. Jedoch ist die Integration durch die Qualitätseinbußen eingeschränkt.

Chancen:

- *Kreislaufwirtschaft*: Durch die Integration von *Downcycling* in Kreislaufwirtschaftsmodelle besteht die Möglichkeit, die Ressourceneffizienz zu steigern und einen Beitrag zur Schließung von Materialkreisläufen zu leisten.

Bedrohungen:

- *Konkurrenzsituation:* Die Entwicklung und Weiterentwicklung anderer Recyclingverfahren wie chemisches Recycling und *Feedstock*-Recycling sowie verbesserte Sortiertechnologien, die das mechanische Recycling begünstigen, stellen einen zunehmenden Wettbewerbsdruck für das *Downcycling* dar und könnten zu einem Verlust von Marktanteilen führen.

Chemisches Recycling –
Technologie mit Potenzial (*siehe Kapitel 15*)

Beim chemischen Recycling wird der Polymeranteil der Kunststoffe in ihre molekularen Bestandteile zerlegt, um daraus Polymere für neue Kunststoffe herzustellen.

Stärken:

- *Hohe Materialqualität*: Eine (herausragende) Stärke des chemischen Recyclings liegt in der Fähigkeit, hochwertige Rezyklate bzw. Materialien herzustellen, die für anspruchsvolle Anwendungen geeignet sind. Durch den selektiven Prozess des Abbaus des Polymeranteils in seine molekularen Bestandteile und anschließende Neusynthese können Kunststoffe von hoher Qualität und Reinheit produziert werden, die den Anforderungen verschiedener Industriezweige entsprechen (*Downcycling*-Index: 100 % oder >100 %[V]).
- *Recyclingeffizienz*: Das chemische Recycling zeichnet sich durch eine hohe Effizienz aus, da selbst stark verunreinigte oder heterogene Kunststoffabfallströme verarbeitet werden können. Dies ermöglicht die Rückführung von Kunststofffraktionen, die für andere Recyclingverfahren (mechanisches Recycling, *Downcycling*) ungeeignet sind.
- *Zyklenzahl*: Im Vergleich zu mechanischem Recycling und *Downcycling* ermöglicht das chemische Recycling eine sehr hohe Zyklenzahl, da die Materialqualität durch den Prozess vollständig wiederhergestellt wird.
- *Abfallreduktion*: Diese Methode trägt zur Verringerung der Abfallmenge bei, indem sie Kunststoffabfälle wiederverwendet und so die Deponie- und Verbrennungsbelastung reduziert.
- *Vielseitigkeit*: Chemisches Recycling bietet eine hohe Vielseitigkeit. Im Gegensatz zu anderen Recyclingmethoden kann chemisches Recycling eine breitere Palette von Kunststoffabfällen verarbeiten, einschließlich solcher mit starken Verschmutzungen, komplexen Materialzusammensetzungen und Polymerstrukturen.

[V] Bezogen auf das Eingangsmaterial.

- *Schließt den Materialkreislauf*: Ein wesentlicher Vorteil des chemischen Recyclings ist die Möglichkeit, den Materialkreislauf vollständig zu schließen, indem es Kunststoffe in ihre Grundbausteine zerlegt und somit ein Recycling 1. Ordnung ermöglicht.
- *CO_2-Einsparung*: Im Vergleich zur Primärproduktion von Kunststoffen und zu anderen Recyclingverfahren (mechanisches Recycling, *Downcycling*) weist das chemische Recycling geringere Treibhausgasemissionen auf. Dies gilt insbesondere bei Betrachtung mehrerer Recyclingzyklen.
- *Wirtschaftlichkeit*: Chemisches Recycling kann kostengünstiger arbeiten als die *Virgin*-Kunststoffproduktion, insbesondere auch bei Berücksichtigung der langfristigen Vorteile und der (steigenden) Kosten für fossile Rohstoffe.

Schwächen:

- *Energieintensiver Prozess*: Eine (wesentliche) Schwäche des chemischen Recyclings ist sein hoher Energieaufwand. Die chemischen Prozesse, die für die Depolymerisation von Kunststoffen und die anschließende Neusynthese erforderlich sind, führen zu einem signifikanten Energieverbrauch, was die ökologische Bilanz des Verfahrens negativ beeinflussen kann.
- *Umweltauswirkungen*: Der Einsatz von Chemikalien im Rahmen des chemischen Recyclings kann potenzielle Umweltauswirkungen haben. Die Handhabung und Entsorgung dieser Chemikalien erfordern strenge Sicherheitsvorkehrungen und Überwachungsmaßnahmen, um Umweltschäden zu minimieren. Zudem können Nebenprodukte entstehen, welche einer besonderen Behandlung bedürfen.
- *Technologische Herausforderungen*: Die Entwicklung und Implementierung von chemischen Recyclingverfahren stellen sowohl technische als auch wirtschaftliche Herausforderungen dar. Die Komplexität der chemischen Prozesse erfordert Investitionen in Forschung und Entwicklung, um effiziente, skalierbare und wirtschaftlich rentable Verfahren zu entwickeln und zu optimieren. Darüber hinaus bedarf die Verarbeitung verschiedener Polymer-

typen maßgeschneiderte Verfahren, was die Komplexität und die Kosten weiter erhöht.

Chancen:

- *Technologische Innovation*: Fortschritte in chemischen Verfahren bieten Potenzial zur Steigerung der Effizienz und Wirtschaftlichkeit des chemischen Recyclings. Durch kontinuierliche Forschung und Entwicklung neuer Technologien können die Prozesse des chemischen Recyclings optimiert und seine Umweltbilanz verbessert werden.
- *Umweltauflagen*: Strengere Umweltauflagen oder Abfallbehandlungsauflagen könnten die Nachfrage nach Recyclingmethoden wie dem chemischen Recycling erhöhen. Als eine Methode, die weniger Umweltauswirkungen hat als die Neuproduktion aus fossilen Ressourcen, könnte das chemische Recycling von strengeren Vorschriften und Nachhaltigkeitsinitiativen profitieren.
- *Integration in die Kreislaufwirtschaft*: Das chemische Recycling kann Teil eines ganzheitlichen Ansatzes zur Förderung der Kreislaufwirtschaft sein. Durch die Rückführung von Materialien als Rohstoffe für die Herstellung neuer Produkte kann das chemische Recycling dazu beitragen, die Ressourceneffizienz zu maximieren und Abfallströme zu minimieren.

Bedrohungen:

- *Öffentliche Bedenken*: Die öffentliche Wahrnehmung potenzieller Umweltauswirkungen chemischer Verfahren stellt eine erhebliche Bedrohung für die Akzeptanz des chemischen Recyclings dar. Die Befürchtung von Risiken im Zusammenhang mit dem Einsatz von Chemikalien kann zu einer ablehnenden Haltung der Konsumenten führen und somit die Markteinführung und den breiten Einsatz des Verfahrens behindern.
- *Konkurrenz mit mechanischem Recycling/Downcycling*: Das chemische Recycling könnte im Wettbewerb mit dem etablierten mechanischen Recycling und *Dowcycling* stehen, das oft als kostengünstigere und umweltfreundlichere Alternative wahrgenommen wird. Sollte sich das mechanische Recycling und *Dowcycling* aufgrund von Kostenvorteilen oder einer besseren Umweltbilanz durchsetzen, könnte

dies die Nachfrage nach chemischem Recycling erheblich reduzieren und dessen wirtschaftliche Rentabilität gefährden. Hierbei ist zu beachten, dass das chemische Recycling und das mechanische Recycling/*Dowcycling* sich sehr gut ergänzen könnten.

- *Technologische Hürden*: Die technologische Komplexität und die hohen Investitionskosten chemischer Recyclingverfahren stellen Hürden für deren großtechnische Umsetzung und wirtschaftliche Rentabilität dar. Die Entwicklung und Optimierung effizienter und skalierbarer Verfahren erfordert umfangreiche Forschung und Entwicklung, was zu hohen Anfangsinvestitionen und potenziellen Risiken führen kann.

Feedstock-Recycling – Der lange Weg zu neuem Material (*siehe Kapitel 16*)

Feedstock-Recycling ist eine erweiterte Form des chemischen Recyclings, bei dem der Kunststoffabfall als Ausgangsmaterial für die Herstellung neuer chemischer Grundstoffe dient.

Stärken:

- *Schließt den Kreislauf von Materialien:* Das *Feedstock*-Recycling ermöglicht die Schließung des Materialkreislaufs, indem es Abfallkunststoffe als Ausgangsmaterial für die Herstellung neuer Produkte nutzt. Dies trägt zu einer nachhaltigen Ressourcennutzung bei und ermöglicht ein Recycling 1. Ordnung.
- *Qualität der recycelten Produkte:* Das *Feedstock*-Recycling ermöglicht die Herstellung von hochwertigen Rezyklaten, die für anspruchsvolle Anwendungen geeignet sind. Durch die Verwendung von Abfallkunststoffen als Rohstoffe können Produkte mit vergleichbarer Qualität wie bei der Verwendung von Primärrohstoffen (z. B. Erdöl, Erdgas) erzeugt werden (*Downcycling*-Index: 100 % oder >100 % bei *Closed-Loop* Recycling).
- *Vielseitigkeit:* Das *Feedstock*-Recycling zeichnet sich durch seine Vielseitigkeit aus, da es die Herstellung verschiedener Kunststofftypen ermöglicht, die nicht zwingend dem Ausgangsmaterial entsprechen müssen. Dies eröffnet ein breites Spektrum an Anwendungen und Einsatzmöglichkeiten.

- *Zyklenzahl*: Im Vergleich zu mechanischem Recycling und *Downcycling* ermöglicht das *Feedstock*-Recycling eine hohe Zyklenzahl, gleichwohl diese geringer ist als beim chemischen Recycling.
- *CO_2-Einsparung*: Das *Feedstock*-Recycling führt zu geringeren Treibhausgasemissionen im Vergleich zur Primärproduktion von Kunststoffen, kann jedoch potenziell höhere Emissionen verursachen als andere Recyclingverfahren.
- *Wirtschaftlichkeit*: Das *Feedstock*-Recycling kann unter bestimmten Bedingungen wirtschaftlicher sein als die Produktion von *Virgin*-Kunststoffen.

Schwächen:

- *Technologische Komplexität*: *Feedstock*-Recycling ist technologisch anspruchsvoll und erfordert spezialisierte Anlagen und Verfahren. Die Implementierung dieser Verfahren erfordert Investitionen in Forschung, Entwicklung und Infrastruktur.
- *Energieintensiver Prozess*: Das *Feedstock*-Recyclings kann einen hohen Energieaufwand erfordern, abhängig von den eingesetzten Verfahren. Dies kann zu erhöhten Betriebskosten und Umweltauswirkungen führen, insbesondere wenn die Energie aus nicht erneuerbaren Quellen stammt.
- *Umweltauswirkungen*: Die Produkte des *Feedstock*-Recyclings können potenzielle Umweltauswirkungen haben. Eine sorgfältige Handhabung ist erforderlich, um Umweltschäden zu minimieren und die Sicherheit zu gewährleisten.

Chancen:

- *Ressourcenschonung*: *Feedstock*-Recycling trägt zur Schonung von Ressourcen bei, indem Kunststoffabfälle als Ausgangsmaterial für die Herstellung neuer Produkte dienen. Durch die effiziente Nutzung vorhandener Materialien wird die Abhängigkeit von primären Rohstoffen, wie Erdöl, deutlich reduziert und somit ein nachhaltigerer Umgang mit Ressourcen ermöglicht.
- *Kreislaufwirtschaft*: Die Integration des *Feedstock*-Recyclings in Kreislaufwirtschaftsmodelle bietet Potenzial zur Maximierung der Ressourceneffizienz und zur Reduzierung von Abfallströmen.

Durch die Umwandlung von Kunststoffabfällen in hochwertige Sekundärrohstoffe und deren Verwendung in neuen Produkten wird ein geschlossener Materialkreislauf geschaffen, der einen nachhaltigen und zirkulären Ansatz für die Ressourcennutzung ermöglicht.

Bedrohungen:

- *Technologische Hürden*: Die technologische Komplexität und die hohen Investitionskosten von *Feedstock*-Recyclingverfahren stellen Hürden für deren großtechnische Umsetzung und wirtschaftliche Rentabilität dar. Die Entwicklung und Implementierung dieser Verfahren erfordert umfangreiche Forschung und Entwicklung, was zu hohen Anfangsinvestitionen und potenziellen Risiken führen kann.
- *Produktverwendung*: Die Nutzung der Produkte, die durch das *Feedstock*-Recycling gewonnen werden, zur Energieerzeugung außerhalb der *Plastiksphäre* kann zu Kontroversen führen. Diese Praxis könnte als weniger nachhaltig wahrgenommen werden, da sie das Potenzial für eine hochwertige Wiederverwertung von Kunststoffen reduziert.
- *Öffentliche Bedenken*: Bedenken hinsichtlich der Umweltauswirkungen und Sicherheit von *Feedstock*-Recyclingverfahren könnten die Akzeptanz beeinträchtigen. Die Wahrnehmung von Risiken im Zusammenhang mit komplexen chemischen Prozessen kann zu einer ablehnenden Haltung der Konsumenten führen und somit die Markteinführung und den breiten Einsatz des Verfahrens behindern.
- *Wettbewerb mit anderen Recyclingmethoden*: Das *Feedstock*-Recycling steht im Wettbewerb mit den anderen Recyclingarten, kann aber auch als Ergänzung angesehen werden. Die Verfügbarkeit von Alternativen und die Marktnachfrage können die Rentabilität und Akzeptanz des *Feedstock*-Recyclings beeinflussen.

Energetisches Recycling – Verwertung von Kunststoffabfällen zur Energiegewinnung (*siehe Kapitel 11*)

Das energetische Recycling, auch als thermische Verwertung bezeichnet, nutzt Kunststoffabfälle zur Energiegewinnung. Kunststoffabfälle werden verbrannt, um Energie in Form von Wärme, Strom oder beidem (*Kraft-Wärme-Kopplung*) zu erzeugen. Diese Methode ist besonders dann nützlich, wenn andere Recyclingverfahren aufgrund von Verunreinigungen oder der Materialbeschaffenheit nicht praktikabel sind.

Stärken:

- *Energiegewinnung*: Die Verbrennung von Kunststoffabfällen ermöglicht die Rückgewinnung eines Teils der in ihnen gespeicherten Energie, die zur Erzeugung von Strom oder Wärme genutzt werden kann. Dies trägt zur Reduzierung des Bedarfs an fossilen Brennstoffen bei und stellt eine schnelle und direkte Methode zur Energieerzeugung dar.
- *Abfallreduktion*: Das energetische Recycling führt zu einer Reduzierung des Abfallvolumens, das andernfalls auf Deponien entsorgt werden müsste. Dadurch werden negative Umweltauswirkungen minimiert.
- *Verwertbarkeit von stark verunreinigtem Kunststoffabfall*: Kunststoffabfälle, die aufgrund von starken Verunreinigungen oder komplexen Polymermischungen für andere Recyclingverfahren ungeeignet sind, können durch energetisches Recycling zur Energiegewinnung genutzt werden. Dies ermöglicht die Verwertung von Abfallströmen, die sonst ungenutzt blieben.

Schwächen:

- *Ressourcenverlust*: Beim energetischen Recycling werden die in den Kunststoffen enthaltenen Polymere vollständig zu Kohlenstoffdioxid abgebaut, was zu einem „unwiederbringlichen" Verlust[VI] wertvoller Ressourcen führt (*Downcycling*-Index: 0 %, Recycling 3. Ordnung). Im Gegensatz zu stofflichen Recyclingverfahren, bei denen Materialien wiederverwendet werden können, wird beim energetischen Recycling „lediglich" die in den Kunststoffen gespeicherte Energie genutzt.

[VI] Die Aussage basiert auf der Annahme, dass die Erzeugung von fossilen Ressourcen aus Kohlenstoffdioxid, Wasser und Energie sehr lange dauert.

- *Umweltauswirkungen*: Die Verbrennung von Kunststoffabfällen setzt Kohlenstoffdioxid und andere potenziell schädliche Emissionen frei, die zum Treibhauseffekt und zur Luftverschmutzung beitragen.
- *Zyklenzahl*: Das energetische Recycling hat keine Zyklenzahl, da die Kunststoffe nicht wieder in den Materialkreislauf zurückgeführt werden können.

Chancen:

- *Ergänzung zu Kreislaufwirtschaftsmodellen*: Obwohl das energetische Recycling keine direkte Materialwiederverwendung ermöglicht, kann es eine Ergänzung zu Kreislaufwirtschaftsmodellen darstellen. Durch die Umwandlung von stofflich nicht verwertbaren Abfällen in Energie wird ein Beitrag zur Reduzierung der Deponiebelastung geleistet.
- *Verwertung des Kohlenstoffdioxids*: Die Abscheidung und Verwertung des bei der energetischen Verwertung entstehenden Kohlenstoffdioxids, beispielsweise durch dessen Umwandlung in Biokunststoffe mittels biotechnologischer Verfahren, bietet eine innovative Chance (*siehe Kapitel 11, 19*). Diese Vorgehensweise kann theoretisch zu einem *Downcycling*-Index von 100 % und einer hohen Zyklenzahl führen, erfordert jedoch fortgeschrittene Technologien und eine umfassende Infrastruktur.

Bedrohungen:

- *Umweltauflagen:* Strengere gesetzliche Umweltauflagen hinsichtlich der Emissionen aus Verbrennungsanlagen können die wirtschaftliche Rentabilität und den Einsatz des energetischen Recyclings erheblich einschränken. Die Notwendigkeit hoher Investitionen in fortschrittliche Emissionskontrolltechnologien oder in die Abscheidung und Verwertung von Kohlenstoffdioxid könnte die Betriebskosten deutlich erhöhen und die Wettbewerbsfähigkeit beeinträchtigen.
- *Negative öffentliche Wahrnehmung*: Die öffentliche Wahrnehmung der Kunststoffverbrennung als weniger nachhaltige und potenziell umweltschädliche Praxis stellt eine erhebliche Bedrohung für die Akzeptanz des energetischen Recyclings dar.

- *Konkurrenz zu anderen Recyclingmethoden*: Das energetische Recycling steht im Wettbewerb mit den Recyclingverfahren, die eine stoffliche Verwertung und somit eine Rückführung von Materialien in den Produktkreislauf ermöglichen. Angesichts des wachsenden Fokus auf Kreislaufwirtschaftsmodelle und der Priorisierung von Ressourcenschonung könnten stoffliche Recyclingverfahren langfristig bevorzugt werden, was die Bedeutung und den Marktanteil des energetischen Recyclings reduzieren könnte.

Nachdem wir die Stärken und Schwächen der einzelnen Recyclingmethoden umfassend analysiert haben, bleibt die Frage: *Welche Recyclingmethode ist die beste?*
Die „beste" Recyclingmethode lässt sich nicht eindeutig bestimmen, da ihre Eignung stark von den jeweiligen Anforderungen und Zielen abhängt (*Abbildung 23*).

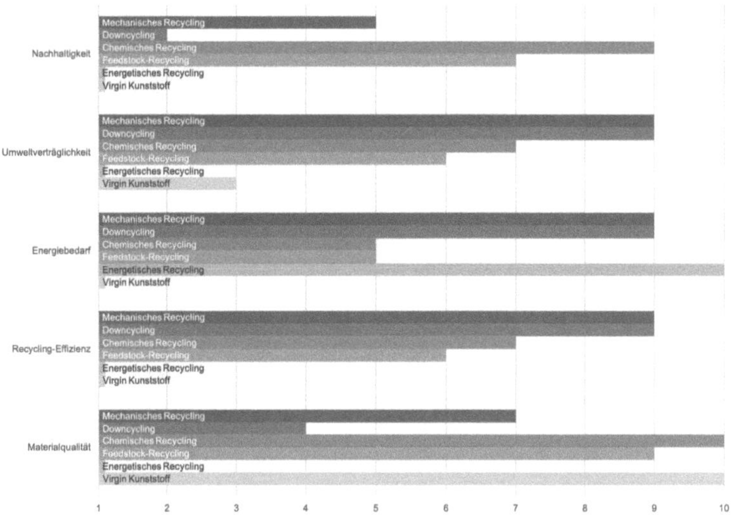

Abbildung 23. Methodenvergleich (1 = sehr schlecht bis 10 = sehr gut).[VII]

[VII] Die Bewertung der Methoden beruht auf einer qualitativen Analyse der genannten Vor- und Nachteile und ist aufgrund der subjektiven Natur dieser Einschätzung als Orientierungshilfe anzusehen. Der Eintrag „Nachhaltigkeit" ist die Summe einer Vielzahl von Parametern (z. B. Zyklenzahl, Energiebedarf, Recycling-Effizienz, CO_2e-Emissionen).

Jedes Verfahren bringt einzigartige Vorteile, aber auch Herausforderungen mit sich: Das mechanische Recycling überzeugt durch seine Energieeffizienz und einfache Handhabung, ist jedoch in der Materialqualität begrenzt und erfordert eine präzise Sortierung. Das chemische Recycling bietet höchste Flexibilität und die Möglichkeit, Materialien auf Molekularebene zu recyceln, was hochwertige Ergebnisse liefert. Es ist allerdings energieintensiv und mit hohen Kosten verbunden. Das *Feedstock*-Recycling ist besonders vielversprechend bei der Gewinnung von Rohstoffen, erfordert aber ebenfalls einen hohen Energieaufwand und komplexe Technologien. Das *Downcycling* ist vor allem bei der Abfallvermeidung effektiv, führt jedoch zu einem Verlust an Materialqualität, was seine Anwendungsmöglichkeiten einschränkt. Das energetische Recycling bietet eine Möglichkeit zur Energiegewinnung aus schwer recycelbaren Kunststoffen, führt jedoch zum Verlust der Materialressourcen und verursacht Umweltbelastungen durch Emissionen.

In einer Kreislaufwirtschaft könnte jede Methode ihren Platz finden – je nach Material, Abfallaufkommen und den verfügbaren Technologien. Eine sinnvolle Kombination dieser Methoden könnte letztendlich der Schlüssel sein, um den globalen Herausforderungen im Umgang mit Kunststoffabfällen zu begegnen. Das Ziel sollte stets sein, den Ressourcenverbrauch zu minimieren, den Kreislauf von Materialien zu schließen und die Materialien so lange wie möglich im Kreislauf zu halten – sei es durch mechanische, chemische oder thermische Verfahren.

KAPITEL 18

Nachhaltige Kreisläufe gestalten – ganzheitliches Recycling

Die Diskussion der Vor- und Nachteile der verschiedenen Recyclingverfahren in *Kapitel 17* vermittelt eine eher „traditionelle“ Sichtweise. Insbesondere beim mechanischen Recycling und *Downcycling* liegt der Fokus oft nur auf dem unmittelbaren Abfallstrom (1. Stufe) und dem daraus gewonnenen Recyclingmaterial. Doch reicht dies wirklich aus, um „Recycling = alles gut“ zu konstatieren? Was passiert, wenn das recycelte Material sein Lebensende erreicht und wir vor dem zweiten Recyclingzyklus stehen (2. Stufe)?[309]

Die maßgeblichen Faktoren, die über ein erneutes mechanisches Recycling oder *Downcycling* entscheiden, sind die Qualität des Abfallmaterials und die zu erwartende Qualität des Rezyklats. Beim *Downcycling* führt die zweite Abfallentscheidung häufig zur thermischen oder energetischen Verwertung des Materials. Die erste Stufe, die Wiederverwendung des Abfallstroms, wird als positiv bewertet, die zweite Stufe dagegen eher negativ. Daraus ergibt sich die Frage nach der Nachhaltigkeit und Ressourceneffizienz des gesamten Materiallebenszyklus. Eine Gesamtbilanz beider Stufen zeigt zwar einige positive Effekte, da das Material durch *Downcycling* länger genutzt wird, jedoch endet es letztendlich als Kohlenstoffdioxid. Das heute recycelte Material ist somit potenziell das Kohlenstoffdioxid von morgen, weshalb langfristige Perspektiven ebenfalls Berücksichtigung finden müssen.

Ähnliche Überlegungen gelten für das mechanische Recycling. Hier ist die Anzahl möglicher Recyclingzyklen zwar höher als beim *Downcycling*, doch auch hier ist das Ende des Materiallebens unvermeidlich. Es ist im Material gewissermaßen „vorprogrammiert“.

Im Gegensatz dazu beginnt beim chemischen Recycling und *Feedstock*-Recycling der Prozess nach jedem Zyklus von Neuem. Das Material erreicht wieder die Qualität von *Virgin*-Kunststoff, was theoretisch unendliche Durchläufe ermöglicht – nach dem ersten Durchlauf ist vor dem ersten Durchlauf. Allerdings ist der Energiebedarf dieser Verfahren deutlich höher als bei den anderen Methoden, was die Frage nach der Nachhaltigkeit und Ressourceneffizienz des gesamten Materialkreislaufs erneut aufwirft.

Zur Bewertung können die Materialkreislauffähigkeit (*Material Circularity Indicator*[I]) oder eine Ökobilanz (*LCA = Life Cycle Assessment*[II]) herangezogen werden.[310] Es zeigt sich, dass alle Methoden aus langfristiger Perspektive Vor- und Nachteile haben und keine von ihnen ein Höchstmaß an Nachhaltigkeit oder Ressourceneffizienz erreicht.

Was können wir also aus der Recyclingperspektive tun, um die Materialkreislauffähigkeit zu maximieren?

Ein kombinatorischer bzw. ganzheitlicher Ansatz, der alle Recyclingarten integriert (ganzheitliches Recycling, kombinatorisches Recycling, Recyclingkaskade[III]), könnte die Lösung sein, um den größtmöglichen Nutzen zu erzielen und Nachteile zu minimieren. Die systemische Vernetzung solcher Methoden in der *Circular Plasticonomy* kann entscheidend zur Verwirklichung einer zirkulären Wirtschaft beitragen.[311]

Wie könnte ein ganzheitlicher Ansatz aussehen? Wie lassen sich die Recyclingmethoden optimal kombinieren?

Betrachten wir beispielhaft ein Material, für das eine Abfallentscheidung getroffen wurde. Zunächst ist eine Qualitätsanalyse des *Input*-Materials erforderlich, um in einem Entscheidungsbaum (*Wenn-Dann-Sonst*-Struktur, *If-Then-Else*-Struktur) dessen weiteres Schicksal zu bestimmen (*Abbildung 24*). Die Qualitätsprüfung kann im Rahmen des Sortierprozesses erfolgen. Unter Berücksichtigung der beschriebenen Vor- und Nachteile, insbesondere des Energiebedarfs der einzelnen Recyclingmethoden, ergibt sich folgende Rangordnung:

[I] Der *Material Circularity Indicator* bewertet den Grad der Kreislauffähigkeit eines Produkts, Materials oder Systems und misst, wie gut Ressourcen in einem geschlossenen Kreislaufsystem gehalten werden, anstatt als Abfall zu enden. Er berücksichtigt Faktoren wie Recyclingraten, Materialnutzung und Lebensdauer von Produkten.

[II] Eine *Ökobilanz* ist eine systematische Methode zur Bewertung der ökologischen Auswirkungen eines Produkts über dessen gesamten Lebenszyklus. In dieser Bilanz werden alle Phasen betrachtet, von der Rohstoffgewinnung über die Produktion und Nutzung bis hin zur Entsorgung und zum Recycling.

[III] Der Fokus liegt hier rein auf dem Recyclingaspekt.

1. Mechanisches Recycling
2. *Downcycling*
3. Chemisches Recycling
4. *Feedstock*-Recycling
5. Energetisches Recycling
(6. Beseitigung)

Wenn die Materialqualität für mechanisches Recycling ausreichend ist, sollte dieses Verfahren angewendet werden. Andernfalls wird das Material dem *Downcycling* zugeführt, wo erneut die Qualitätseinordnung geprüft wird. Reicht die Qualität auch hier nicht aus, wird das Material dem chemischen Recycling oder dem *Feedstock*-Recycling zugeführt. So findet sich für jede *Input*-Qualitätsstufe die passende Recyclingmethode, wodurch das Material in den technischen Kreislauf zurückgeführt oder länger in der *Plastiksphäre* gehalten werden kann. Die energetische Verwertung ist als *die letzte* Option zu betrachten, da das Material die *Plastiksphäre* in Form von Kohlenstoffdioxid verlässt und nicht mehr in den Kreislauf zurückgeführt werden kann. Zudem fallen feste Rückstände an, die einer gesonderten Entsorgung bedürfen.
Dieser Entscheidungsbaum wird nach jeder Abfallentscheidung erneut durchlaufen, sodass auch der x-te Recyclingzyklus berücksichtigt wird und die optimale Recyclinglösung ermittelt werden kann. Dadurch lässt sich die Anzahl der Recyclingzyklen maximieren, die Ressourceneffizienz steigern und die Materialkreislauffähigkeit verbessern. Die *Input*-Materialqualität bestimmt somit die geeignete Recyclingmethode und das daraus ableitbare Produktportfolio.
Chemisches Recycling und *Feedstock*-Recycling ermöglichen zudem eine anpassungsfähige Verschiebung von Materialströmen zwischen geschlossenen (*Closed-Loop*) und offenen (*Open-Loop*) Systemen[IV]. Dies steigert die Flexibilität und Effizienz der Materialnutzung erheblich.

[IV] In diesem Zusammenhang sind *Closed-Loop* = zurück zum Ursprungspolymer und *Open-Loop* = neues, aber chemisch unterschiedlich zum Startpolymer.

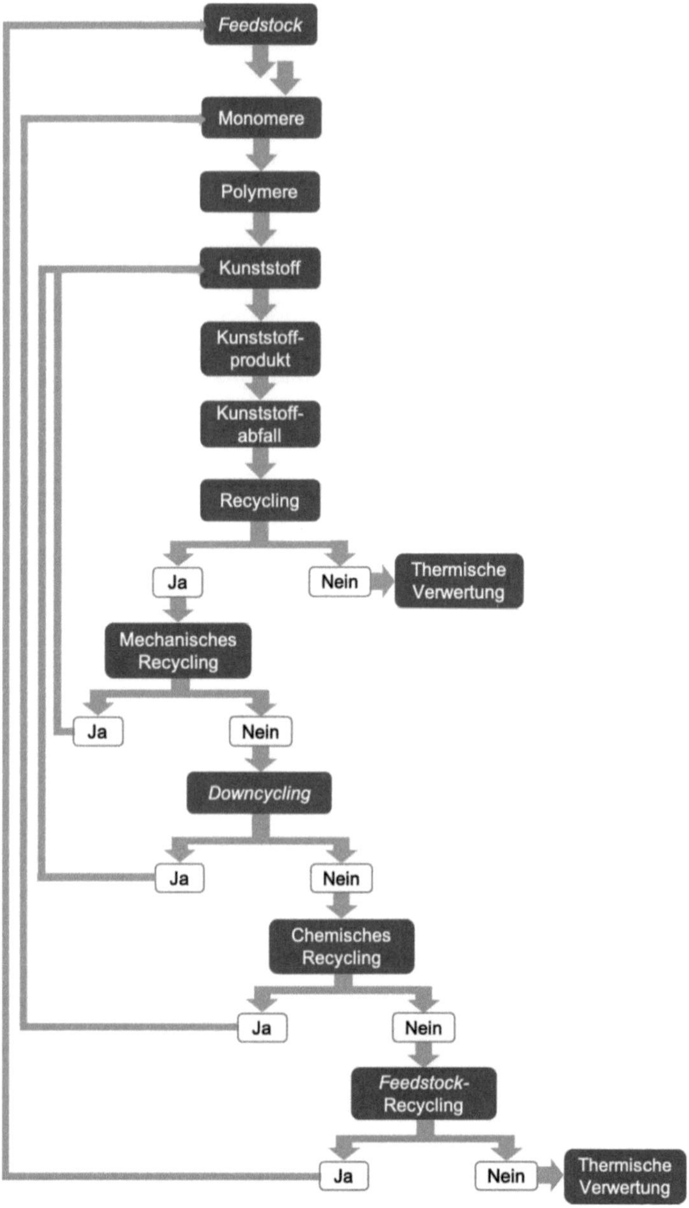

Abbildung 24. Recycling-Entscheidungsbaum.

Betrachten wir erneut das Beispiel der PET-Flasche: Die Flasche kann mehrmals mechanisch recycelt werden, bis die Qualität für dieses Verfahren nicht mehr ausreicht (*siehe Kapitel 13*). Allerdings ist die Qualität ausreichend für ein *Downcycling*, beispielsweise zur Herstellung eines Polyester-T-Shirts. Nach dessen Nutzungsphase ist möglicherweise ein weiteres *Downcycling* zu textilen Füllmaterialien denkbar (*siehe Kapitel 14*). Wenn ein weiteres *Downcycling* nicht mehr durchführbar ist, bietet sich das chemische Recycling an.[V] Hiermit kann wieder PET in flaschentauglicher Qualität hergestellt und somit der Material- und Qualitätskreislauf geschlossen werden und wir können im Entscheidungsbaum wieder an oberster Stelle beginnen.
Bei diesen Überlegungen müssen auch wirtschaftliche und zeitliche Aspekte berücksichtigt werden. Es ist wichtig, ein Gleichgewicht zwischen Angebot und Nachfrage der verschiedenen Qualitätsstufen zu finden, um Materialansammlungen in Bereichen mit geringer Nachfrage zu vermeiden. Zudem sollte Material nicht zu lange in einer Nutzungsphase verbleiben, um Nachfragelücken in anderen Bereichen zu verhindern (Synchronisationsproblem). Es gilt, ein Optimum statt eines Maximums anzustreben.
Insgesamt erlaubt das ganzheitliche Recycling im Kontext der *Circular Plasticonomy* einen nachhaltigen und nahezu geschlossenen Materialkreislauf, in dem unser Kohlenstoff (**C**) zirkulieren kann – *Plastic-to-Plastic* (*Abbildung 25*). Dies erfordert jedoch ein ausgewogenes Gleichgewicht zwischen Qualität, Wirtschaftlichkeit und Zeit. Dadurch erhält das Kunststoffrecycling und die Nutzung von Kunststoffrezyklat eine strategische Bedeutung, die weit über den ökologischen Aspekt hinausgeht. In einer Welt, die zunehmend von Ressourcenknappheit betroffen ist, kann das effiziente Recycling von Kunststoffen eine Rolle bei der Sicherung wertvoller Materialien und der Reduzierung der Abhängigkeit von fossilen Rohstoffen spielen. Die Wiederverwertung von Kunststoffen am Ende ihrer Nutzungsphase erhält den „Materialwert" und reduziert den Bedarf an neu produziertem, fossil-basiertem Kunststoff. Für die Wirtschaft bedeutet dies eine stabilere Rohstoffversorgung: Unternehmen können auf recycelte Kunststoffe zurück-

[V] Wir können mit dem chemischen Recycling auch in andere Kunststoffe in ein *Open-Loop* abbiegen, z. B. zu PBT (*siehe Kapitel 15*).

greifen, die in einem geschlossenen Kreislaufsystem kontinuierlich zur Verfügung stehen und genutzt werden können und so geopolitische Abhängigkeiten von externen Rohstofflieferanten verringern.[312] Es ist jedoch wichtig zu beachten, dass die Gesamtmenge an Rezyklat in der *Plastiksphäre* begrenzt ist und durch Recycling nicht vergrößert werden kann. Für ein Wachstum der Materialmenge und zur Kompensation von Verlusten (z. B. durch Austritt von Material aus der *Plastiksphäre*) sind externe Quellen wie fossile Ressourcen oder nachwachsende Rohstoffe erforderlich.

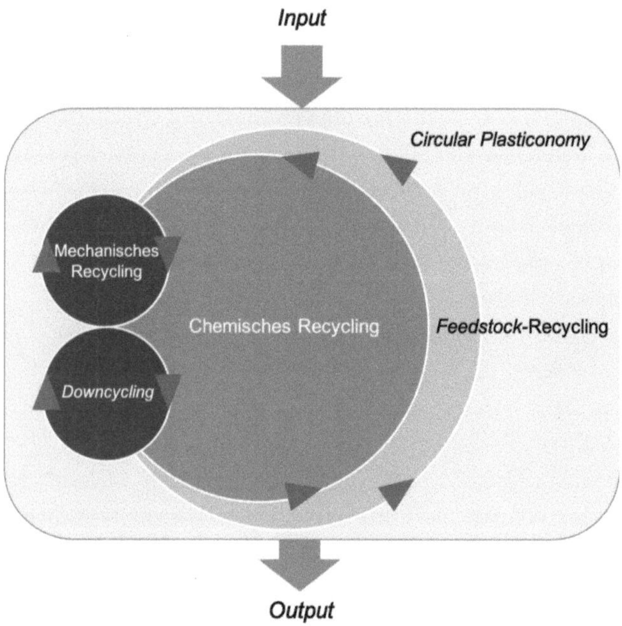

Abbildung 25. Circular Plasticonomy.

KAPITEL 19

Die Evolution der Kunststoffe – Biobasierte Kunststoffe und ihr Beitrag zur *Circular Plasticonomy*

Bereits vor Millionen von Jahren spielte die Biosphäre eine entscheidende Rolle bei der Entstehung fossiler Ressourcen. Organische Substanzen wurden eingelagert und über sehr lange Zeiträume zu Erdöl umgewandelt (*siehe Kapitel 2*). Auch heute könnte das Potenzial der Biosphäre zur Umwandlung von Kohlenstoffdioxid genutzt werden, um die Umweltprobleme anzugehen und nachhaltige Lösungen zu entwickeln (*siehe Kapitel 12*).

Die Biosphäre nimmt Kohlenstoffdioxid aus natürlichen und anthropogenen[I] Quellen auf. Photosynthesefähige Organismen wie Pflanzen und Algen ziehen es aus der Atmosphäre und wandeln es in Biomasse um. Dies reduziert den atmosphärischen Kohlenstoffdioxidanteil und verringert den Treibhauseffekt.[313] Maßnahmen wie Aufforstung und die Wiederherstellung von Ökosystemen können dieses Ergebnis verstärken und Kohlenstoffdioxid langfristig – im menschlichen Maßstab – speichern. Allerdings ist die Kapazität der Biosphäre begrenzt: Aktuell werden nur 7–12 % der europäischen CO_2-Emissionen aufgenommen.[314] Es ist wichtig zu betonen, dass die Speicherung von Kohlenstoff in der Biosphäre dynamisch ist, d. h., dass der Kohlenstoff kontinuierlich aufgenommen und wieder freigesetzt wird, daher stellt die Biosphäre „lediglich“ eine temporäre Senke für den Kohlenstoff bzw. Kohlenstoffdioxid dar.

Selbst eine auf CO_2-Speicherung optimierte Landwirtschaft und Forstwirtschaft kann aufgrund der Kapazitätsgrenze der Biosphäre nicht alle anthropogenen CO_2-Emissionen kompensieren. Folglich wird sich die Konzentration von Kohlenstoffdioxid in der Atmosphäre ohne

[I] 57 % des anthropogenen Kohlenstoffdioxids werden in der Biosphäre und den Ozeanen eingebunden.

zusätzliche Minderungsmaßnahmen weiter erhöhen, wenn wir weiter auf fossile Ressourcen und deren „Verbrennung“[II] setzen (*siehe Kapitel 11*).[315] Eine Alternative wäre, die aus Kohlenstoffdioxid gewonnene Biomasse unter Sauerstoffausschluss in Kohlenstoffsenken, z. B. in geologischen Formationen, zu deponieren und somit dem Kohlenstoffkreislauf zu entziehen – vergleichbar mit fossilen Ressourcen – wodurch „negative“ CO_2-Emissionen[III] entstehen.[316]

Auf der anderen Seite kann die Biosphäre die Umwandlung von (anthropogenem) Kohlenstoffdioxid (**CO_2**) in industriell nutzbare Ressourcen und Chemikalien ermöglichen – als Teil einer Bioökonomie[IV] – darunter auch Biopolymere bzw. Vorstufen für Biopolymere, die für die Herstellung von Biokunststoffen Anwendung finden oder zukünftig verwendet werden könnten – unser Kohlenstoff (**C**) ist somit in einem Kunststoff eingebaut (*Abbildung 26*).[317]

Der Begriff *Biokunststoff* ist sehr umfassend und bezeichnet eine Vielzahl von Materialien. Diese können entweder auf Basis nachwachsender Rohstoffe hergestellt werden (biobasierte Kunststoffe[V]) oder die Eigenschaft besitzen, biologisch abbaubar zu sein. Wichtig ist zu beachten, dass Bioabbaubarkeit nicht automatisch bedeutet, dass ein Kunststoff auch aus erneuerbaren Ressourcen stammt. Es gibt sowohl biobasierte als auch auf fossilen Rohstoffen basierende Kunststoffe, die biologisch abbaubar sind.[318]

Biobasierte Kunststoffe lassen sich in zwei Hauptkategorien unterteilen: solche, bei denen von der Natur gebildete Polymere (z. B. Stärke[VI],

[II] Dies schließt die aktuelle Situation von Kunststoffen ein, die als Zwischenprodukt zwischen Erdöl und Kohlenstoffdioxid betrachtet werden können.

[III] *Negative Emissionen* bezeichnen die gezielte Entfernung bzw. Extraktion von Treibhausgasen, insbesondere Kohlenstoffdioxid, aus der Atmosphäre durch anthropogene Maßnahmen. Allerdings sind die Begriffe: Kohlenstoffentnahme (*Carbon Removal*) oder Treibhausgasentnahme (*Greenhouse Gas Removal*) besser geeignet als *negative Emission*, da eine Emission nicht negativ sein kann.

[IV] Die *Bioökonomie* beschreibt eine transformative Entwicklung zu einer nachhaltigen, biobasierten Wirtschaftsweise. Sie beinhaltet die Erzeugung, Erschließung und Verwertung biologischer Ressourcen, Prozesse, Systeme und Strukturen, um Produkte, Verfahren und Dienstleistungen bereitzustellen. Dabei stehen Nachhaltigkeit, Ressourcenschonung und Klimaschutz im Vordergrund.

[V] Im Folgenden wird der Begriff *biobasierte Kunststoffe* dem Begriff *Biokunststoffe* vorgezogen, um die Herkunft eindeutig darzustellen.

[VI] Stärke ist ein Kohlenhydrat, das als Energiespeicher in Pflanzen dient und auf dem Monomer

Cellulose[VII]) durch weitere Verarbeitung in Kunststoffe umgewandelt werden, und solche, bei denen aus natürlichen Rohstoffen zunächst Monomere gewonnen, die anschließend zu Polymeren verknüpft werden.

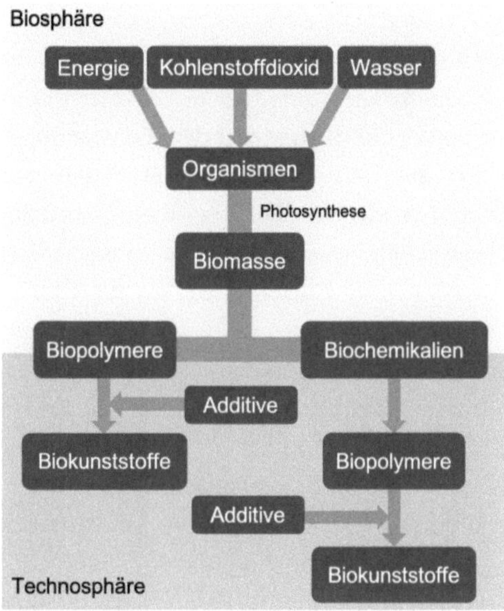

Abbildung 26. Herstellung von Biokunststoffen.

Zu den Biopolymeren, die von der Natur gebildet werden und bereits seit langem vom Menschen genutzt werden, gehören Lignin[VIII], Cellulose und Naturkautschuk[IX]. Diese natürlichen Polymere bzw. Materialien dienen als Ausgangstoffe für die Herstellung einer Vielzahl von Produkten. Durch chemische Modifikationen können ihre Eigenschaften gezielt verändert werden, um sie für spezifische Anwendungen

Glukose beruht.

VII Cellulose, ebenfalls in nahezu allen pflanzlichen Biomassen enthalten – insbesondere in Holz, Stroh und Gras – sorgt ebenfalls für Festigkeit und Stabilität der Pflanzen.

VIII Lignin ist ein Hauptbestandteil pflanzlicher Zellwände und verleiht Pflanzen Festigkeit und Stabilität.

IX Naturkautschuk ist ein elastisches Polymer, das hauptsächlich aus dem Milchsaft des Kautschukbaums gewonnen wird.

in der Kunststoffindustrie zu optimieren (halb-synthetische Kunststoffe).

Eine andere Kategorie bilden die *Drop-In*-biobasierten Kunststoffe. Hierbei liefert die Biosphäre Chemikalien, die durch den Menschen zu Monomeren umgewandelt, polymerisiert und zu biobasierten Kunststoffen verarbeitet werden. Diese Verfahren sind identisch mit denen der fossilbasierten Kunststoffe, weshalb die bestehenden Produktionsanlagen genutzt werden können (*siehe Kapitel 5, 6*). Der Unterschied liegt nur im Ausgangspunkt der Ressource und dem Gewinnungsprozess der Grundbausteine. Für das PET in unserer PET-Flasche sind *Drop-In*-Verfahren bekannt, bei denen die Monomere Ethylenglykol und Dimethylterephthalat durch verschiedene Transformationen aus pflanzlicher Biomasse gewonnen und anschließend zu Bio-PET[X] verarbeitet werden können.[319] Der Vorteil dieser Methode liegt in einem potenziell geringeren CO_2-Fußabdruck und ökologischen Fußabdruck im Vergleich zu fossil-basierten Kunststoffen. Allerdings sind die Produktionskosten für Bio-PET derzeit noch höher.[320] Die genaue Höhe des CO_2-Fußabdrucks und der Produktionskosten hängt dabei stark von der Art der verwendeten Biomasse und den jeweiligen Verarbeitungsverfahren ab.[321]

Neben den *Drop-in*-Biokunststoffen gibt es eine Vielzahl weiterer biobasierter Kunststoffe, die auf speziellen Verfahren zur Umwandlung von Biomasse in Polymere basieren. Prominente Beispiele sind Poly(milchsäure)/Poly(lactid) (PLA)[XI,322] und Poly(ethylenfuranoat) (PEF)[XII,323,324]. Bei diesen Biokunststoffen werden mithilfe spezieller Verfahren aus Biomasse (z. B. Zucker) zunächst Monomere gewonnen, die zu Biopolymeren polymerisiert und anschließend zu Biokunststoffen weiterverarbeitet werden. PLA und PEF verfügen über vergleichbare Eigenschaften wie PET und können daher als alternatives Flaschen-Material eingesetzt werden, mit einem geringeren CO_2-Fußabdruck.[325]

[X] Häufig gibt es auch Mischformen, bei denen ein Monomer aus Biomasse stammt, während das andere aus Erdöl gewonnen wird.

[XI] Anwendungsbereich: Verpackungsindustrie, Medizin, Textilindustrie, 3D-Druck, Automobilindustrie etc.

[XII] Anwendungsbereich: Verpackungsindustrie, Textilindustrie etc.

Eine weitere Möglichkeit zur Herstellung biobasierter Kunststoffe besteht in der Nutzung von Mikroorganismen. Diese können bestimmte Polymere, wie beispielsweise Poly(hydroxybutyrat) (PHB[XIII]), als Speicherstoff produzieren.[326] Die Mikroorganismen werden mit Biomasse, z. B. Zucker, „gefüttert" und erzeugen das Biopolymer. In diesem Sinne fungieren die Mikroorganismen als biologische Produktionsstätten („Biofabrik") für biobasierte Kunststoffe.[327]

Der entscheidende Vorteil biobasierter Kunststoffe gegenüber erdölbasierten Kunststoffen liegt in der Nutzung sich „erneuernder" Ressourcen, die eine vergleichsweise kurze Bildungszeit bzw. kurze Produktionsraten[XIV] haben. Dies ermöglicht den Zugriff auf ein sich ständig erneuerndes Reservoir an Rohstoffen und formal eine zeitlich unbegrenzte Nutzung. Darüber hinaus hat die Produktion biobasierter Kunststoffe im Vergleich zu herkömmlichen Kunststoffen einen geringeren CO_2-Fußabdruck und können zu einer Netto-CO_2-Reduzierung[XV] bzw. Treibhausgasentnahme aus der Atmosphäre führen, wodurch ein Beitrag zur Minderung des Treibhauseffekts geleistet wird bzw. werden kann.

Neben den ökologischen Vorteilen können biobasierte Kunststoffe auch dazu beitragen, die Abhängigkeit von fossilen Rohstoffen zu verringern und die Auswirkungen von Preisschwankungen auf dem Markt und geopolitischen Unsicherheiten abzumildern bzw. zu minimieren.[328]

Es ist jedoch wichtig zu betonen, dass biobasierte Kunststoffe nicht *per se* umweltfreundlicher und nachhaltiger sind als ihre fossilen Mitspieler. Die Umweltauswirkungen biobasierter Kunststoffe hängen von einer Vielzahl von Faktoren ab, darunter der Anbau der Rohstoffe, die Energiebilanz der Produktion, der Transport, die Nutzungsphase und das Abfallmanagement. Eine umfassende Lebenszyklusanalyse ist daher unerlässlich, um die tatsächlichen ökologischen Vorteile und potenziellen Risiken zu bewerten und sicherzustellen, dass biobasierte Kunststoffe einen positiven Beitrag zur Nachhaltigkeit leisten. Dabei müssen sowohl die direkten als auch die indirekten Umweltaus-

[XIII] Anwendungsbereich: Verpackungsindustrie, Landwirtschaft etc.

[XIV] Die Produktionsrate ist abhängig von Umweltbedingungen und kann schwanken.

[XV] Hängt stark vom weiteren Lebensweg des Kunststoffes ab.

wirkungen berücksichtigt werden. Die ökologischen Auswirkungen biobasierter Kunststoffe sind stark von den jeweiligen Produktionsbedingungen und der Wertschöpfungskette abhängig.[329] Der Anbau der benötigten Rohstoffe kann zu intensiver Landnutzung führen, was wiederum Landnutzungsänderungen, Verlust von Biodiversität und die Zerstörung natürlicher Lebensräume zur Folge haben kann. Besonders problematisch ist dies, wenn für den Anbau wertvolle Ökosysteme wie Regenwälder gerodet werden. Zudem kann der Anbau von Rohstoffen für biobasierte Kunststoffe einen hohen Wasserverbrauch und den Einsatz von Pestiziden und Düngemitteln erfordern. Dies kann zu Boden- und Wasserverschmutzung sowie zu einer Gefährdung von Ökosystemen und der menschlichen Gesundheit führen.[330]

Ein weiterer wichtiger Aspekt ist die Flächenkonkurrenz mit der Nahrungsmittelproduktion. Der Anbau von Pflanzen für biobasierte Kunststoffe kann zu einer Verknappung von Ackerland und Ressourcen führen. Dies kann insbesondere in Regionen mit begrenzten Anbauflächen höhere Lebensmittelpreise und potenzielle Versorgungsengpässe verursachen, was vulnerable Bevölkerungsgruppen besonders trifft. Neben der Flächenkonkurrenz kann die Produktion von biobasierten Kunststoffen auch den Wasserbedarf erhöhen, was in wasserarmen Regionen zu Konflikten um diese Ressource bedingen kann. Um diese Herausforderungen zu minimieren, ist es essentiell, nachhaltige Anbaumethoden zu entwickeln und zu fördern, die den Schutz von Böden, Wasserressourcen und der Biodiversität gewährleisten. Darüber hinaus sollten Rohstoffe für biobasierte Kunststoffe bevorzugt aus Reststoffen oder schnell wachsenden Pflanzen gewonnen werden, die nicht direkt mit der Nahrungsmittelproduktion konkurrieren.[331]

Neben der Wahl der Rohstoffe spielt auch der Produktionsprozess eine Rolle für den ökologischen Fußabdruck biobasierter Kunststoffe. Der Energieverbrauch, die Effizienz der Produktionsanlagen, der Einsatz von Chemikalien und die Art der verwendeten Energiequellen haben einen erheblichen Einfluss auf die Gesamtemissionen. Durch den Einsatz erneuerbarer Energien und energieeffizienter Produktionsverfahren kann der CO_2-Fußabdruck von biobasierten Kunststoffen reduziert werden.[332]

Schließlich ist auch das Abfallmanagement von biobasierten Kunststoffen ein wichtiger Faktor (*Abbildung 27*).

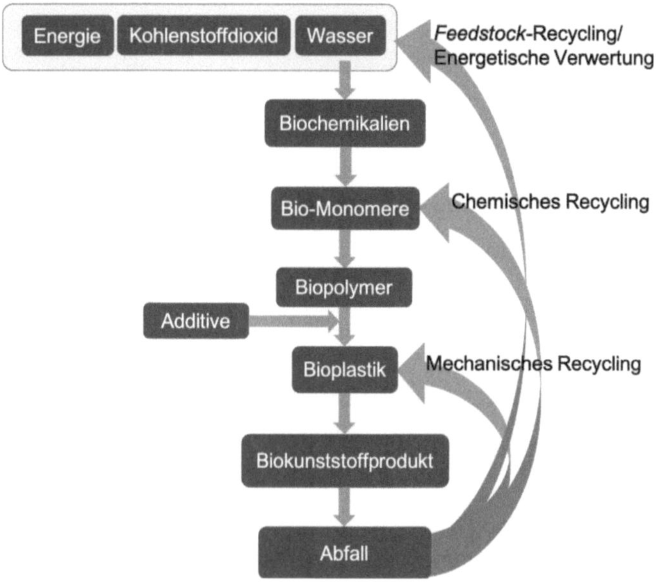

Abbildung 27. Recycling von Biokunststoffen.

Für biobasierte Kunststoffe sollten die gleichen Maßstäbe und Standards angelegt werden wie für erdölbasierte Kunststoffe, also ein ganzheitliches System aus mechanischem Recycling, *Downcycling*, chemischem Recycling und *Feedstock*-Recycling, um sie in die *Circular Economy* einzubinden und einen geschlossenen Produktionskreislauf zu ermöglichen. In diesem Zusammenhang entspricht das *Feedstock*-Recycling der energetischen Verwertung, d. h., der *Feedstock* ist Kohlenstoffdioxid und Wasser. Die Anwendung der energetischen Verwertung hat einen „weniger" negativen Effekt als die energetische Verwertung von fossilbasierten Kunststoffen, da hier „nur" das aus der Atmosphäre entnommene Kohlenstoffdioxid wieder dorthin zurückgegeben wird und wir somit von einer Kohlenstoffneutralität ausgehen können.[XVI] Allerdings ist auch hier die energetische Verwertung immer *die letzte* Option und sollte erst dann in Betracht gezogen werden, wenn Recycling nicht (mehr) möglich ist.

Auch wenn die Rohstoffbasis für biobasierte Kunststoffe „nachwachsend" ist, ermöglicht das Recycling eine Senkung des Bedarfs an neuen Rohstoffen, Senkung des Energiebedarf und reduziert somit den Druck auf landwirtschaftliche Flächen und verringert in Konsequenz den ökologischen Fußabdruck.[333] Biobasierte Kunststoffe haben darüber hinaus das Potenzial, als CO_2-Senken zu fungieren, da die Rohstoffe aus nachwachsenden Pflanzen stammen, die während ihres Wachstums Kohlenstoffdioxid (**CO_2**) aus der Atmosphäre aufnehmen. Der Kohlenstoff (**C**) des Kohlenstoffdioxids kann im Kunststoff langfristig gebunden bleiben.[334] Einige biobasierte Kunststoffe fallen auch in die Kategorie biologisch abbaubar, was jedoch nur bei unsachgemäßer Entsorgung in die Natur von Vorteil wäre. Deshalb sollten auch biologisch abbaubare Kunststoffe in erster Linie in Kreisläufe der *Plastiksphäre* integriert werden. Auf der anderen Seite tragen nicht biologisch abbaubare biobasierte Kunststoffe ähnlich wie erdölbasierte Kunststoffe zu Umweltproblemen bei, wie z. B. Mikroplastik (*siehe Kapitel 9*). Daher ist auch hier eine gut durchdachte Infrastruktur für die Sammlung, Verarbeitung und das Recycling von biobasierten Kunststoffen unerlässlich, um ihre potenziellen Vorteile vollständig auszuschöpfen.[335] Wie können wir das Potenzial biobasierter Kunststoffe bestmöglich nutzen, ohne dabei neue ökologische Herausforderungen zu schaffen?

Eine vielversprechende Alternative wäre die Adaption der natürlichen Prozesse der Biosphäre in biotechnologischen oder chemischen Verfahren und deren Anwendung in der Technosphäre, wobei als Rohstoffe Kohlenstoffdioxid, Wasser und Energie genutzt werden (*Abbildung 28*).[336]

Durch die Integration dieser Prozesse in industrielle Anwendungen könnten wir nicht nur den CO_2-Gehalt in der Atmosphäre reduzieren, sondern auch nachhaltige Materialien erzeugen und die Belastung der Biosphäre verringern. Allerdings befinden wir uns im Vergleich zu etablierten Kunststoffen noch in einem frühen Entwicklungsstadium.

[XVI] Unter der Annahme einer Kohlenstoffneutralität des Herstellungsprozesses.

Erst die Zukunft wird zeigen, ob diese Alternative eine entscheidende Rolle auf dem Weg zu einer nachhaltigen Kreislaufwirtschaft spielen kann.

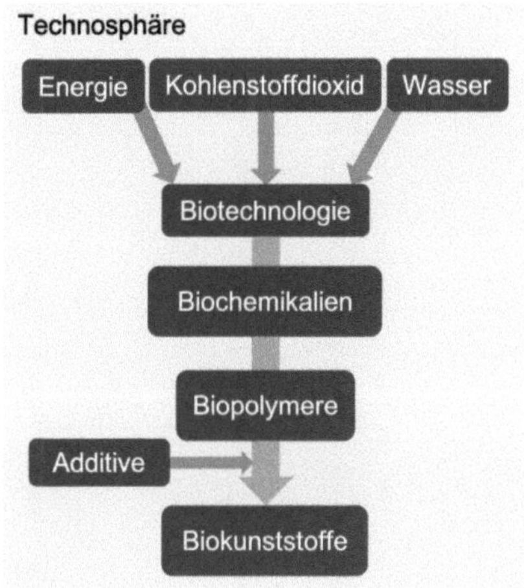

Abbildung 28. Herstellung von Biokunststoffen ohne Biosphäre.

KAPITEL 20

Strategien für eine nachhaltige Zukunft – Kunststoffe in der *Circular Economy*

In den vorangegangenen Kapiteln haben wir den *Status quo* der Kunststoffökonomie, mögliche Zukunftsaussichten einzelner Aspekte und den Einfluss verschiedener *Stakeholder*[I] auf die *Circular Plasticonomy* beleuchtet (*Abbildung 29*). Im Mittelpunkt steht die Frage: Wie eine erfolgreiche Transformation gelingen kann, sodass sie ihr volles Potenzial als Teil einer *Circular Economy* entfalten kann? Welche Maßnahmen sind erforderlich, um Kunststoffe effektiv und nachhaltig zu nutzen? Und welche Rolle spielen die verschiedenen *Stakeholder* (Mensch, Umwelt, Industrie, Politik)?

Eine nachhaltige Zukunft von Kunststoffen in der *Circular Economy* erfordert eine grundlegende und tiefgreifende Neuausrichtung des aktuellen Produktions- und Konsumsystems.[II] Ein zentraler Baustein in der *Circular Economy* ist das **ganzheitliche Recycling**, das eine Kaskade[III] aus mechanischem Recycling, *Downcycling*, chemischem Recycling und *Feedstock*-Recycling enthält (*siehe Kapitel 18, Abbildung 24*). Alle diese Prozesse sind jedoch mit einem erheblichen (Energie-)Aufwand verbunden, der stark von der Beschaffenheit und Komplexität des zu recycelnden Materials abhängt. Dieser Aufwand kann optimiert (**Energieeffizienz**, **Ressourceneffizienz**), aber nicht auf null reduziert werden. Daher ist es in diesem Zusammenhang am besten, wenn so wenig wie möglich recycelt werden muss – zugespitzt ausge-

[I] Ein *Stakeholder* ist jede Entität, die von den Aktivitäten, Entscheidungen oder Ergebnissen eines Projekts, Unternehmens oder einer Organisation direkt oder indirekt betroffen ist oder daran ein Interesse hat. Eine Entität ist in diesem Kontext ein eindeutig identifizierbares Objekt oder Subjekt, das eine eigenständige Existenz besitzt und von anderen unterschieden werden kann.

[II] Die Durchführung und Implementierung von Maßnahmen zur Transformation sind mit finanziellen Herausforderungen verbunden.

[III] In diesem Zusammenhang ist eine Kaskade eine sequenzielle Anordnung von Prozessen, bei der die Ausgabe eines Vorgangs als Eingabe für den nachfolgenden Vorgang genutzt wird.

drückt: Das beste Recycling ist kein Recycling (**Vermeidungsstrategie**).[337]

Das bedeutet, dass bereits vor der Recyclingphase Maßnahmen ergriffen werden müssen, um die Lebensdauer eines Kunststoffprodukts so weit wie möglich zu verlängern. Entscheidend für die Lebensdauer ist hierbei die aktive Nutzungsphase bzw. Funktionsdauer, denn nur in dieser erfüllt das Produkt seinen Zweck – ein ungenutztes Produkt ist eine Ressource am falschen Ort.[IV,338]

Wie halten wir das Produkt so lange wie möglich in der Nutzungsphase bzw. funktionsfähig?

Das zentrale und multifunktionale Steuerelement ist hier das **Produktdesign**. Ein wesentlicher Designaspekt ist die **Funktionsbeständigkeit**.[339] Sie stellt sicher, dass das Produkt über die gesamte Nutzungsdauer hinweg zuverlässig seine vorgesehenen Funktionen erfüllen kann. Dies wird erreicht, indem die Produktentwicklung auf Langlebigkeit, Zuverlässigkeit und Widerstandsfähigkeit ausgerichtet wird (*Design-for-Longevity*, *Design-for-Durability*[V]).[340] Ein solches Design trägt nicht nur zur Verringerung von Reparaturen und Ausfällen bei, sondern fördert auch die Nachhaltigkeit, indem es den Bedarf an häufigen Ersatzkäufen reduziert und somit insgesamt die Ressourcennutzung minimiert – eine doppelte Lebensdauer bedeutet einen halben Ressourceneinsatz.[VI]

Ein weiterer Gesichtspunkt ist die **Wiederverwendbarkeit** (*Design-for-Reuse*). Dieser Ansatz zielt darauf ab, Produkte und ihre Komponenten so zu gestalten, dass sie am Ende ihrer Lebensdauer in unterschiedlichen Formen wiederverwendet werden können. Dabei lassen sich vier Hauptarten der Wiederverwendung unterscheiden:

[IV] Ein Beispiel hierfür ist die Anzahl der Althandys: In der Bundesrepublik Deutschland befinden sich rund 210 Millionen ausrangierte Handys im Besitz von Konsumenten. Das bedeutet, dass jeder Einwohner – neben einem aktiven Handy – im Durchschnitt 2,5 ungenutzte Handys besitzt (für eine vereinfachte Berechnung wird die deutsche Gesamtbevölkerung mit etwa 83 Millionen Personen berücksichtigt).

[V] *Design-for-Longevity* = Langlebigkeitsdesign, Design für Langlebigkeit; *Design-for-Durability* = Haltbarkeitsdesign, Design für Haltbarkeit, Design für Dauerhaftigkeit

[VI] Produkt A hat eine Lebensdauer von einer Zeiteinheit, Produkt B von zwei Zeiteinheiten. Beide Produkte erfüllen die gleiche Funktion. *Nach* zwei Zeiteinheiten sind bereits zwei Einheiten von Produkt A zu Abfall geworden, während von Produkt B nur eine Einheit anfällt.

Wiederverwendung des gesamten Produkts mit gleicher Funktion: Das Produkt wird nach seiner ursprünglichen Nutzung für denselben Zweck wiederverwendet. Beispiel: Unsere PET-Flasche wird gereinigt und wieder mit Getränken befüllt.

Wiederverwendung des gesamten Produkts mit anderer Funktion: Das Produkt wird für einen neuen Zweck verwendet, der von seiner ursprünglichen Funktion abweicht. Beispiel: Unsere alte PET-Flasche wird zu einem Polyester-T-Shirt.

Wiederverwendung von Komponenten des Produkts für Produkte mit derselben Funktion: Einzelteile des Produkts werden entnommen und in neuen Produkten mit der derselben Funktion wiederverwendet.

Wiederverwendung von Komponenten des Produkts für Produkte mit anderer Funktion: Einzelteile des Produkts werden für die Herstellung von Produkten mit einer anderen Funktion verwendet.

Wichtig für die Wiederverwendung von Komponenten ist, dass bei der Produktentwicklung eine einfache Zerlegbarkeit (**Modularität**) berücksichtigt wird.[341]
Dieser Aspekt spielt ebenfalls eine Rolle bei der **Reparierbarkeit** von Produkten (*Design-for-Repair*[VII]). Ein durchdachtes Design, das Reparaturen erleichtert, trägt maßgeblich dazu bei, dass Produkte länger genutzt werden können. Dies umfasst die Verwendung von standardisierten, leicht austauschbaren Bauteilen, sowie eine klare Dokumentation von Reparaturprozessen. Durch die Integration dieser Methoden können wir die Nutzungsphase eines Produkts verlängern.
Daneben sollten auch Konzepte wie ***Design-for-Recycling***, ***Benign-by-Design***, ***Circular-Product-Design***, ***Design-for-Sustainability***[VIII]

[VII] Teilweise berücksichtigt diese Maßnahme auch Konzepte wie z. B. *Refurbish* (Aufbereiten), *Remanufacture* (Wiederherstellen) oder die Möglichkeit der Wartung und Instandsetzung.
[VIII] *Design-for-Recycling* = Design für Recycling: Produkte werden so gestaltet, dass sie am Ende ihrer Lebensdauer leicht recycelt und wiederverwertet werden können, indem ihre Materialien und Strukturen auf eine effiziente Trennung und Wiederverwertung ausgelegt sind. *Benign-by-Design* = umweltfreundliches Design: Dieser Ansatz zielt darauf ab, Produkte und Materialien

berücksichtigt werden, die sicherstellen, dass Produkte vom Lebensende her gedacht und entsprechend gestaltet werden.[342] Während *Design-for-Recycling*[IX] sich in erster Linie auf die Recyclingfähigkeit am Ende des Produktlebenszyklus konzentriert, zielt *Benign-by-Design* darauf ab, von Anfang an umweltfreundliche Materialien und Produktionsprozesse einzusetzen. *Design-for-Sustainability* berücksichtigt darüber hinaus auch soziale und wirtschaftliche Aspekte und verfolgt einen ganzheitlichen Ansatz für nachhaltiges Produktdesign.

Zusätzlich sollte ein ***Redesign***[X] für bestehende Produkte berücksichtigt werden, insbesondere mit Blick auf den Materialeinsatz, ohne dabei die Funktionalität zu beeinträchtigen (***Design-for-Reduction***, ***Light-weight-Design***[XI]). Durch die Reduzierung des Materialverbrauchs wird die benötigte Kunststoffmenge verringert, Ressourcen geschont, der ökologische Fußabdruck minimiert, Kosten gesenkt und die Abfallmenge insgesamt reduziert.[343]

Dabei ist es unerlässlich, sowohl die Produktebene (z. B. Form, Größe, Gewicht) als auch die molekulare Ebene (Polymerstruktur) in den Blick zu nehmen. Dies stellt sicher, dass sowohl die makroskopische Gestaltung als auch die mikroskopische Zusammensetzung optimal auf die Anforderungen einer *Circular Economy* ausgerichtet sind. Das Design umfasst daher auch die Entwicklung neuer Polymere, die einfacher über chemisches Recycling oder *Feedstock*-Recycling recycelt werden können als herkömmliche Materialien (**Polymerdesign**, Materialsubstitution). Gleich-zeitig sollten diese Polymere und Materialien einen geringeren CO_2-Fußabdruck und eine verbesserte Ökobilanz aufweisen.[344]

von Anfang an so zu entwerfen, dass sie umweltfreundlich sind und während ihres gesamten Lebenszyklus minimale negative Auswirkungen auf die Umwelt haben. *Design-for-Sustainability* = Design für Nachhaltigkeit: Produkte werden unter Berücksichtigung ökologischer, sozialer und ökonomischer Nachhaltigkeitskriterien entwickelt, um langfristig Ressourcen zu schonen und die Umwelt zu entlasten.

IX Auch das modulare Design spielt hier eine wichtige Rolle. Je einfacher ein Produkt in seine Einzelkomponenten zerlegt werden kann, desto leichter ist es zu recyceln.

X *Redesign* = Neugestaltung

XI *Design-for-Reduction* = Reduktionsdesign: Dieser Ansatz zielt darauf ab, Produkte so zu gestalten, dass der Materialeinsatz minimiert wird, ohne dabei die Funktionalität oder Qualität zu beeinträchtigen. *Lightweight-Design* = Leichtbau-Design: Bei diesem Konzept werden Produkte so entwickelt, dass sie mit weniger Material auskommen, was zu einer Gewichtsreduktion führt und gleichzeitig die Effizienz im Herstellungs- und Transportprozess erhöht.

Ein weiteres zentrales Konzept ist die Verwendung von **Monomaterialien/Monopolymermaterialien**, also Materialien, die nur aus einem Polymertyp bestehen. Viele der heutigen Produkte kombinieren verschiedene Polymere, was das Recycling zusätzlich erschwert, da die Trennung der Materialien aufwendig und kostenintensiv ist. Durch den Einsatz von Monomaterialien können Recyclingprozesse effizienter und wirtschaftlicher gestaltet werden, da weniger komplexe Trennverfahren erforderlich sind und insgesamt die Qualität des recycelten Materials steigt. Auf diese Weise könnten wir in der Recyclingkaskade an einer höheren Stelle wieder einsteigen. Zudem kann der Fokus auf eine begrenzte Anzahl von Kunststoffarten die Recyclingprozesse weiter vereinfachen und ihre Effizienz erhöhen.[345]
Durch die Kombination der unterschiedlichen Designkonzepte können synergetische Effekte erzielt werden.
Auch technologische Innovationen aus anderen Bereichen können beitragen, beispielsweise ist der Einsatz von **„intelligenten" Materialien** eine interessante Option. Diese Materialien können beispielsweise ihre Eigenschaften durch externe Stimuli (z. B. Licht, Temperatur) ändern, um das Recycling zu erleichtern und den Recyclingprozess zu vereinfachen.[346] So könnten Polymere, die auf Temperatur reagieren, dazu beitragen, die Trennung von Mehrschichtmaterialien zu ermöglichen, indem sie sich gezielt lösen oder umformen. Zudem gibt es Materialien, die durch eingebettete *Marker* oder *Tracer*[XII] leicht identifiziert und sortiert werden können. Solche *Marker* können z. B. maschinenlesbare Informationen enthalten, die Recyclinganlagen eine präzise Trennung und Wiederaufbereitung ermöglichen. Diese Technologien tragen ebenfalls dazu bei, die Effizienz des Recyclings zu erhöhen und den Materialkreislauf zu schließen. Darüber hinaus ermöglichen sie eine bessere Produktverfolgbarkeit und erhöhen die Erfüllung

[XII] *Marker* (Identifikationsstoff) sind Chemikalien, die als Additive in Kunststoffen eingebracht oder an das Polymer gebunden sind und besondere Eigenschaften besitzen, die eine einfache Identifizierung und eine charakteristische Signatur ermöglichen. Sie dienen dazu, die Identifizierung und Verfolgbarkeit von Produkten im Recyclingprozess zu erleichtern. *Tracer* (Verfolgungsstoff/Rückverfolgungsstoff) hingegen sind Substanzen, die verwendet werden, um den Fluss und die Bewegung von Materialien zu verfolgen. Dadurch wird die Effizienz und Nachverfolgbarkeit in Recycling- und Produktionsprozessen verbessert.

der Produktverantwortung, indem sie Informationen zur Materialzusammensetzung und Herkunft bereitstellen.[347] Dadurch wird nicht nur die Erfüllung der Produktverantwortung erleichtert, sondern auch die Transparenz entlang der gesamten Wertschöpfungskette verbessert.[XIII]

Bei allen bisher besprochenen Maßnahmen muss der Entstehung von Mikroplastik besondere Beachtung geschenkt werden. Es ist entscheidend, die Bildung von Mikroplastikpartikeln durch Abrieb von Kunststoffen zu vermeiden, da diese aufgrund ihrer geringen Größe leicht in die Umwelt gelangen können. Ebenso muss die Freisetzung von (Makro-)Kunststoffteilen in die Umwelt verhindert werden. Sollte die Entstehung von Mikroplastik innerhalb der *Plastiksphäre* nicht gänzlich vermieden werden können, sind geeignete Methoden zur Rückgewinnung dieser Emissionen zu entwickeln (z. B. Filtersysteme).[348]

Im Bereich der **Ressourcen- und Produktverfolgung** kann auch die *Blockchain*-Technologie[XIV] eine Rolle spielen.[349] Durch die Speicherung von Daten in einem dezentralen und manipulationssicheren System wird eine lückenlose Dokumentation der Herkunft, Verarbeitung und Bewegung von Materialien ermöglicht. Dies erlaubt die Erstellung eines umfassenden digitalen Produktpasses[350]. Da entlang der Wertschöpfungskette und des Produktlebenszyklus häufig verschiedene Akteure von Produzenten bis Recyclingunternehmen beteiligt sind, ist eine Vernetzung dieser Beteiligten entscheidend für den Erfolg der *Plasticonomy*. So können beispielsweise Informationen über die Zusammensetzung und den Recyclingstatus eines Produkts für alle Akteure der Wertschöpfungskette transparent gemacht werden.[351] Die Kombination der *Blockchain*-Technologie mit anderen Technologien wie dem *Internet*

[XIII] Der Einsatz von *Markern* und *Tracern* werfen auch rechtliche Fragen auf, wie beispielsweise den Datenschutz.

[XIV] Die *Blockchain*-Technologie ist ein dezentrales digitales Hauptbuch, das Transaktionen in Form von Datenblöcken speichert, die miteinander verkettet sind und eine hohe Sicherheit und Unveränderlichkeit bieten. Durch die Verwendung von kryptografischen Verfahren ermöglicht sie eine transparente und nachvollziehbare Dokumentation von Transaktionen.

of Things (*IoT*)[XV] und künstlicher Intelligenz (KI)[XVI] eröffnet weitere Möglichkeiten. *IoT*-Sensoren können beispielsweise Daten über die Nutzung und den Zustand von Produkten sammeln und diese in der *Blockchain* speichern. KI-Algorithmen können diese Daten analysieren, um beispielsweise die Lebensdauer von Produkten vorherzusagen oder Optimierungspotenziale zu erkennen.[352]
Die vorgeschlagenen Maßnahmen können die Recyclingfähigkeit von Kunststoffen verbessern und den Recyclingprozess effizienter gestalten. Gleichzeitig müssen die Recycling-Technologien an die neuen Anforderungen angepasst werden, wobei der Schwerpunkt auf einer maximalen Recyclingrate und maximaler Recyclingzyklenzahl bei höchster Qualität und Ressourceneffizienz liegen sollte.
Zusätzlich zur Weiterentwicklung der Recycling-Technologien ist die Optimierung der **Sammel- und Sortierinfrastruktur** von entscheidender Bedeutung. Eine effiziente Sammlung und Sortierung von Kunststoffabfällen ist entscheidend, um eine hohe Qualität des Rezyklats zu gewährleisten. Dabei können auch digitale Technologien und künstliche Intelligenz zum Einsatz kommen. KI-gesteuerte Systeme[XVII] können Kunststoffe präzise identifizieren und sortieren, wodurch die Effizienz des Recyclingprozesses gesteigert wird.[353]
Für die Realisierung einer nachhaltigen *Plasticonomy* in einer *Circular Economy* sind kreislauffähige Wirtschaftspraktiken unerlässlich, die die beschriebenen Maßnahmen und Strategien berücksichtigen und umsetzen. Ein zentraler Baustein ist dabei die **erweiterte Produzentenverantwortung**, die das Verursacherprinzip ins Zentrum rückt.[354] Hersteller sind verpflichtet, die Verantwortung für den gesamten Lebenszyklus ihrer Produkte zu übernehmen – von der Produktion über die Nutzung bis hin zum Recycling.[355] Ziel ist es, externe Kosten wie Umweltverschmutzung, Gesundheitskosten oder Aufwendungen für die Abfallentsorgung durch eine effektive Internalisierung zu minimieren. Bisher wurden/werden diese Kosten oft von der Gesellschaft

[XV] Das Internet der Dinge (*Internet of Things*) beschreibt die Vernetzung von physischen Objekten mit Sensoren und Software, die es ihnen ermöglicht, Daten zu sammeln, auszutauschen und miteinander zu interagieren.
[XVI] Der allgemeine Begriff *Künstliche Intelligenz* umfasst zahlreiche Technologien, wie z. B. maschinelles Lernen, generative künstliche Intelligenz.
[XVII] Im Recyclingbereich ist die spezifische Unterkategorie *Maschinelles Lernen* besser geeignet.

und der Umwelt getragen.[356] Dies erfordert jedoch die Entwicklung und Implementierung geeigneter Monitoring- und Kontrollsysteme, um eine transparente und effiziente Umsetzung zu gewährleisten. [357]

Pfandsysteme sind eine weitere wirksame Strategie zur Unterstützung einer kreislauffähigen Wirtschaft. Durch finanzielle Anreize werden Verbraucher motiviert, Plastikprodukte zurückzugeben, anstatt sie wegzuwerfen. In zahlreichen Ländern haben sich Pfandsysteme als sehr erfolgreich erwiesen, da sie hohe Rücklaufquoten und eine hohe Recyclingrate ermöglichen. In der Bundesrepublik Deutschland liegt die Rücklaufquote bei bepfandeten Flaschen beispielsweise bei etwa 97 %[XVIII].[358] Überträgt man dieses „Erfolgsmodell" auf andere Kunststoffproduktklassen, könnte dies einen Beitrag zur Weiterentwicklung der *Plasticonomy* leisten.

Ein weiteres Element für die *Circular Economy* ist die Integration von **Service-Modellen**.[359] Diese Konzepte, auch bekannt als *Product-as-a-Service* (Produkt als Dienstleistung) oder *Pay-by-Use* (nutzungsabhängige Zahlung), ermöglichen es Unternehmen, die Kontrolle über den gesamten Lebenszyklus ihrer Produkte zu behalten. Dadurch werden die Rücknahme, das Recycling und die Wiederverwendung von Materialien erheblich erleichtert. Die Vermietung von Produkten sorgt zudem für eine intensivere Nutzung, was zu einer gesteigerten Ressourceneffizienz führt.[XIX,360] Ergänzend dazu ermöglicht die Sammlung und Auswertung von Nutzungsdaten den Unternehmen, ihre Produkte gezielt und kontinuierlich zu optimieren.[XX]

Die beschriebenen Maßnahmen fallen in den Verantwortungsbereich des *Stakeholders* Industrie und werden bereits in unterschiedlichem Umfang umgesetzt. Eine gezielte Kombination dieser Maßnahmen bietet die Möglichkeit, Synergien zu schaffen – sei es in der Ressourcen-

[XVIII] Von den ca. 97 % werden allerdings nur 32,6 % wieder zu Flaschen (2017). Der Rest wird für die Herstellung von Folien, Textilien etc. verwendet.

[XIX] Die Vermietung von Produkten steigert die Ressourceneffizienz, da sie eine intensivere Nutzung ermöglicht. Durch die „gemeinsame" Nutzung werden Produkte häufiger verwendet als bei Einzelbesitz. Vermietungsunternehmen optimieren zudem die Auslastung ihrer Produkte, minimieren Leerlaufzeiten und investieren in langlebige Qualität. Eine professionelle Wartung und Reparatur trägt zusätzlich zur Verlängerung der Produktlebensdauer bei.

[XX] Die Sammlung und Auswertung von Kundendaten werfen rechtliche Fragen auf, insbesondere im Hinblick auf den Datenschutz.

effizienz, bei Kostensenkungen oder in der Innovationsförderung. Dadurch kann das volle Potenzial der *Plasticonomy* ausgeschöpft werden. Eine weitere wichtige Voraussetzung für eine erfolgreiche und zukunftsfähige *Plasticonomy* ist die Entwicklung bzw. die Weiterentwicklung von **einheitlichen Standards**.[361] Solche Standards ermöglichen eine klare Kommunikation zwischen allen beteiligten Akteuren, stellen die Kompatibilität von Produkten und Materialien sicher und erleichtern die Skalierung von Recyclingprozessen.

Die effektive Umsetzung der vorgeschlagenen Konzepte erfordert ein Zusammenspiel von **politischen und regulatorischen Maßnahmen** sowie ein gesellschaftliches Umdenken (*Abbildung 29*). Diese Aspekte sind entscheidend, um insgesamt den Übergang zu einer *Circular Economy* voranzutreiben und eine nachhaltige Nutzung von Kunststoffen zu ermöglichen. Sie schaffen den notwendigen rechtlichen und wirtschaftlichen Rahmen, um Innovationen zu initiieren, das Verhalten der Verbraucher zu beeinflussen und die Verantwortung der Produzenten zu erhöhen.[362] Eine erfolgreiche Umsetzung dieses Wandels erfordert eine enge Zusammenarbeit zwischen Industrie, Regierungen und Verbrauchern.

Verbindliche und einheitliche **Recyclingquoten** für Kunststoffe sind ein Instrument zur Förderung der *Plasticonomy* und zur Verringerung der Umweltauswirkungen von Kunststoffabfällen.[XXI,363] Sie bestimmen den Mindestanteil an recyceltem Kunststoff, den Hersteller in Produkten verwenden müssen.[364] Beispielsweise legt die EU-Richtlinie über Verpackungen und Verpackungsabfälle Ziele für den Rezyklatanteil fest: 25 % bis 2025 und 30 % bis 2030.[365] Dabei gibt es verschiedene Arten von Quoten: *Produktbezogene Quoten* legen fest, dass für bestimmte Produkte, wie etwa Getränkeflaschen oder Verpackungen, ein

[XXI] Eine Vereinheitlichung der Berechnungsgrundlage ist entscheidend, um die tatsächliche Recyclingquote vergleichbar zu machen. Einige Länder, wie die Bundesrepublik Deutschland, verwenden eine *input*-bezogene Berechnungsmethode, die auf der Menge des Materials basiert, das in die Recyclinganlage gelangt. Die meisten EU-Mitgliedstaaten hingegen nutzen eine *output*-bezogene Berechnung, die die Menge des tatsächlich recycelten Materials erfasst. Diese unterschiedlichen Methoden führen zu stark voneinander abweichenden Daten und erschweren einen aussagekräftigen Vergleich der Recyclingleistungen einzelner Länder. Eine *input*-bezogene Berechnung kann zu höheren Recyclingquoten führen, da sie auch nicht recycelbare Materialien berücksichtigt, die in den Recyclingprozess gelangen. Dies kann ein verzerrtes Bild der tatsächlichen Recyclingeffizienz vermitteln.

Mindestanteil an Rezyklaten vorgeschrieben ist. *Materialbezogene Quoten* beziehen sich auf bestimmte Kunststoffarten, wie beispielsweise PET, und definieren den erforderlichen Anteil an Recyclingmaterial. *Gesamtquoten* hingegen beziehen sich auf den durchschnittlichen Rezyklatanteil aller Kunststoffprodukte eines Herstellers.

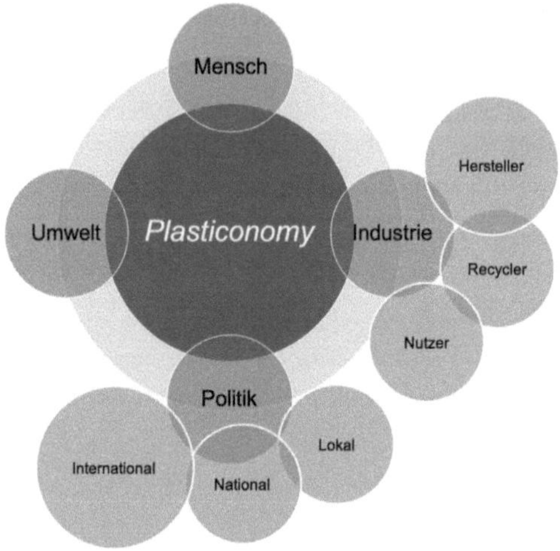

Abbildung 29. Stakeholder der *Plasticonomy.*[XXII]

Neben hohen Recyclingquoten ist auch die Verlängerung der Nutzungsdauer von Kunststoffprodukten durch den Ausbau von **Mehrwegsystemen** entscheidend.[366] Diese Maßnahme kann den Verbrauch von Einwegkunststoffen erheblich senken. Eine Verdopplung der Nutzungsdauer eines Kunststoffprodukts könnte beispielsweise dazu führen, dass nur noch die Hälfte der Produktionsmenge benötigt wird, was wiederum wertvolle Ressourcen einspart. Um die Umweltverschmutzung durch Plastikmüll zu verringern und eine nachhaltigere Kreislaufwirtschaft zu fördern, hat die EU bereits ein Verbot für bestimmte Einwegplastikprodukte erlassen, die durch umwelt-

[XXII] Auch *NGOs* (*Non-Governmental Organization* (*NGO*) = Nichtregierungsorganisation) können für alle Haupt-*Stakeholder* (Mensch, Industrie, Politik, Umwelt) eine wichtige Rolle als deren Vertreter und zur Bündelung von Interessen spielen.

freundlichere Alternativen ersetzt werden können.[367] Bis 2030 sollen die EU-Staaten schrittweise auf Mehrwegsysteme umstellen.[368]

Ein weiterer wichtiger regulatorischer Baustein ist die Stärkung der **Markttransparenz**. Nur wenn klar ersichtlich ist, welche Kunststoffe in welchen Produkten enthalten sind und wie sie recycelt werden können, lassen sich effektive Maßnahmen zur Erhöhung der Recyclingquote umsetzen. Eine klare und einheitliche Kennzeichnung von Kunststoffen ist dabei unerlässlich, damit Verbraucher auf einen Blick erkennen können, aus welchem Material ein Produkt besteht und ob es recyclingfähig ist. Ergänzend dazu sind umfassende Informationen über Rezyklatanteil und Recyclingmöglichkeiten erforderlich.

Ein **Kunststoffbewertungstool** mit Ampelsystem könnte eine einfache und intuitive Möglichkeit für Konsumenten bieten, die Recyclingfähigkeit von Kunststoffen zu bewerten und fundierte Entscheidungen zu treffen.[XXIII]

Das Ampelsystem des Bewertungstools visualisiert die Eigenschaften von Kunststoffprodukten auf einen Blick:

- *Grün*: Vollständig recycelbare Materialien. Die Kunststoffe dieser Produkte können problemlos in den Recyclingkreislauf zurückgeführt werden und tragen so zur Ressourcenschonung und Abfallreduzierung bei.
- *Gelb*: Materialien mit eingeschränkter Recyclingfähigkeit. Diese Produkte können nur teilweise recycelt werden, etwa bei Produkten, die aus mehreren Kunststoffarten bestehen. Sie leisten einen teilweisen Beitrag zur Ressourcenschonung und Abfallreduzierung.
- *Rot*: Nicht recycelbare Kunststoffe. Diese Kunststoffe können derzeit nicht recycelt werden und werden in der Regel in der thermisch verwertet. Sie leisten keinen Beitrag zur Ressourcenschonung und Abfallreduzierung.

Neben der Recyclingfähigkeit könnte ein Bewertungstool[369] auch andere wichtige Kriterien berücksichtigen, wie zum Beispiel:

[XXIII] Das System kann als Übergangslösung angesehen werden, bis eine vollständig funktionierende Recyclingkaskade etabliert ist.

- *Umweltverträglichkeit*: Bewertung der Umweltauswirkungen des Kunststoffs während seines gesamten Lebenszyklus, von der Herstellung über die Nutzung bis hin zur Entsorgung (Ökobilanz).
- *Biologische Abbaubarkeit*: Bewertung der Fähigkeit des Kunststoffs, sich in der Umwelt auf natürliche Weise abzubauen.
- *Energieeffizienz*: Bewertung des Energieverbrauchs bei der Herstellung und dem Recycling des Kunststoffs.
- *Ressourcenquelle*: Bewertung der Herkunft der Rohstoffe – fossile Ressourcen, nachwachsende Rohstoffe, Rezyklat.

Auch Datenbanken über Materialströme spielen eine zentrale Rolle. Sie erfassen, welche Kunststoffe in welchen Mengen in Umlauf gebracht werden und wie sie entsorgt oder recycelt werden. Diese Informationen sind nicht nur für Recyclingunternehmen wertvoll, sondern auch für Hersteller und politische Entscheidungsträger, die auf dieser Basis gezielte Maßnahmen zur Optimierung des Recyclings entwickeln können.
Verbraucher spielen *die* zentrale Rolle im Gesamtkontext der *Circular Plasticonomy* (*siehe Kapitel 22*). Nur wenn sie umfassend informiert und aktiv motiviert werden, können sie einen entscheidenden Beitrag zur Kreislaufwirtschaft leisten. Politische und regulatorische Maßnahmen schaffen dabei den notwendigen Rahmen, um das Verbraucherverhalten positiv zu beeinflussen und die Recyclingquote nachhaltig zu steigern. Ein wirkungsvoller Ansatz ist die frühzeitige und kontinuierliche **Bildung und Sensibilisierung**. Umweltbewusstsein sollte bereits in Schulen und Kindergärten gefördert werden, indem Umweltthemen und Recycling fester Bestandteil des Lehrplans sind. Auf diese Weise lernen Kinder schon früh die Bedeutung der richtigen Entsorgung und die Vorteile des Recyclings kennen – eine Grundlage für einen langfristig verantwortungsbewussten Umgang mit Ressourcen. Doch Bildung allein reicht nicht aus – kontinuierliche Aufklärungskampagnen für alle Altersgruppen sind ebenso essenziell. Regelmäßige Informationskampagnen können das Bewusstsein für Recycling erheblich stärken. Solche Maßnahmen vermitteln nicht nur Wissen über korrekte Mülltrennung, sondern sensibilisieren auch für die ökologischen Folgen unsachgemäßer Entsorgung und motivieren

Verbraucher zur aktiven Teilnahme am Recyclingsystem. Damit Recycling effizient umgesetzt werden kann, braucht es zudem klare und verständliche Regeln. Eine einheitliche Kennzeichnung von Kunststoffen, leicht verständliche Symbole zur Mülltrennung sowie eindeutige Anweisungen erleichtern die richtige Entsorgung erheblich.

Die politischen und regulatorischen Maßnahmen können auch finanzielle Instrumente beinhalten, wie Steuervergünstigungen für Unternehmen, die nachhaltige Produktionsprozesse implementieren, oder Subventionen für die Entwicklung umweltfreundlicher Technologien können den Wandel erheblich beschleunigen.[XXIV,XXV]

Neben positiven Anreizen kann auch ein *Malus*-System, das Unternehmen bei nicht nachhaltigen Praktiken mit finanziellen Nachteilen belegt, einen wirksamen Anreiz zur Umstellung auf nachhaltigere Modelle bieten. Hohe Entsorgungsgebühren für nicht recycelbare Kunststoffe sind ein Beispiel dafür, wie Unternehmen dazu motiviert werden können, ihre Produkte und Prozesse zu optimieren. Durch die Integration des CO_2-Fußabdrucks von Kunststoffprodukten in ein Emissionszertifikatesystem kann ein direkter Zusammenhang zwischen den verursachten Emissionen und den Kosten hergestellt werden (*siehe Kapitel 11*).[XXVI] Unternehmen mit niedrigem CO_2-Produktfußabdruck könnten so von niedrigeren Emissionszertifikatskosten profitieren.[370]

Betrachten wir als Beispiel wieder unseren Kunststoff PET (1 Tonne) und das dazugehörige CO_2-Konto: Die Herstellung einer Tonne PET verursacht zunächst CO_2-Emissionen in Höhe von 2,15 Tonnen.

[XXIV] Steuervergünstigungen und Subventionen können ein wesentlicher Bestandteil zur Förderung einer Kreislaufwirtschaft sein, erfordern jedoch eine sorgfältige Gestaltung und Überwachung. Eine kritische Auseinandersetzung mit diesen Instrumenten ist notwendig, um sicherzustellen, dass sie ihren Zweck erfüllen und keine unerwünschten Nebenwirkungen verursachen.

[XXV] Es gibt eine Vielzahl von Programmen, die von der EU oder den Ministerien der Bundesrepublik Deutschland aufgelegt wurden bzw. in diesem Bereich aktiv sind.

[XXVI] Einige Segmente der Kunststoffindustrie fallen bereits unter das europäische Emissionshandelssystem oder nationale Emissionshandelssysteme. Für ein umfassendes System sind die Daten des CO_2-Produktfußabdrucks am besten geeignet.

Szenario 1: Thermische Verwertung
Wird das PET am Lebensende thermisch verwertet, entstehen durch den Verbrennungsprozess 2,28 Tonnen Kohlenstoffdioxid, zusätzlich zu den bereits während der Herstellung investierten 2,15 Tonnen Kohlenstoffdioxid, und eine Energiemenge von ca. 6.667 kWh. Zur Materialkompensation des PETs aus *Virgin*-PET entstehen erneut 2,15 Tonnen Kohlenstoffdioxid aus fossilen Rohstoffen hergestellt werden. CO_2-Konto = 6,58 Tonnen = 362 €[XXVII].

Szenario 2: Mechanisches Recycling/Downcycling[XXVIII]
Wird das PET am Lebensende mechanisch recycelt, entstehen durch den Recyclingprozess 0,70 Tonnen Kohlenstoffdioxid-Emissionen. CO_2-Konto = 2,85 Tonnen = 157 €.[XXIX]

Szenario 3: Chemisches Recycling[XXX]
Dieser Prozess ist in der Regel energieintensiver als das mechanische Recycling und führt zu einem höheren CO_2-Fußabdruck von 1,29 Tonnen. CO_2-Konto = 3,44 Tonnen = 189 €.

Die meisten der vorgestellten Maßnahmen müssen national umgesetzt werden, allerdings sind die Herausforderungen der *Circular Economy* im Bereich Kunststoffe global und erfordern eine enge internationale Zusammenarbeit.[371] Eine globale Harmonisierung von Recycling-standards und eine koordinierte Zusammenarbeit aller Nationen sind Grundvoraussetzungen, um die *Circular Plasticonomy* erfolgreich zu machen. Eine globale Ausrichtung verhindert zudem, dass einzelne Länder oder Regionen zu „Mülldeponien" für Kunststoffabfälle anderer werden und die negativen ökologischen Folgen des Abfalltransfers tragen.[372] Eine gemeinsame Datenbasis sowie ein transparenter Informationsaustausch über Kunststoffabfallströme und Recycling-

XXVII Basierend auf dem Brennstoffemissionshandelsgesetz mit 55 € pro Tonne CO_2 (2025).
XXVIII Die Rechnung ist idealisiert und enthält keine Materialverluste.
XXIX Bedingung: Die Kompensation durch die Marge der thermischen Verwertung darf nicht höher sein, da sonst Fehlanreize entstehen würden.
XXX Durch das chemische Recycling kann eine höhere Materialqualität erreicht werden als beim mechanischen Recycling, sodass tendenziell ein höherer Rezyklat-Preis möglich ist, der einen Teil der Kosten der CO_2-Emission ausgleichen kann.

quoten sind hierbei von zentraler Bedeutung. Eine solche globale Datenbasis könnte helfen, Schwachstellen gezielt zu identifizieren und konkrete Maßnahmen zu entwickeln. Nur so lässt sich ein effektives Recycling weltweit vorantreiben.

Länder mit niedrigem und mittlerem Einkommen sind häufig besonders stark von Verschmutzungen durch Kunststoffe betroffen und verfügen nur über begrenzte Abfallmanagementsysteme. Um globale Ungleichheiten zu verringern, müssen Wissen, Technologien und Finanzmittel geteilt werden, damit diese Länder eigene Recyclingkapazitäten aufbauen können. Durch den Aufbau von Kapazitäten und Technologietransfer lässt sich eine nachhaltige Entwicklung fördern.

Nur durch eine umfassende und koordinierte Zusammenarbeit zwischen Nationen, unter Einbeziehung aller relevanter Akteure, kann eine nachhaltige *Plasticonomy* weltweit realisiert und so zu einer nachhaltigeren Zukunft beigetragen werden.

Die Herausforderungen sind bekannt und Lösungsansätze existieren. Warum fehlt es dennoch oft an klaren Strategien und deren Umsetzung?[373] Warum bewegt sich der Fortschritt in diesem Bereich gefühlt in Zeitlupe?

Eine zentrale Ursache liegt in den unterschiedlichen Interessen der beteiligten *Stakeholder*. Regierungen, Industrie, Verbraucher und *NGOs* verfolgen oft unterschiedliche, inkompatible, widersprüchliche, konfliktäre Ziele – von wirtschaftlicher Wettbewerbsfähigkeit bis hin zu Nachhaltigkeitsansprüchen. Diese Zielkonflikte erschweren die Entwicklung einer gemeinsamen globalen Strategie.

Wie können wir die Zielkonflikte zwischen den verschiedenen Akteuren überwinden? Eine vollständige Auflösung wird vermutlich nicht möglich sein, aber durch Gesprächsbereitschaft, Dialog und Kooperation können wir uns dem Ziel einer nachhaltigen *Circular Plasticonomy* Schritt für Schritt annähern.

KAPITEL 21

Zero Waste Plasticonomy – Vision oder Utopie?

Im letzten Kapitel haben wir uns mit den *aktiven Stakeholdern* der *Plastiksphäre* beschäftigt – Industrie und Politik. Doch wie nimmt die Umwelt, als *„passiver" Stakeholder*, dieses von uns Menschen geschaffene und immer weiter um sich greifende System wahr?
Die *Plastiksphäre* hat weitreichende Folgen für die Umwelt: Bei der Gewinnung von Rohstoffen werden Wälder gerodet, die Artenvielfalt geht verloren und das Wasser wird verschmutzt. Plastikmüll verseucht Böden und Gewässer, Mikroplastik reichert sich in den Ozeanen an, und Kohlenstoffdioxid-Emissionen tragen zum Treibhauseffekt bei. Die Umwelt dient dabei unfreiwillig sowohl als Rohstoffquelle für den anthropogenen Metabolismus als auch als Müllhalde für dessen Rückstände (*siehe Kapitel 9, 10, 11, 12*).[374]
Ist es denkbar, die *Plastiksphäre* so zu gestalten, dass sie von der Umwelt entkoppelt werden kann? Wie könnte ein System aussehen, das ohne schädliche Wechselwirkungen auskommt und gleichzeitig unsere Bedürfnisse erfüllt?
Dafür ist ein grundlegendes Umdenken erforderlich – weg von der rein anthropozentrischen Sichtweise, bei der der Mensch im Mittelpunkt steht und die Natur ihm nur als Rohstoffquelle oder als Müllhalde dient, hin zu einer ganzheitlicheren, holistischen Sichtweise.[375] Diese betrachtet die Natur als komplexes und vernetztes System und misst allen natürlichen Einheiten – ob Lebewesen oder ganze Ökosysteme – einen Wert an sich zu und ein Recht auf Fortbestand, unabhängig davon, ob sie uns Menschen nützen oder nicht. Der Mensch ist somit kein externer Akteur, sondern ein integraler Bestandteil dieses Systems, mit entsprechenden Rechten und Pflichten gegenüber der natürlichen Gemeinschaft. Es ist wichtig zu bedenken, dass die Erde ein

„geschlossenes" System[I] ist, in dem jede Aktion Auswirkungen auf das gesamte planetare System hat. Daher sollten Entscheidungen und Handlungen nicht allein auf den Nutzen für den Menschen ausgerichtet sein, sondern vielmehr darauf, was dem gesamten Ökosystem und der Natur als Ganzes am besten dient.[376]

Die Vision einer geschlossenen *Plastiksphäre*, die keinen negativen Einfluss auf die Umwelt hat, basiert auf dem Konzept eines semi-geschlossenen Systems, das sich in einem Material- und Energiegleichgewicht mit der Umwelt befindet.[II] Jegliche Kunststoffe bzw. unser Kohlenstoff (**C**) würden innerhalb dieses Systems kontinuierlich zirkulieren, wobei Kunststoffabfälle vollständig für die Herstellung neuer Kunststoffe verwendet würden. Jegliche Interaktionen der *Plastiksphäre* mit der Natur sollten vermieden werden. Wenn sie jedoch unvermeidbar sind, sollten Entnahmen aus der Umwelt schonend und minimal invasiv erfolgen, ebenso wie die Rückgabe von Stoffen unter Berücksichtigung der natürlichen Kreisläufe. Dadurch würden keine durch die Natur nicht verarbeitbaren Kunststoffe oder deren Abbauprodukte in die Umwelt gelangen, wodurch die *Plastiksphäre* in den natürlichen Stoffkreislauf integriert werden würde. Als Vorbild könnte hierbei die Biosphäre selbst dienen, in der alle Prozesse in einem vernetzten Kreislauf ablaufen und „Abfall"-Produkte als Nahrung dienen und Neues entstehen lassen.

Doch wie lässt sich dieses Ziel erreichen – und ist es überhaupt realistisch?

Um dieser Vision näherzukommen, werden wir im Folgenden verschiedene *Input-Output*-Modelle[III] der *Plastiksphäre* diskutieren. Der *Input* umfasst natürliche Ressourcen aus der Umwelt – also aus der Atmosphäre, der Lithosphäre und der Biosphäre (*siehe Kapitel 5, 19*). Der

[I] Der Austausch mit dem Weltall wird hier nicht berücksichtigt.

[II] In einem System stellt der Energieabfluss mit benachbarten Systemen ein große Herausforderung dar, sodass nur eine theoretische Möglichkeit einer geschlossenen *Plastikphäre* besteht.

[III] Die Modelle basieren auf der Vorstellung, dass die *Plastiksphäre* als eine Art Stoffwechsel (Metabolismus) zu verstehen ist, bei dem der *Input* = Nahrung, Nährstoffe und der *Output* = Ausscheidungen, Abbauprodukte ist, um die Funktionen der menschlichen Gesellschaft zu ermöglichen. In der Fachsprache haben sich die englischen Begriffe *Input* und *Output* etabliert und sind prägnanter als ihre deutschen Entsprechungen.

Output besteht hingegen aus Kohlenstoffdioxid, Plastikabfällen in unterschiedlichen Größenordnungen (Makroplastik, Mikroplastik, Nanoplastik) sowie weiteren Chemikalien wie Additiven etc., die wiederum in die Atmosphäre, die Lithosphäre und die Biosphäre gelangen (*siehe Kapitel 4, 9, 11*).[IV]

Modell A – Variante A: Die Plastiksphäre ohne Recycling

Die *Plastiksphäre* im *Modell A* beschreibt ein lineares, auf fossilen Ressourcen basierendes System, das nach dem Prinzip „*Nehmen – Produzieren – Wegwerfen*" funktioniert (*Abbildung 30*).[V,377] In dieser Variante gibt es kein Recycling: Alle Materialien und die gesamte benötigte Energie stammen ausschließlich aus fossilen Rohstoffen (*fossiler Input*).

Ressourcenbedarf: Pro Zeiteinheit werden 50 Einheiten für die Materialkomponente und weitere 50 Einheiten als energetische Begleitung benötigt – insgesamt also 100 Einheiten des *fossilen Inputs.*[VI,378] Diese fossilen Ressourcen sind ein *absolut knappes Gut* – maximal stehen 1000 *fossile-Input*-Einheiten zur Verfügung.

Systemgrenzen und Folgen: Während der gesamten Laufzeit bleibt die *Plastiksphäre* nicht geschlossen, sondern gibt pro Zeiteinheit 100 Einheiten an die Umwelt ab (*Output*), sodass wir einen Fluss von 100 Einheiten durch die *Plastiksphäre* pro Zeiteinheit haben. Dies bedeutet, dass kontinuierlich Schadstoffe in die Umwelt gelangen. Diese setzen sich aus Plastikmüll, Mikroplastik, Treibhausgasemissionen sowie sekundären Abfallstoffen zusammen, die in der bzw. durch die *Plastiksphäre* entstehen. Die Folgen sind gravierend: Zum einen führt die ständige Entnahme fossiler Ressourcen zur unausweichlichen Erschöpfung der Rohstoffbasis (*siehe Kapitel 4*). Da es keine Rückführung oder Wiederverwertung von Materialien gibt, erreicht das System nach zehn Zeiteinheiten sein Ende – die Produktion kann nicht fortgeführt werden. Eine bildliche Analogie wäre ein Fass ohne Boden, in dem alles, was

IV Die Umwelt der *Plastiksphäre* beinhaltet die Atmosphäre, Lithosphäre und Biosphäre.

V In diesem Zusammenhang ist die *Plastiksphäre* als Weltmodell zu verstehen, in das die Gesamtheit des weltweiten *Inputs* und *Outputs* einfließen.

VI Die Einheiten sind virtuelle, dimensionslose Größen und wurden aus didaktischen Gründen sowie der Einfachheit halber gewählt, da die Realität ein zu komplexes System darstellt und eine Vielzahl wechselwirkender Parameter enthält.

eingefüllt wird, sofort verloren geht. Zudem steigt die Kontamination der Umwelt durch den *Output*-Strom (Plastikmüll, Mikroplastik) stetig an (*siehe Kapitel 9* und *Abbildung 30b*). Darüber hinaus hat der *Output* klimaschädliche Auswirkungen, da bei der Produktion, Verarbeitung und Entsorgung durch thermische Verwertung[VII] von Kunststoffen Treibhausgase freigesetzt werden (*siehe Kapitel 12*).

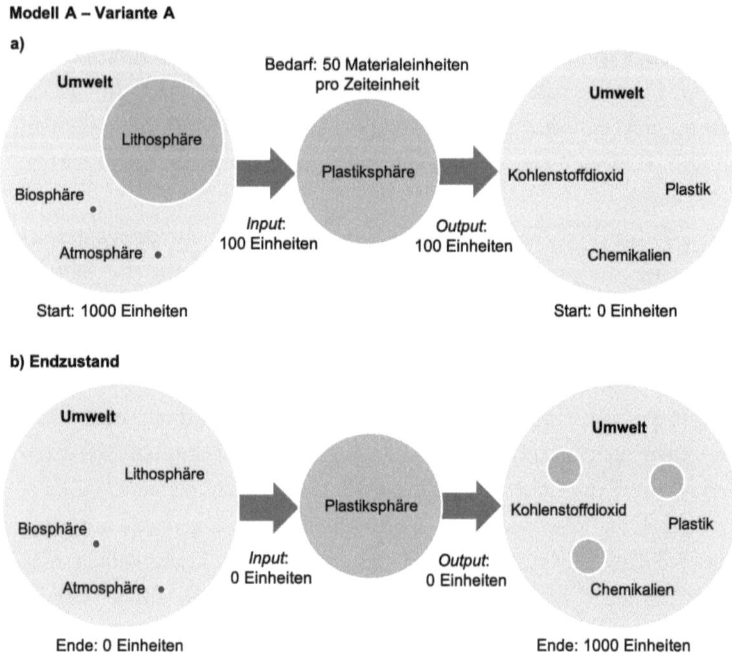

Abbildung 30. Modell A - Variante A.

Insgesamt haben wir das Verstoffwechseln von 1000 *fossilen-Input*-Einheiten zu 1000 *Output*-Einheiten, die von der Natur nicht verwertet

[VII] Als Basis wird hier die thermische Verwertung und nicht die energetische Verwertung herangezogen, da keine belastbaren Zahlen für den weltweiten Anteil der energetischen Verwertung vorliegen. Der Anteil der energetischen Verwertung kann jedoch einen Beitrag zur Senkung der *Input*-Energiekomponente leisten.

werden können.[379,VIII] Die Konsequenz es ist ein vollständiges *Systemversagen nach 10 Zeiteinheiten.*[IX]

Modell A – Variante B: erneuerbare Energiekomponente

In *Variante B* von *Modell A* wird das lineare System, das in *Variante A* ausschließlich auf fossilen Ressourcen basierte, durch den teilweisen Einsatz erneuerbarer Energien erweitert (*Abbildung 31*). Im Gegensatz zu den fossilen Ressourcen, die endlich sind und bei ihrer Nutzung Emissionen verursachen, stellt die regenerative Energiekomponente eine Annäherung an einen Gleichgewichtszustand mit der Natur dar. Nach einer initialen Investition in die entsprechende Infrastruktur – wie Wind- oder Solaranlagen – wird ein Teil der für die Produktion benötigten Energie aus „unerschöpflichen", regenerativen Quellen gewonnen, ohne die Umwelt in gleichem Maße zu belasten.[X]

Ressourcenbedarf: Würde ein Viertel der für die Produktion benötigten Energie aus regenerativen Quellen stammen, hätte dies spürbare Auswirkungen auf das Gesamtsystem (*regenerativer-Input*: 25 Einheiten). Der Bedarf der *Plastiksphäre* beträgt weiterhin 50 Einheiten Materialkomponente pro Zeiteinheit. Zwar bliebe der Gesamtbedarf an Ressourcen bei 100 *Input*-Einheiten pro Zeiteinheit konstant, doch der Anteil fossiler Ressourcen würde sich verringern. Der *fossile-Input* (75 Einheiten) bestünde dann aus 50 Einheiten Materialkomponente und 25 Einheiten Energiekomponente und der *regenerative-Input* aus 25 Einheiten. Dies würde die Gesamtlebensdauer der *Plastiksphäre* auf 13,3

VIII *Input*: Lineare Degradation, Keine Regeneration – der Verbrauch folgt einer Geraden (irreversibler Abbau). *Output*: Parallel steigt der *Output*-Strom linear an, was zur Akkumulation von 1000 Schadstoffeinheiten führt.

IX Die folgende Schätzung bzw. Überschlagsrechnung ist mit großen Ungenauigkeiten und Fehlern behaftet: Die verbleibende Erdölmenge wird auf 162–437 Mrd. Tonnen geschätzt (*siehe Kapitel 4, 5*). Der jährliche Verbrauch beträgt 4,53 Mrd. Tonnen (Stand: 2023). Anteil Kunststoffe: 0,77 Mrd. Tonnen (17 %). 17 %-Anteil an der verbleibenden Erdölmenge: 27,5–74,3 Mrd. Tonnen. Annahme: Der Anteil des Erdöls, der für Kunst-stoffe pro Jahr verwendet wird, verteilt sich folgendermaßen: Materialkomponente (0,27 Mrd. Tonnen), Energiekomponente 1 (0,27 Mrd. Tonnen) und Energiekomponente 2, Energie zur Aufrechterhaltung der Prozesse in der *Plastiksphäre* (0,23 Mrd. Tonnen). Eine Projektion dieser Daten, unter der Annahme eines konstanten Zustands, deutet auf ein mögliches Systemversagen in 36–96 Jahren hin, wobei sich am Ende 27,5–74,3 Mrd. Tonnen ehemaliges Erdöl in der Umwelt befinden würden.

X Selbstverständlich handelt es sich hierbei um eine sehr idealisierte Sichtweise. Für unsere Betrachtung wollen wir diesen Anteil aber als konstant annehmen und in den Überlegungen nicht weiter berücksichtigen, um den Fokus auf die Kunststoffe nicht zu verlieren.

Zeiteinheiten verlängern, da die begrenzte Rohstoffmenge langsamer aufgebraucht wird (maximal 1000 Einheiten). Gleichzeitig könnten jedoch mehr fossile Ressourcen in die Materialkomponente fließen (666,6 Einheiten im Vergleich zu 500 Einheiten in *Modell A – Variante A*).

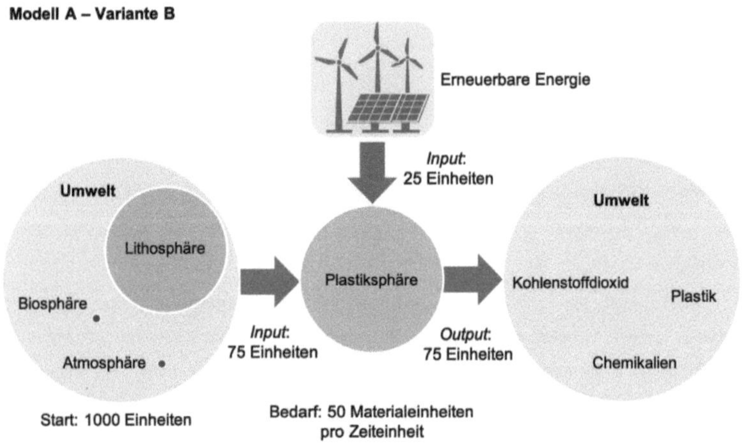

Abbildung 31. Modell A - Variante B.

Systemgrenzen und Folgen: Dennoch bleibt das Grundproblem bestehen: Aufgrund der Linearität des Systems endet auch diese Variante unausweichlich in einer Ressourcenerschöpfung und einer Umweltbelastung (*siehe Abbildung 30b*). Der *Output* pro Zeiteinheit würde sich auf 75 Einheiten verringern, verglichen mit 100 Einheiten in *Modell A – Variante A.* Nach etwa 13 Zeiteinheiten würde jedoch auch hier die Grenze von 1000 Einheiten[XI] erreicht sein, ebenso wie nach 10 Zeiteinheiten im *Modell A – Variante A.*[380,XII] Die Konsequenz: *Systemversagen nach etwa 13 Zeiteinheiten.* Selbst bei vollständiger Substitution der Energiekomponente durch regenerative Energien würde sich das

[XI] Allerdings kann es zu Variationen in der Zusammensetzung kommen, möglicherweise mehr Transfer von Plastikmüll in die Biosphäre und weniger Kohlenstoffdioxid in die Atmosphäre.
[XII] *Input:* Lineare Degradation, Keine Regeneration – der Verbrauch folgt einer Geraden (irreversibler Abbau). *Output:* Parallel steigt der *Output*-Strom linear an, was zur Akkumulation von 1000 Schadstoffeinheiten führt.

Systemversagen zwar später einstellen – *nach 20 Zeiteinheiten* – aber es käme dennoch zu einem Systemversagen.[381,XIII]

Modell B – Variante A: Die Plastiksphäre mit Recycling

Im *Modell B – Variante A* der *Plastiksphäre* wird, ähnlich wie im *Modell A*, ein System verwendet, das vollständig auf fossilen Ressourcen basiert. Während in *Modell A* kein Recycling für die Materialkomponente vorgesehen war, führt *Modell B – Variante A* einen Recyclingkreislauf innerhalb der *Plastiksphäre* ein, um die Nutzungsdauer der Ressourcen zu verlängern (*Abbildung 32*).

Ressourcenbedarf: Der Bedarf der *Plastiksphäre* beträgt ebenfalls 50 Einheiten Materialkomponente pro Zeiteinheit. 9 % der Materialeinheiten[XIV] werden nicht an die Umwelt abgegeben, sondern durch Recycling erneut in den Produktionskreislauf integriert.[XV,XVI] Der Recyclingprozess umfasst mechanisches Recycling und *Downcycling* (*siehe Kapitel 13, 14*). Wir nehmen an, dass er durchschnittlich einmal durchlaufen wird (Recyclingzyklenzahl: 1), also sich über zwei Zeiteinheiten erstreckt. In der ersten Zeiteinheit wird das Recyclingmaterial generiert und in der zweiten Zeiteinheit verwendet und danach entsorgt. Durch diesen Recyclingkreislauf pendelt sich der *Output* der *Plastiksphäre* auf 91 Einheiten pro Zeiteinheit ein, bei einem Materialrecycling von 4,5 Einheiten, sodass der *fossile-Input* bei 91 Einheiten liegt – 45,5 Materialeinheiten und zusätzlich 45,5 Energieeinheiten. Der *Output* setzt sich

[XIII] Die folgende Schätzung bzw. Überschlagsrechnung ist mit großen Ungenauigkeiten und Fehlern behaftet: Die verbleibende Erdölmenge wird auf 162–437 Mrd. Tonnen geschätzt (*siehe Kapitel 4, 5*). Der jährliche Verbrauch beträgt 4,53 Mrd. Tonnen (Stand: 2023). Anteil Kunststoffe: 0,77 Mrd. Tonnen (17 %). 17 %-Anteil an der verbleibenden Erdölmenge: 27,5–74,3 Mrd. Tonnen. Annahme: Der Anteil des Erdöls, der für Kunststoffe pro Jahr verwendet wird, verteilt sich folgendermaßen: Materialkomponente (0,27 Mrd. Tonnen), Energiekomponente 1 (0 Mrd. Tonnen) und Energiekomponente 2, Energie zur Aufrechterhaltung der Prozesse in der *Plastiksphäre* (0 Mrd. Tonnen). Eine Projektion dieser Daten, unter der Annahme eines konstanten Zustands, deutet auf ein mögliches Systemversagen in 102–275 Jahren hin, wobei sich am Ende 27,5–74,3 Mrd. Tonnen ehemaliges Erdöl in der Umwelt befinden würden.

[XIV] Weltweite Recyclingquote bzw. *Circularity Gap* von 9 % (*siehe Kapitel 1*)

[XV] Es ist wichtig zu beachten, dass auch das Recycling selbst Energie benötigt und Umweltbelastungen verursacht. Daher ist es entscheidend, auch die Effizienz des Recyclingprozesses zu optimieren und den Energieverbrauch zu minimieren. Der Energiebedarf des Recyclingprozesses wird intern in der *Plastiksphäre* durch die thermische Verwertung gedeckt.

[XVI] Annahme, dass das Recyclingmaterial in der Qualität gleichwertig dem *Input*-Material ist.

weiterhin aus Plastikmüll, Mikroplastik, Treibhausgasemissionen sowie sekundären Abfallstoffen zusammen.[XVII]

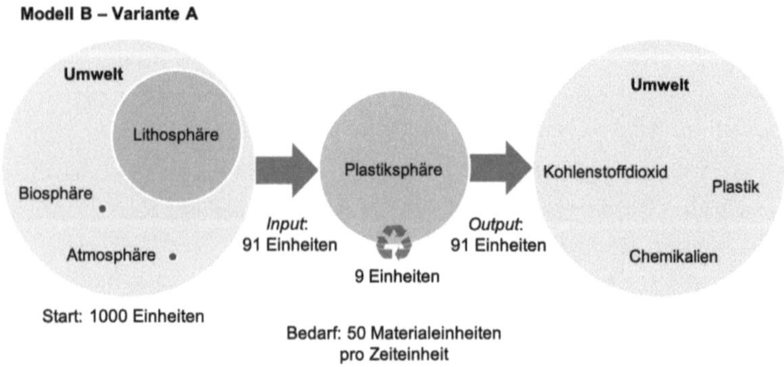

Abbildung 32. Modell B - Variante A.

Systemgrenzen und Folgen: Welche Auswirkungen hat die Recyclingkomponente? Das *Systemversagen* tritt nach *etwa 11 Zeiteinheiten* ein.[382,XVIII,XIX] Obwohl das Recycling die Lebensdauer des Systems um eine Zeiteinheiten im Vergleich zum *Modell A – Variante A* verlängert, bleibt die Problematik der irreversiblen Ressourcenerschöpfung und der negativen Umweltauswirkungen weiterhin bestehen (*siehe Abbildung 30b*). Welchen Einfluss hat die Recyclingzyklenzahl? Angenommen, wir setzen die Zyklenzahl auf zwei: In diesem Fall wird das Recyclingmaterial im ersten Zyklus generiert, im zweiten und dritten Zyklus

[XVII] Im Vergleich zum *Modell A – Variante A* wird der *Output* eine andere Zusammensetzung aufweisen. Dies ist auf den höheren Anteil an Kohlenstoffdioxid zurückzuführen, der durch die größere Menge an Kunststoffabfällen im Abfallmanagementsystem entstehen könnte. Dadurch könnten nicht recycelbare Materialien effizienter der thermischen Verwertung zugeführt werden.

[XVIII] Basisdaten siehe *Modell A – Variante A*. Annahme: Der Anteil des Erdöls, der für Kunststoffe pro Jahr verwendet wird, verteilt sich folgendermaßen: Materialkomponente (0,27 Mrd. Tonnen mit 9 % Recycling: 0,25 Mrd. Tonnen), Energiekomponente 1 (0,25 Mrd. Tonnen) und Energiekomponente 2, Energie zur Aufrechterhaltung der Prozesse in der *Plastiksphäre* (0,23 Mrd. Tonnen). Eine Projektion dieser Daten, unter der Annahme eines konstanten Zustands, deutet auf ein mögliches Systemversagen in 37–102 Jahren hin, wobei sich am Ende 27,5–74,3 Mrd. Tonnen ehemaliges Erdöl in der Umwelt befinden würden.

[XIX] Nicht lineare Degradation (irreversibler Abbau)

genutzt und im vierten Zyklus als *Output* abgegeben. Dadurch verzögert sich das Systemversagen auf etwa 12 Zeiteinheiten. [383,XX,XXI] Dennoch kommt es auch hier letztlich zur Übertragung von 1000 Einheiten Output in die Umwelt.

Modell B – Variante B: Die Plastiksphäre mit Recycling und erneuerbare Energiekomponente

Modell B – Variante B erweitert *Modell B – Variante A* (Recyclingrate: 9 %, Recyclingzyklenzahl: 1) durch die teilweise Substitution fossiler Energie mit erneuerbaren Energiequellen. Wird 30 %[XXII,384] der benötigten Energie durch erneuerbare Energien gedeckt, verlängert sich die Systemlaufzeit auf *etwa 13 Zeiteinheiten.* Falls die fossile Energie vollständig durch erneuerbare Energie ersetzt wird, kann das System bis zu *22 Zeiteinheiten* andauern. Allerdings bleibt das Problem bestehen, dass Materialien nicht unbegrenzt wiederverwendbar sind und weiterhin negative Umweltauswirkungen auftreten.

Modell C – Variante A: Die Plastiksphäre mit ganzheitlichen Recycling

Im *Modell C – Variante A* setzen wir auf die Recyclingkaskade, bestehend aus mechanischem Recycling, *Downcycling*, chemischem Recycling und *Feedstock*-Recycling (*Kapitel 18*). Allerdings entstehen Materialverluste von 10 % pro Zeiteinheit, bedingt durch Abfälle außerhalb des Systems, Verluste im Recyclingprozess sowie energetische Verwertung als letzte Recyclingoption. Daher müssen pro Zeiteinheit 10 % der Materialkomponente und 10 % der fossilen Energiekomponente neu zugeführt werden, während 90 % als Recyclingmaterial in der *Plastiksphäre* verbleiben. Unter diesen Bedingungen tritt ein *Systemversagen nach 46 Zeiteinheiten* ein. Dies stellt eine deutliche Verbesserung im Vergleich zu den vorherigen Modellen dar, aber auch hier kommt es zu einem Transfer von

XX Aufgrund der Startbedingungen weichen die *Output*-Werte für die Zeiteinheiten 1–4 (Einschwingphase) ab.

XXI Nicht lineare Degradation (irreversibler Abbau)

XXII Anteil der erneuerbaren Energien am weltweiten Strom-Mix

insgesamt 1000 Einheiten in die Umwelt – jedoch in kleineren, zeitlich verteilten Portionen.[XXIII,XXIV]

Um bei der Analogie des Fasses zu bleiben: Wir haben jetzt ein Fass mit einem Boden, aber dieser Boden weist Löcher auf, durch die der Inhalt kontinuierlich verloren geht.

Modell C – Variante B: Die Plastiksphäre mit ganzheitlichen Recycling und erneuerbarer Energiekomponente

Im *Modell C – Variante B* kombinieren wir die Recyclingkaskade mit der 100%-Nutzung erneuerbarer Energie (*Abbildung 33*). Allerdings bleibt der Abfluss von Ressourcen aus dem Materialkreislauf in der *Plastiksphäre* in Richtung Umwelt bestehen, weshalb auch dieses Modell langfristig nicht unbegrenzt tragfähig ist.[XXV] *Systemversagen nach 96 Zeiteinheiten.*

Modell D: Die Plastiksphäre mit ganzheitlichen Recycling, erneuerbarer Energiekomponente und Wachstum

In den bisherigen Modellen wurde ein konstanter Materialbedarf angenommen. Im *Modell D* wird ein jährliches Wachstum des Kunststoffbedarfs um 4 % berücksichtigt.[385,386]

Überträgt man diesen Wachstumsfaktor auf *Modell C – Variante B*, verkürzt sich die Systemlaufzeit auf *56 Zeiteinheiten* – eine Reduktion um 40 Zeiteinheiten im Vergleich zu einer stabilen Nachfrage. Dies zeigt, dass selbst effiziente Recyclingmaßnahmen und erneuerbare Energien

XXIII Degradation: Keine Regeneration (irreversibler Abbau)

XXIV Basisdaten siehe *Modell A – Variante A*. Annahme: Der Anteil des Erdöls, der für Kunststoffe pro Jahr verwendet wird, verteilt sich folgendermaßen: Materialkomponente (0,027 Mrd. Tonnen mit 90 % Recycling), Energiekomponente 1 (0,027 Mrd. Tonnen) und Energiekomponente 2, Energie zur Aufrechterhaltung der Prozesse in der *Plastiksphäre* (0,23 Mrd. Tonnen). Eine Projektion dieser Daten, unter der Annahme eines konstanten Zustands, deutet auf ein mögliches Systemversagen in 97–262 Jahren hin, wobei sich am Ende 27,5–74,3 Mrd. Tonnen ehemaliges Erdöl in der Umwelt befinden würden.

XXV Basisdaten siehe *Modell A – Variante A*. Annahme: Der Anteil des Erdöls, der für Kunststoffe pro Jahr verwendet wird, verteilt sich folgendermaßen: Materialkomponente (0,027 Mrd. Tonnen) (90 % Recycling), 0 % für Energie und 0 % für die Energie zur Aufrechterhaltung der Prozesse in der *Plastiksphäre*. Eine Projektion dieser Daten, unter der Annahme eines konstanten Zustands, deutet auf ein mögliches Systemversagen in 1019–2752 Jahren hin, wobei sich am Ende 27,5–74,3 Mrd. Tonnen ehemaliges Erdöl in der Umwelt befinden würden.

nicht ausreichen, um exponentielles Wachstum[XXVI] langfristig zu kompensieren. Am Ende des Systems sind 1000 Einheiten als *Output* in die Umwelt gelangt.

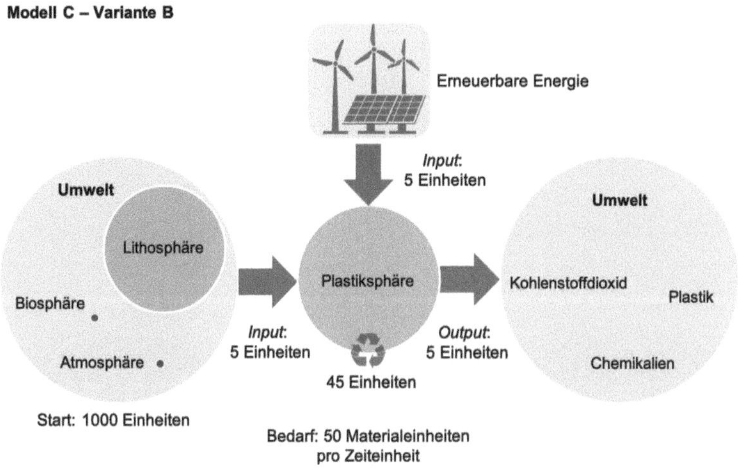

Abbildung 33. Modell C - Variante B.

Modell E: Die Plastiksphäre mit ganzheitlichen Recycling, erneuerbarer Energiekomponente und Ressourceneffizienz

In *Kapitel 20* werden verschiedene Maßnahmen zur Verbesserung der Ressourceneffizienz beschrieben. Falls es gelingt, mit diesen Maßnahmen, den Materialbedarf von 50 Materialeinheiten um 10 % auf 45 Materialeinheiten zu senken und einem ganzheitlichen Recycling mit 90 % sowie eine vollständige Nutzung von erneuerbarer Energie (100 %) zu implementieren, kann die Systemlaufzeit auf *212 Zeiteinheiten* verlängert werden.[XXVII] Der *Output* besteht in diesem Szenario größtenteils

[XXVI] Lineares Wachstum: Die Änderungsrate bleibt konstant, sodass pro Zeiteinheit stets derselbe absolute Betrag hinzugefügt wird. Exponentielles Wachstum: Die Änderungsrate ist proportional zum aktuellen Bestand, wodurch der relative Zuwachs konstant bleibt und der absolute Zuwachs mit der Zeit zunimmt.

[XXVII] Basisdaten siehe *Modell A – Variante A*. Annahme: Der Anteil des Erdöls, der für Kunststoffe pro Jahr verwendet wird, verteilt sich folgendermaßen: Materialkomponente (0,023 Mrd. Tonnen) (90 % Recycling + 10 % Ressourceneffizienz), 0 % für Energie und 0 %

aus Kohlenstoffdioxid, das durch die energetische Verwertung freigesetzt wird, während Makro- und Mikroplastik in geringeren Mengen auftreten.

Die *Modelle A* bis *E* verdeutlichen eine bereits diskutierte, aber fundamentale Wahrheit: Der Vorrat an fossilen Ressourcen ist endlich. Unser derzeitiges lineares Wirtschaftssystem, das auf exponentiellem Wachstum basiert, ist daher langfristig nicht tragfähig – auch wenn es aus gegenwärtiger Perspektive so erscheinen mag (*Abbildung 34*).

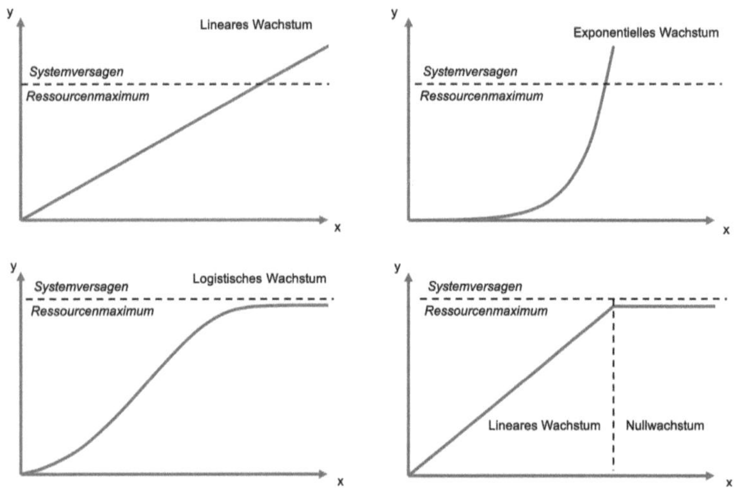

Abbildung 34. Wachstumstypen.

Obwohl Maßnahmen wie Recycling, erneuerbare Energien und Ressourceneffizienz das Systemversagen hinauszögern können, lösen sie nicht die Kernproblematik: begrenzter fossiler Ressourcen, exponentielles Wachstum und die Umweltproblematik durch den *Output*. Bezogen auf unser Kohlenstoffatom (**C**) bedeutet das, dass es

für die Energie zur Aufrechterhaltung der Prozesse in der *Plastiksphäre*. Eine Projektion dieser Daten, unter der Annahme eines konstanten Zustands, deutet auf ein mögliches Systemversagen in 1146–3096 Jahren hin, wobei sich am Ende 27,5–74,3 Mrd. Tonnen ehemaliges Erdöl in der Umwelt befinden würden.

vom *Input* durch die *Plastiksphäre* in den *Output* übergeht – jedoch in unterschiedlichen Geschwindigkeiten (*Abbildung 30b*).
Welche Maßnahmen könnten das System stabilisieren und langfristig tragfähig machen? Welche nachhaltigen Lösungsansätze sind in dieser Situation denkbar?

Modell F: Die biobasierte Plastiksphäre

Ein mögliches Lösungskonzept könnte das *Modell F* sein. Darin werden Rohstoffe aus der Biosphäre, Lithosphäre und Atmosphäre entnommen und als *Input* in der *Plastiksphäre* verwendet.[XXVIII] Entscheidend ist, dass die in den anderen Modellen genutzten fossilen Ressourcen vollständig durch nachwachsende Rohstoffe ersetzt werden (*NaWaRo-Input*) (*Abbildung 35*).

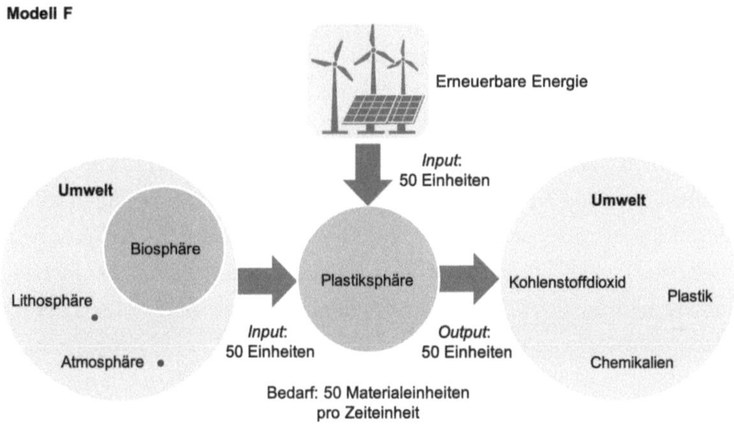

Abbildung 35. Modell F.

In diesem Modell wird das Potential der Biosphäre genutzt, um aus Kohlenstoffdioxid aus der Atmosphäre nützliche Rohstoffe für die *Plastiksphäre* zu erzeugen – und das auf einer kontinuierlichen Basis (*siehe Kapitel 19*). Gleichzeitig verlassen Chemikalien wie Kohlenstoffdioxid oder biologisch abbaubare, biobasierte Kunststoffe, sodass keine

[XXVIII] Neben den *Material*-Ressourcen, sollte auch die *Energie*-Ressource berücksichtigt werden.

langlebige Kunststoffe und Mikroplastik in der Umwelt verbleiben. Es entsteht ein geschlossener Kreislauf mit den Komponenten Atmosphäre, Biosphäre und *Plastiksphäre*, in dem der Kohlenstoff (**C**) zirkulieren kann – Abfall wird so zur Ressource für Neues.

Insgesamt ergibt sich ein ausgeglichener Haushalt zwischen kohlenstoffbasiertem *Input* und *Output*, was zu Kohlenstoffneutralität führt und den anthropogenen Treibhauseffekt vermeidet. Dies entspricht einem dynamischen Gleichgewicht, bei dem sich kontinuierliche Stoff- oder Energieflüsse ausgleichen und keine Nettoveränderung auf makroskopischer Ebene stattfindet.[XXIX]

Doch sind die Probleme mit diesem Modell wirklich gelöst oder ergeben sich neue? Sind wir (endlich) bei *„Aus Alt mach Neu, unendlich oft"* angekommen?

Zwar wird mit diesem Modell das Systemversagen durch eine scheinbar „unerschöpfliche" Ressourcenquelle vermieden, doch auch hier gibt es eine maximale Produktionsgrenze. Die scheinbare Kontinuität dieses Modells könnte die trügerische Annahme fördern, dass grenzenloser Konsum hiermit möglich sei (*Abbildung 34*).

Angenommen, der Materialbedarf beträgt wieder 50 Einheiten pro Zeiteinheit, so müssen kontinuierlich diese 50 Einheiten bereitgestellt werden. Dies erfordert eine land- und forstwirtschaftliche Produktion, die dauerhaft eine Fläche von 50 Einheiten beansprucht. Dadurch entstehen zwangsläufig Nutzungskonflikte mit der Nahrungsmittelproduktion und der natürlichen Umwelt. Dieser Teil der Biosphäre, in dem die land- und forstwirtschaftliche Produktion für die *Plastiksphäre* durchgeführt wird, wird der *Plastiksphäre* zugerechnet und ist somit der natürlichen Umwelt entzogen. Bei einem jährlichen Wachstum von 4 % hat sich der Flächenbedarf nach etwa 18 Zeiteinheiten auf 100 Einheiten pro Zeiteinheit verdoppelt, nach 28 Zeiteinheiten auf 150 Einheiten pro Zeiteinheit verdreifacht usw. – exponentielles Wachstum (***Modell G***). Die zusätzlich benötigten Einheiten würden dann auf Kosten der

[XXIX] Ein dynamisches Gleichgewicht beschreibt einen Zustand in einem System, in dem kontinuierliche Stoff- oder Energieflüsse stattfinden, die sich gegenseitig ausgleichen, sodass keine Nettoveränderung auf makroskopischer Ebene auftritt. Trotz ständiger Umwandlungsprozesse bleibt die Gesamtbilanz der beteiligten Komponenten stabil.

natürlichen Umwelt generiert – die *Plastiksphäre* wächst, während die Umwelt schrumpft.

Dies zeigt, dass ein unveränderter Fortbestand unserer Produktions- und Konsumgewohnheiten auch in diesem System unhaltbar bleibt. Exponentielles Wachstum ist in einer endlichen Welt nicht realisierbar (*Abbildung 34*).[387] Es stellt sich die generelle Frage: Ist ein unbegrenztes Wachstum der Kunststoffmenge bzw. der *Plasticonomy* überhaupt erforderlich oder wird es zwangsläufig an seine Grenzen stoßen?[XXX]

Am Beispiel von linearem und exponentiellem Wachstum haben wir gesehen, dass das Wachstum der Plastikproduktion irgendwann die Grenzen der Ressourcen und der Umwelt durchstoßen und das System zum Zusammenbruch bringen wird – wenn keine Steuerungs- oder Dämpfungselemente vorliegen. Auf der anderen Seite gibt es Wachstumsmodelle, die Schranken und Sättigungswerte enthalten (*Abbildung 34*). Beispielsweise beinhaltet das *nach oben beschränkte* Wachstum einen Sättigungswert als Grenzwert, dem sich der Wachstumspfad annähert, aber niemals überschreiten kann. Je näher das Wachstum an den Sättigungswert heranreicht, desto langsamer verläuft es – ein Beispiel: Ein Baum wächst, kann aber eine bestimmte Maximalhöhe nicht überschreiten. Ähnliches gilt für das *logistische* Wachstum, bei dem der erste Wachstumsbereich dem des *exponentiellem* Wachstums entspricht, aber nach einer gewissen Zeit einen Wendepunkt erreicht, ab dem das Wachstum sich verlangsamt und sich auch hier dem Sättigungspunkt langsam annähert, ohne ihn jemals zu erreichen.

Das bedeutet, dass auch wenn wir gegenwärtig exponentielles Wachstum in der Kunststoffproduktion beobachten, könnte es zukünftig in ein logistisches Wachstum übergehen – die Zukunft ist also noch nicht besiegelt.

Welche Konsequenzen ergeben sich daraus für unsere wachstumsbasierten Modelle der *Plasticonomy*? Statt ungebremsten Wachstums sollte ein Material-Gleichgewichtszustand[XXXI] angestrebt werden, in dem ökologische und gesellschaftliche sowie konsumtive Bedürfnisse

[XXX] Für unsere Betrachtungen konzentrieren wir uns ausschließlich auf den physischen Materialanteil der Wirtschaft, der durch die endliche Menge an Ressourcen physikalisch begrenzt ist. Nicht berücksichtigt wird dabei das Wirtschaftssystem in seiner Gesamtheit, das auch nicht-physische Wachstumsbereiche umfasst.

[XXXI] Beschränktes und logistisches Wachstum erreichen keinen Gleichgewichtszustand.

erfüllt werden, ohne die planetaren Belastungsgrenzen[388] zu überschreiten. Der Begriff *Belastungsgrenzen* sollte als kritisches Maximum verstanden werden – wir befinden uns hier am Übergang zwischen Belastung und Überlastung. Daher wäre es sinnvoll, künstliche Grenzen zu ziehen, die weit entfernt von dieser Belastungs-Überlastungs-Grenze liegen und eine ausreichend große Pufferzone schaffen. Es ist zudem wichtig, unterschiedliche Sättigungspunkte zu berücksichtigen und in Einklang zu bringen – etwa die Leistungsfähigkeit der Umwelt bei der Verwertung des *Outputs*, die Bereitstellung von Flächen für nachwachsende Rohstoffe und die maximal tragbare konsumtive Grenze. Dabei sollten die Grenzen der Umwelt als vorrangig betrachtet werden, da die *Plasticonomy* ohne deren Leistungsfähigkeit nicht nachhaltig funktionieren kann.

Viele dieser Aspekte sind Bestandteile von nachhaltigen Wirtschaftsmodellen.[XXXII] Zu nennen sind hier beispielsweise das *Grüne Wachstum* (*Green Growth*, *Green Economy*), das darauf abzielt, Wirtschaftswachstum vom Ressourcenverbrauch und den Umweltauswirkungen zu entkoppeln.[389] Ein weiterer Ansatz ist das *Nachhaltige Wachstum*, das eine ganzheitliche Verbindung ökologischer, sozialer und wirtschaftlicher Aspekte anstrebt.[390] Alternativ dazu steht das Konzept der *Steady-State Economy*[XXXIII], das ein Wirtschaftssystem beschreibt, das auf langfristige Stabilität setzt, indem es Ressourcenverbrauch und Umweltbelastung auf einem nachhaltigen Niveau hält...[391] Das Ziel dieser Modelle ist eine nachhaltige, umweltfreundliche und zukunftsfähige Wirtschaft – jedoch mit unterschiedlichen Wegen dorthin.

Wie können wir einen Material-Gleichgewichtszustand für eine zukünftige *Plasticonomy* erreichen?

Dies könnte durch eine Kombination aus ganzheitlichem Recycling, nachwachsenden Rohstoffquellen, erneuerbarer Energie, Ressourceneffizienz, nachhaltigen Designkonzepten, politischen und regulatorischen Maßnahmen etc. ermöglicht werden (*siehe Kapitel 20*) – ergänzt durch einen bewussteren Konsum auf der Konsumentenseite. Ein

[XXXII] Für unsere Betrachtungen konzentrieren wir uns ausschließlich auf den physischen Materialanteil der Wirtschaft, der durch die endliche Menge an Ressourcen physikalisch begrenzt ist. Nicht berücksichtigt wird dabei das Wirtschaftssystem in seiner Gesamtheit, das auch nicht-physische Wachstumsbereiche umfasst.

[XXXIII] *Steady State Economy* = Wirtschaft in einem stabilen Zustand, Wirtschaft im Gleichgewicht

stabiles Gleichgewicht zwischen Produktion, Konsum und Regeneration der Ressourcen ist essenziell.

Als weitere Konsequenz dieser Maßnahmen könnte sich nach der beschränkten und logistischen Wachstumsphase zum Aufbau eines ausreichend großen Materialbestands auch eine Bestandserhaltungsphase (Postwachstumsphase) anschließen – ein Nullwachstum, in dem ein fester Bestand nicht mehr wächst und dessen *Output* durch die gleiche Menge an *Input* kompensiert wird – ein dynamisches Gleichgewicht. Ein konstantes Nullwachstum ist allerdings schwer aufrechtzuerhalten. Daher ist eine gewisse Schwankungsbreite innerhalb eines Nullwachstumsbereichs realistischer (*Abbildung 36*).

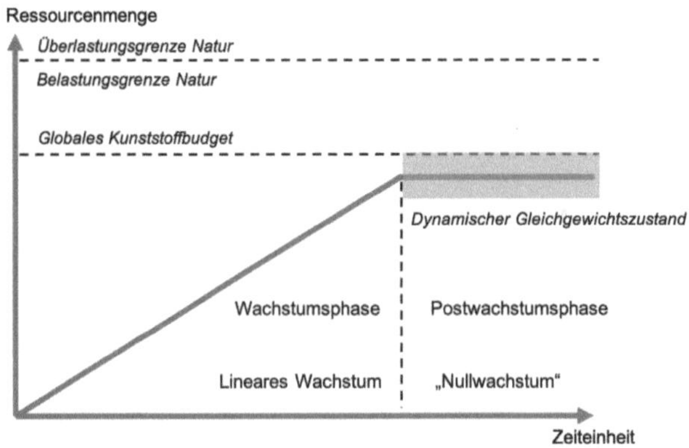

Abbildung 36. Wachstum-Postwachstum.

Zudem besteht auch die Möglichkeit eines negativen Wachstums als Teil einer *Degrowths*-Strategie.[392] Beispielsweise könnten Effizienzgewinne oder ein verändertes Konsumverhalten den Bedarf verringern und so die Umwelt entlasten.[393]

Als Nächstes wollen wir die diskutierten Punkte nutzen, um aus den *Modellen F* und *G* das ***Modell H*** zu entwickeln (*Abbildung 37*). Durch die bereits für *Modell E* diskutierten und in *Kapitel 20* beschriebenen Maßnahmen könnte die *Input*-Materialmenge aus nachwachsenden Rohstoffen reduziert werden, sodass der Großteil der Materialkomponente in der *Plastiksphäre* verbleibt. Das bedeutet, dass durch eine Ressourceneffizienzstrategie (-10 %) und einen ganzheitlichen Recyclingansatz (-90 %) der Flächenbedarf von 50 Einheiten (*Modell E*) auf 4,5 Einheiten pro Zeiteinheit reduziert werden könnte.

Der Materialbedarf innerhalb der *Plastiksphäre* würde dabei 45 Einheiten pro Zeiteinheit betragen, sodass der Umwelt weniger Fläche entnommen wird und potenzielle Umweltauswirkungen verringert werden. Damit wären wir in einem dynamischen Gleichgewichtszustand (Nullwachstum) angekommen, bei dem *Input* und *Output* denselben Betrag haben und der *Output* wieder in *Input* umgewandelt werden kann – ein geschlossener Kreislauf entsteht. Allerdings muss die Grundmenge des Materialbedarfs von 45 Einheiten, die in der *Plastiksphäre* zirkuliert, einmalig bereitgestellt werden. Eine Wachstumsphase ist erforderlich, bevor der Übergang in die Postwachstumsphase erfolgen kann.

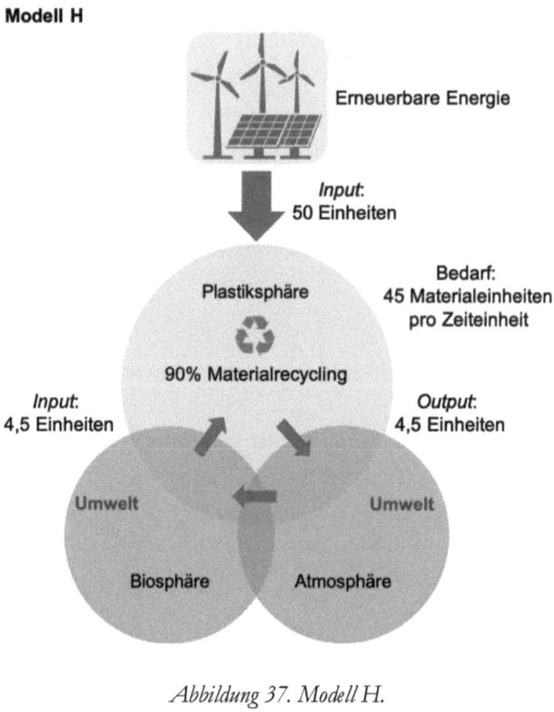

Abbildung 37. Modell H.

Doch wie soll diese Wachstumsphase gestaltet werden? Es stehen zwei Optionen zur Wahl:

1. *Sofortige Bereitstellung innerhalb einer Zeiteinheit*: Dafür wären 45 Flächeneinheiten erforderlich, von denen 40,5 nach der ersten Zeiteinheit an die Natur zurückgeführt würden. Es bleibt jedoch die Unsicherheit, ob die Natur diese Flächen regenerieren und wieder in das System integrieren kann.

2. *Schrittweiser Aufbau des Materialbedarfs*: Wird der Materialbedarf schrittweise mit 10 Inputeinheiten pro Zeiteinheit aufgebaut, erreichen wir unser Ziel nach etwa sieben Zeiteinheiten (inklusive 90 % Recycling pro Zeiteinheit). In diesem Szenario wäre der maximale Flächenbedarf mit 10 Einheiten geringer. Nach der Wachstumsphase benötigen wir in der Postwachstumsphase noch 4,5 Einheiten, sodass 5,5 Einheiten an die Natur zurückgegeben werden können. Dieses Vorgehen erscheint weniger invasiv für die Natur.

Die zweite Variante ist nachhaltiger und umweltfreundlicher, da der Flächenverbrauch gleichmäßiger verteilt und die Umwelt weniger belastet wird (*Abbildung 38*). Damit kann ein stabiler Kreislauf geschaffen werden, der langfristig tragfähig ist.

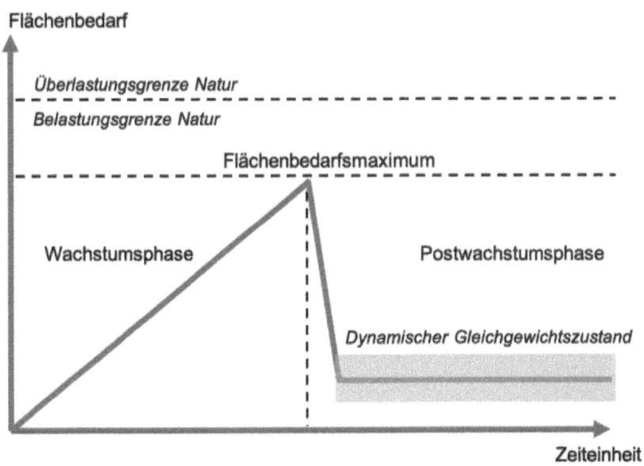

Abbildung 38. Flächenbedarf.

Aber es bleibt noch die entscheidende Frage zu klären: Gibt es eine optimale Balance zwischen ökologischer Tragfähigkeit und menschlichen Bedürfnissen?

Akteur 1 – Natur: Wo liegt die Belastungsgrenze der Natur für die Entnahme nachwachsender Ressourcen, den Flächenverlust, die Verstoffwechselung des *Outputs* pro Zeiteinheit? Was kann die Natur maximal leisten?
Akteur 2 – Menschheit: Wie hoch ist der maximale Kunststoffbedarf der Menschheit und welche Menge ist pro Kopf notwendig und nachhaltig vertretbar pro Zeiteinheit?

Analog zum globalen CO_2-Budget[XXXIV,394] könnte ein globales Kunststoff-Budget bzw. ein persönliches Kunststoff-Budget definiert werden. Beispielsweise könnten bei den Kunststoffen als erste Näherung die Abfallströme als Basis herangezogen werden – das ist die Menge, die mindestens konsumiert wurde bzw. die durch die *Plastiksphäre* geflossen ist. Zudem gelangt jeder Kunststoff früher oder später an sein Funktionsende und wird somit zu Abfall. Die *OECD*-Länder produzieren im Durchschnitt 126 kg Plastikmüll pro Person (2019) mit prognostizierter steigender Tendenz auf 238 kg pro Person (2060). Nicht-*OECD*-Länder liegen bei etwa 29 kg pro Kopf (2019), der Kunststoffabfall soll bis 2060 auf 77 kg steigen. Daraus ergibt sich eine weltweite pro-Kopf-Abfallerzeugung von 46 kg im Jahr 2019 und 100 kg im Jahr 2060.[395]
Nehmen wir als Basis die 100 kg Kunststoffabfall pro Person pro Jahr für 2060 und nutzen das als persönliches Kunststoff-Budget. Durch die Ressourceneffizienzstrategie (-10 % = 90 kg) und einem ganzheitlichen Recycling (-90 % = 9 kg) zirkuliert eine Kunststoffmenge von 81 kg in

[XXXIV] Das globale CO_2-Budget von 2,7 Tonnen pro Person und Jahr beschreibt die maximal zulässige Pro-Kopf-Emission, um die planetaren Grenzen einzuhalten und eine Erwärmung über die Schwelle von 2 °C zu vermeiden. Budget gilt für den Zeitraum: 2010–2050. Wo stehen wir: Bundesrepublik Deutschland: 10,3 Tonnen $CO_{2}e$ pro Person in 2023, weltweit: 4,7 Tonnen $CO_{2}e$ pro Person in 2023 (Hierbei handelt es sich um einen Durchschnittswert, d. h., es gibt signifikante Unterschiede zwischen den Ländern). Mögliche Konsequenz: Temperaturanstieg von 2,7–3,0 °C bis 2100.

der *Plastiksphäre*. Zusätzlich müssen 9 kg Kunststoff als *Input* bereitgestellt werden – pro Jahr und pro Person.

Als biobasierten Kunststoff betrachten wir Poly(milchsäure) /Poly(lactid) (PLA) und gehen davon aus, dass die *Plastiksphäre* ausschließlich diesen Kunststoff enthält (*siehe Kapitel 19*). Die Hauptquelle für PLA ist Mais bzw. Maisstärke, die durch Mikroorganismen zu Milchsäure fermentiert[XXXV] und anschließend zu PLA polymerisiert wird.[XXXVI,396] Das heißt, um die Grundmenge von 90 kg pro Person herzustellen, benötigen wir 215,5 kg Mais und eine Ackerfläche von 333,6 Quadratmetern. Für 8,2 Milliarden Menschen entspricht dies ca. 1,77 Mrd. Tonnen – ca. 236-mal die *Cheops*-Pyramide[XXXVII,397] – und einer Fläche von 2.735.520 Quadratkilometern – ca. 68 % der Fläche der 27 EU-Mitgliedstaaten[XXXVIII,398].

Für die Ersatzmenge pro Zeiteinheit von 9 kg PLA benötigen wir 21,55 kg Mais und eine Fläche von 33,36 Quadratmetern – für 8,2 Milliarden Menschen sind das ca. 0,17671 Milliarden Tonnen – ca. 24-mal die *Cheops*-Pyramide – und eine Fläche von 273.552 Quadratkilometern – ca. 77 % der Fläche der Bundesrepublik Deutschland.[399,XXXIX] Zusätzlich werden auch noch Flächen für die Erzeugung von erneuerbarer Energie benötigt.

Wie bereits beschrieben, muss es sich in Summe um ein flexibles, „atmendes" System handeln, das Schwankungen kompensieren kann, beispielsweise Veränderungen der Bevölkerungszahl oder Missernten. Allerdings ist es wichtig zu betonen, dass diese Flächen ausschließlich für die Kunststoffherstellung genutzt werden können und nicht für die Produktion von Lebens- oder Futtermitteln zur Verfügung stehen. Dafür müssten weitere Flächen bereitgestellt werden.

[XXXV] Fermentation ist ein Stoffwechselprozess von Mikroorganismen, bei dem organische Substanzen, meist unter anaeroben Bedingungen, in andere Verbindungen umgewandelt werden. Ein Beispiel für Fermentation ist die Joghurtherstellung, bei der Milchzucker (Laktose) durch Milchsäurebakterien zu Milchsäure umgewandelt wird. Dieser Prozess führt zur Säuerung der Milch und bildet die charakteristische Konsistenz und den Geschmack von Joghurt.

[XXXVI] Um eine Tonne PLA herzustellen, benötigen wir 2,39 Tonnen Mais und eine Ackerfläche von 3.700 Quadratmeter – ca. die Fläche eines halben Fußballfeldes.

[XXXVII] Die *Cheops*-Pyramide in Gizeh hat eine geschätzte Masse von etwa 7,5 Millionen Tonnen.

[XXXVIII] Die 27 EU-Mitgliedstaaten umfassen eine Grundfläche von ca. 4 Mio. km^2.

[XXXIX] Die Bundesrepublik Deutschland hat eine Fläche von ca. 357.683 km^2.

Ist es vertretbar, wertvolle Ackerflächen für die Kunststoffproduktion statt für die Lebensmittelproduktion zu nutzen? Können wir der Natur so viel Fläche entnehmen? Überschreiten wir damit die Belastungsgrenze der Natur, oder ist diese Nutzung nachhaltig? Fest steht: Je kleiner das globale Kunststoff-Budget, desto nachhaltiger wird die Gesamtbilanz.

Wie bereits dargestellt, wirft die pflanzenbasierte *Plastiksphäre* (*Modell H*) mehrere grundlegende Fragen auf. Eine vielversprechende Lösung zur Bewältigung dieser Herausforderungen liegt in der Adaption natürlicher biologischer Prozesse in biotechnologische oder chemische Verfahren (*siehe Kapitel 19*). Ein Beispiel hierfür ist die Nutzung von Kohlenstoffdioxid, Wasser und erneuerbarer Energie zur Realisierung künstlicher Photosynthese in einem Bioreaktor[XL]. In diesem System ***Modell I*** können Mikroorganismen diese Rohstoffe effizient in nützliche Chemikalien als Basis für die Kunststoffherstellung umwandeln (*Abbildung 28*).

Ein wesentlicher Vorteil des Bioreaktors sind die konstanten und kontrollierbaren Bedingungen, die unabhängig von externen Faktoren wie Geographie, Bodenbeschaffenheit sowie saisonalen und tageszeitlichen Schwankungen, die bei *Modell H* eine wichtige Rolle spielen. Dadurch wird eine durchgehende, gleichbleibend hohe Produktivität rund um die Uhr gewährleistet.

Darüber hinaus ermöglicht der Bioreaktor ein dreidimensionales Wachstum während die traditionelle land- und forstwirtschaftliche Produktion auf eine zweidimensionale Fläche beschränkt ist. Auf einem Acker können pro Quadratmeter (1 m x 1 m = 1 m^2) 6 bis 12 Maispflanzen[400] wachsen, während der Bioreaktor durch die Nutzung der Höhe als weitere Dimension eine erhebliche Ertragssteigerung

[XL] Ein Bioreaktor ist ein geschlossenes System, in dem biologische Prozesse unter kontrollierten Bedingungen ablaufen. Er dient der Kultivierung von Zellen oder Mikroorganismen wie Bakterien, Pilzen oder Algen, um gezielt bestimmte Produkte herzustellen oder Stoffumwandlungen durchzuführen. Im Inneren des Bioreaktors wird eine präzise kontrollierte Umgebung geschaffen. Wichtige Parameter wie Temperatur, pH-Wert, Sauerstoffgehalt und Nährstoffzufuhr werden genau reguliert, um eine hohe Produktivität zu gewährleisten. Bioreaktoren finden in zahlreichen Branchen Anwendung. In der Lebensmittelindustrie werden sie beispielsweise zur Produktion von Lebensmitteln und Getränken genutzt – bekannte Beispiele sind die Herstellung von Joghurt und Bier. In der pharmazeutischen Industrie spielen sie eine Rolle bei der Produktion von Antibiotika und Impfstoffen.

erlaubt (1 m x 1 m x 1 m = 1 m^3). Um dies zu veranschaulichen: Stellen wir uns vor, wir unterteilen das Volumen beispielsweise in 10 cm dicke Schichten, ähnlich einem Stapel Papier. Jede Schicht hat eine Fläche von 1 m^2, sodass wir insgesamt 10 Schichten erhalten – das entspricht einer Gesamtfläche von 10 m^2.
Dies ähnelt dem Konzept des *Vertical Farming* (vertikale Landwirtschaft), einer platzsparenden und ressourcenschonenden Methode der Landwirtschaft, bei der Pflanzen vertikal an Wänden oder anderen Strukturen angebaut werden.[401]
Betrachten wir erneut das Beispiel des biobasierten Kunststoffs PLA, den wir in einem chemisch-biotechnologischen Prozess herstellen könnten.[XLI] Die Produktion dieses biobasierten Kunststoffs würde in mehreren Schritten erfolgen.[XLII,402]

1. Schritt: Zunächst würden in der *photoautotrophen* Wachstumsphase[XLIII] Kohlenstoffdioxid (**CO_2**) und Wasser von Cyanobakterien aufgenommen und durch Photosynthese in Kohlenhydrate umgewandelt. Der dabei „fixierte" Kohlenstoff (**C**) würde in Form von Glykogen[XLIV] gespeichert, einem polymeren Kohlenhydrat, das als Energiespeicher dient. Diese Phase würde unter *aeroben* Bedingungen[XLV] und in Anwesenheit von Licht stattfinden, wobei Sauerstoff freigesetzt wird (*siehe auch Biomasseaufbau, Kapitel 2*). Die Funktion dieser Phase würde der anthropogenen Funktion der Maispflanze entsprechen – der Umwandlung von Kohlenstoffdioxid, Wasser und Licht in Biomasse und der Speicherung von Energie. Es gibt zwei Hauptwege, um Kohlenstoffdioxid als Rohstoff zu nutzen: Es kann direkt aus der Atmosphäre entnommen oder aus der energetischen Verwertung zum biotechnologischen Prozess überführt werden. Beide Optionen sind einzeln oder

[XLI] Die folgenden Überlegungen sind theoretischer Natur und sollen lediglich die Dimension verdeutlichen.
[XLII] Die Kombination der Schritte 1. und 2. befindet sich in der Forschungsphase.
[XLIII] Die *photoautotrophe* Wachstumsphase: *Photo* (altgriechisch) bedeutet Licht, und *autotroph* (altgriechisch) bezieht sich auf die Fähigkeit eines Organismus, organische Verbindungen aus anorganischen Stoffen (wie CO_2) zu synthetisieren.
[XLIV] Glykogen ist ein Biopolymer basierend auf dem Monomer Glukose (*siehe Kapitel 2*).
[XLV] Als *aerobe* Bedingungen (altgriechisch: *aer* = Luft) werden Umweltbedingungen bezeichnet, bei denen freier Sauerstoff (O_2) vorhanden ist.

in Kombination möglich (*siehe Carbon Capture and Storage, Direct Air Capture, Carbon Utilization and Storage Kapitel 11*).[XLVI]

2. Schritt: Anschließend würde die Dunkelphase folgen, in der die Mischung unter *anaeroben* Bedingungen[XLVII] und im Dunkeln gehalten wird. In dieser Phase würde der Abbau des gespeicherten Glykogens beginnen. und Glukose ($C_6H_{12}O_6$) freisetzen, die anschließend zu Milchsäure ($C_3H_6O_3$) fermentiert werden könnte. Durch genetische Modifikationen der Cyanobakterien könnte der Stoffwechsel so optimiert werden, dass vor allem Milchsäure und keine unerwünschten Nebenprodukte produziert würden.[XLVIII]

3. Schritt: Abschließend würde die gewonnene Milchsäure in einem mehrstufigen Polymerisationsprozess zu PLA polymerisiert und kann in der Kunststoffherstellung genutzt werden.

Was bedeutet das für unser Kunststoff-Budget?
Wie beschrieben, benötigen wir für die Wachstumsphase des Kunststoff-Budgets 90 kg PLA – also 215,5 kg Mais und 333,6 Quadratmeter Anbaufläche. Für die Postwachstumsphase benötigen wir 9 kg PLA, also 21,5 kg Mais und 33,36 Quadratmeter Anbaufläche pro Jahr. Für die Wachstumsphase müssen wir im Bioreaktor 112,5 kg Milchsäure herstellen, das entspricht 1125 Litern Reaktionslösung.[XLIX] Das bedeutet, wir benötigen einen Bioreaktor mit einem Volumen von 1,125 Kubikmetern – das entspricht etwa 4,5 Familienkühlschränken (je ca. 250 Liter). Angenommen, der Bioreaktor ist ein Würfel, dann hätte er eine Grundfläche von 1,08 Quadratmetern. Damit benötigen wir 99,68 % weniger „Anbau"-Fläche. Zusätzlich kann der Bioreaktor

[XLVI] Hier kann ein Massenbilanzsystem eingesetzt werden. Die Menge an Kohlenstoffdioxid, die an einem Ort freigesetzt wird, wird an einem anderen Ort in gleicher Menge aus der Atmosphäre entnommen.

[XLVII] *Anaerobe* Bedingungen (*anaer* = ohne Luft) liegen vor, wenn kein freier Sauerstoff vorhanden ist. Durch die Anwesenheit von Sauerstoff würde das Glykogen zu Kohlenstoffdioxid, Wasser und Energie abgebaut werden (*siehe Kapitel 2*).

[XLVIII] Es gibt auch Verfahren, bei denen die beiden Schritte kombiniert sind, sodass Milchsäure direkt aus Kohlenstoffdioxid gewonnen werden kann.

[XLIX] Basiert auf der Annahme von 100 g Milchsäure pro Liter Reaktionslösung.

innerhalb von ca. 14 Tagen[L] produzieren – verglichen mit 365 Tagen „klassisch“ auf dem Feld. Das bedeutet, der Reaktor ist 26-mal produktiver und könnte innerhalb eines Jahres 2346 kg PLA erzeugen – genug für das persönliche Kunststoff-Budget für 26 Menschen.

Bezogen auf die Weltbevölkerung könnte die Gesamtproduktionsfläche für das globale Kunststoff-Budget von 2.735.520 Quadratkilometern auf 8856 Quadratkilometer reduziert werden – etwa 12,5 % der Fläche der Bundesrepublik Deutschland.[403,LI]

Für den weltweiten Bedarf der Postwachstumsphase benötigen wir dann dauerhaft eine Fläche von 885,6 Quadratkilometern – das entspricht dem 1,17-Fachen der Fläche von Hamburg).[404,LII,LIII,LIV]

Durch den Einsatz von Biotechnologie können wir potenziell große Flächen für die Natur (oder Landwirtschaft und Forstwirtschaft) erhalten. Dies führt zu erheblichen Einsparungen und einer nachhaltigeren Nutzung unserer Ressourcen. Durch die Verlagerung von *Input* und *Output* in die *Plastiksphäre* wird eine interne Kreislaufwirtschaft etabliert, in der Ressourcengewinnung und Abfallverwertung integriert sind. *Input* und *Output* sind jetzt interne Größen der *Plastiksphäre*. Darüber hinaus ist der *Input* = *Output* = Kohlenstoffdioxid, so dass wir einen geschlossenen Kohlenstoffdioxid-Kreislauf bzw. -Metabolismus vorliegen haben, der autark gegenüber Biosphäre und Atmosphäre ist (*Abbildung 39*).[405] Insgesamt leistet dieses Modell den größten Beitrag zu einem verantwortungsvollen Umgang mit Ressourcen.

Zum Schluss stellt sich die Frage: Ist eine *Zero-Waste-Plasticonomy* realisierbar?

Die Transformation der *Plasticonomy* von einem fossilen, linearen und exponentiell wachsenden System hin zu einem biobasierten, nachhaltigen Modell ist ein langfristiger Prozess. Dieser Wandel erfordert gezielte Maßnahmen und eine schrittweise Anpassung.

[L] Basiert auf Schätzungen, die auf Forschungsergebnissen beruhen.

[LI] Die Bundesrepublik Deutschland hat eine Fläche von ca. 357.683 km².

[LII] Hamburg hat eine Fläche von ca. 755 km².

[LIII] Wichtig ist, dass der Bioreaktor flächenmäßig nur einen kleinen Teil der gesamten Produktionsanlage darstellt. Folglich ist die tatsächliche Fläche um ein Vielfaches größer.

[LIV] Zum Vergleich das größte Chemieareal der Welt hat eine Fläche von „nur“ 10 km² (BASF Ludwigshafen).

Bestehende Ressourcen (fossil-basierte Kunststoffe) sollten sinnvoll in das neue Kreislaufsystem integriert werden. Es ist daher essenziell, das bestehende Modell (evtl. näherungsweise *Modell A – Variante B*) schrittweise zu *Modell E* zu transformieren, wobei die Kohlenstoffdioxid-Emissionen dieses Systems idealerweise verwertet werden (z. B. in *Modell I*).

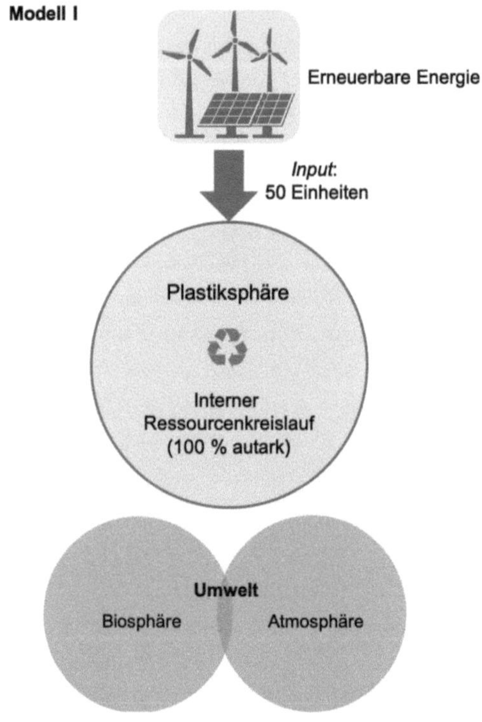

Abbildung 39. Modell I.

Gleichzeitig sollte das nachhaltige biobasierte *Modell I* kontinuierlich aufgebaut werden. Insgesamt ergibt sich dann ein geschlossener Materialkreislauf – bei dem der „Abfall" immer die Ressource für neue Kunststoffe ist – „*Aus Alt mach Neu, unendlich oft, aber ressourceneffizient und nachhaltig*".

Sind wir bereit, unser aktuelles Modell zu überdenken und zu verändern, bevor die planetaren Grenzen endgültig überschritten sind?[LV,406]

[LV] Sechs von neun planetaren Grenzen wurden bereits überschritten (*Klimawandel*: Der Klimawandel führt durch die Zunahme von Treibhausgasen zu einem gefährlichen Ungleichgewicht der Erdenergie. *Neue Stoffe*: Die unkontrollierte Freisetzung synthetischer Substanzen in die Umwelt überschreitet sichere Grenzen. *Abbau der stratosphärischen Ozonschicht*: Die Ozonschicht erholt sich langsam, ist aber noch nicht wieder auf dem Stand von vor der industriellen Revolution. *Atmosphärische Aerosolbelastung*: Die Unterschiede in der Verteilung von Aerosolen in der Atmosphäre sind noch in einem sicherem Bereich. *Ozeanversauerung*: Die zunehmende Versauerung der Ozeane bedroht marine Lebensformen und Ökosysteme. *Veränderung biogeochemischer Stoffflüsse*: Die Nährstoffkreisläufe von Stickstoff und Phosphor sind durch menschliche Aktivitäten stark gestört. *Veränderung des Süßwassers*: Die menschliche Nutzung von Süßwasser hat die natürlichen Wasserkreisläufe bereits erheblich verändert. *Veränderung der Landsysteme*: Die Umwandlung natürlicher Landschaften führt zu einem Verlust wichtiger ökologischer Funktionen. *Integrität der Biosphäre*: Der Rückgang der biologischen Vielfalt schwächt die Fähigkeit der Biosphäre das Erdsystem zu stabilisieren.

KAPITEL 22

Vom Verbraucher zum Ressourcenmanager – *Circular Economy* als Handlungsrahmen

In den vorherigen Kapiteln haben wir Möglichkeiten zur Optimierung der *Plasticonomy* vorgestellt, um Umwelt und Ressourcen zu schonen. Dabei haben wir die Kunststoffproduktion und das Kunststoffrecycling als zentrale Aspekte identifiziert. Doch auch wir Konsumenten spielen eine entscheidende Rolle als Bindeglied zwischen beiden Sektoren. Der Erfolg der *Circular Plasticonomy* hängt stark davon ab, wie bereit wir als Konsumenten sind, nachhaltige Kunststoffprodukte zu akzeptieren und wie wir die Rückgabe von Kunststoffprodukten am Ende ihrer Nutzungsphase in den Recyclingprozess unterstützen. Als Konsumenten *können*[I] wir durch bewusste Kaufentscheidungen und durch Unterstützung nachhaltiger Praktiken maßgeblich zur Förderung von Recycling und einer *Circular Economy* beitragen – unsere Konsumentscheidungen prägen nicht nur den Markt, sondern auch die Welt, in der wir leben.

Wie können wir diesen Einfluss gezielt nutzen, um nachhaltiger zu agieren? Wie können wir individuell Einfluss ausüben und dadurch gemeinsam Veränderungen bewirken?[407]

Das *18R-Modell*[II] bietet einen hilfreichen Orientierungsrahmen: *Research* (Informieren), *Rethink* (Überdenken), *Refuse* (Verweigern), *Reduce* (Reduzieren), *Redistribute* (Umverteilen), *Re-access* (Zugang statt Besitz), *Reuse* (Wiederverwenden), *Refurbish* (Aufbereiten), *Remanufacture* (Wiederherstellen), *Repair* (Reparieren), *Repurpose* (Umnutzung), *Replace*

[I] Je nach persönlicher Ausrichtung kann hier anstelle von „können“ auch das Wort „müssen“ genutzt werden. Durch die Verwendung von „können“ soll die Wahlfreiheit, individuelle Entscheidung und Eigenverantwortung betont werden.

[II] Das R-Modell gibt es in verschiedenen Varianten mit unterschiedlicher Fokussierung und Zielgruppen: *3R*-Modell (*Reduce, Reuse, Recycle*), *5R*-Modell (*Refuse, Reduce, Reuse, Recycle, Repair*), *6R*-Modell (*Refuse, Reduce, Reuse, Recycle, Repair, Rethink*).

(Ersetzen), *Return* (Rückgabe), *Recycle* (Recyceln), *Relocate* (Verlagerung), *Ripple* (Einfluss), *Regenerate* (Regenerieren) und *Refine* (Verfeinern).[III] Wichtig ist, dass die einzelnen Aspekte des Modells miteinander verzahnt sind und sich gegenseitig beeinflussen können.

1. *Research: Wissen Sie, welche Materialien in Ihren Alltagsprodukten stecken?* Um umweltbewusste Entscheidungen treffen zu können, müssen wir auf verlässliche und detaillierte Informationen zugreifen können. Der erste Schritt auf diesem Weg ist eine gründliche Informationsrecherche. Dabei spielen Hersteller eine zentrale Rolle, indem sie umfassende Angaben zur Herkunft, Zusammensetzung und zu den Umweltauswirkungen ihrer Produkte in verständlicher Form bereitstellen. Wichtige Details wie die verwendeten Rohstoffe, Produktionsmethoden und der ökologische Fußabdruck eines Kunststoffprodukts sollten transparent kommuniziert werden. Dies schließt auch Informationen zur Nachhaltigkeit der Materialien, zum Energieverbrauch während der Produktion sowie die Recyclingfähigkeit oder Entsorgungsmöglichkeiten nach dem Ende des Produktlebenszyklus ein.[408] Durch diese Transparenz ermöglichen es die Hersteller den Verbrauchern, die ökologischen und sozialen Konsequenzen ihrer Kaufentscheidungen besser zu verstehen.

2. *Rethink*: Überdenken bedeutet, Nachhaltigkeit als zentralen Bestandteil unserer Entscheidungsfindung zu verankern. Es fordert uns auf, unsere Konsumgewohnheiten und Lebensweisen (kritisch) zu hinterfragen und darüber nachzudenken, wie unsere Entscheidungen die Umwelt und zukünftige Generationen beeinflussen. Bei jedem Kauf sollten wir die langfristigen Auswirkungen auf die Umwelt berücksichtigen und nachhaltigere Alternativen in Betracht ziehen. Dies schließt auch ein, ein Bewusstsein für die Produktionsbedingungen sowie den ökologischen Fußabdruck der Produkte zu entwickeln, für die wir uns entscheiden.[409] *Hinterfragen Sie bei Ihren Kaufentscheidungen regelmäßig, welche Auswirkungen sie auf die Umwelt haben könnten?*

[III] Die Reihenfolge der Rs ist flexibel und kann an die jeweilige Situation angepasst werden.

3. *Refuse*: Der Ansatz des Vermeidens ermutigt uns, auf den Kauf und die Nutzung von Kunststoffprodukten zu verzichten, die unnötigen Abfall erzeugen oder der Umwelt schaden. Indem wir auf Einwegplastik, übermäßige Verpackungen, schädliche Chemikalien und nicht recycelbare Kunststoffprodukte vermeiden, tragen wir bereits im Vorfeld zur Reduzierung von Abfall bei. Dies umfasst auch die Entscheidung, keine nicht nachhaltig hergestellten Kunststoffprodukte zu kaufen, um Hersteller zu motivieren, ihre Produktionsprozesse auf nachhaltige Standards umzustellen.[410] *Brauchen wir wirklich jedes Produkt, das uns angeboten wird oder könnten wir auf einiges/vieles verzichten?*

4. *Reduce*: Durch eine Verringerung unseres Konsums und der Abfallmenge können wir unseren ökologischen Fußabdruck deutlich reduzieren. Das bedeutet jedoch nicht, vollständig auf Kunststoffprodukte zu verzichten, sondern sie nur in dem Maße zu nutzen, wie es wirklich notwendig ist (*Suffizienz*-Strategie[IV]).[411] Indem wir bewusst einkaufen, langlebige Kunststoffprodukte wählen und Abfallvermeidung priorisieren, leisten wir einen Beitrag zur Umwelt-, Ressourcenentlastung und Nachhaltigkeit. Dazu gehört auch, bevorzugt Produkte aus recycelten Materialien zu kaufen und Unternehmen zu unterstützen, die nachhaltige Produktionsprozesse verfolgen. Auf diese Weise fördern wir die Nachfrage nach umweltfreundlichen Alternativen und tragen zur effizienteren Ressourcennutzung bei. Wichtig ist jedoch, dass eine *Reduce*-Strategie[V] nicht zu *Rebound*-Effekten[VI] führt und der Konsum in andere Bereiche verlagert wird.[412] *Konsumieren wir wirklich nur das, was wir benötigen, oder gibt es Bereiche, in denen wir reduzieren könnten?*

[IV] Lateinisch: *sufficere* = ausreichen, genügen. Die *Suffizienz*-Strategie für Kunststoffe zielt darauf ab, den Kunststoffverbrauch durch eine konsequente Reduktion und einen bewussten Umgang zu minimieren. Dabei steht die gesamte Wertschöpfungskette im Fokus, von der Rohstoffgewinnung bis zum Recycling.

[V] Eine *Reduce*-Strategie ist ein gezielter Ansatz, um den Verbrauch von Ressourcen, insbesondere von Rohstoffen und Energie, systematisch zu verringern. Sie zielt darauf ab, die Nachfrage nach Produkten und Dienstleistungen, die einen hohen ökologischen Fußabdruck hinterlassen, zu senken und stattdessen umweltfreundlichere Alternativen zu fördern.

[VI] Englisch: *rebound* = Rückschlag

5. *Redistribute*: *Redistribute* bedeutet, Ressourcen/Produkte so zu verteilen, dass sie effizienter genutzt werden und der Zugang für alle ermöglicht wird. In einer nachhaltigen Wirtschaft geht es nicht nur darum, Produkte zu konsumieren, sondern deren Nutzung zu maximieren. Hierbei steht die gemeinschaftliche Nutzung im Vordergrund: Anstatt dass jeder Einzelne ein Produkt besitzt, wird dessen Nutzung so organisiert, dass mehrere Menschen darauf zugreifen können. So entsteht eine stärkere Nutzung von bestehenden Ressourcen, was den Bedarf an neuen Produktionsressourcen senkt und die Umwelt entlastet. Ein Beispiel ist das private Teilen von Geräten oder Werkzeugen durch *Sharing*-Modelle (nicht-kommerzielle *Sharing Economy*[VII]).[413] Hier profitieren Viele von einem Produkt, ohne dass es mehrfach produziert werden muss. Dadurch werden sowohl die Abfallmenge als auch die Ressourcennutzung reduziert. *In welchen Bereichen unseres Alltags könnten wir gemeinschaftliche Nutzung stärker fördern und dadurch Ressourcen sparen?*

6. *Re-access: Re-access* beschreibt ein Konzept, bei dem die Nutzung von Produkten im Vordergrund steht, nicht deren Besitz. Ziel ist es, den Zugang zu Produkten zu ermöglichen, ohne dass jeder Einzelne sie kaufen muss (kommerzielle *Sharing Economy*[VIII]).[414] Im Gegensatz zu *Redistribute* steht bei *Re-access* die Bereitstellung von Produkten als Dienstleistung im Fokus – beispielsweise durch Modelle wie „mieten statt kaufen“. Dieses Konzept setzt auf kommerzielle *Sharing*-Modelle anstelle rein privater Initiativen. Durch *Re-access*-Modelle können wir unseren Konsum reduzieren, unseren ökologischen Fußabdruck verringern und gleichzeitig unsere Lebensqualität steigern. *Ist es nicht sinnvoller, die Funktion eines Produkts dem Besitz vorzuziehen?*

[VII] Die nicht-kommerzielle *Sharing Economy* beschreibt eine Form der gemeinsamen Nutzung von Gütern und Dienstleistungen, bei der der wirtschaftliche Gewinn nicht im Vordergrund steht. Im Gegensatz zur kommerziellen *Sharing Economy*, die auf Profit ausgerichtet ist, basiert die nicht-kommerzielle *Sharing Economy* auf Prinzipien wie z. B. Solidarität und Nachbarschaftshilfe (*Consumer-to-Consumer Sharing Economy*).

[VIII] Die kommerzielle *Sharing Economy* beschreibt ein Wirtschaftsmodell, bei dem private oder gewerbliche Anbieter Güter und Dienstleistungen teilen. Im Gegensatz zur nicht-kommerziellen *Sharing Economy* steht bei der kommerziellen Variante der wirtschaftliche Gewinn im Vordergrund (*Consumer-to-Consumer, Consumer-to-Business, Business-to-Business Sharing Economy*).

7. *Reuse*: Das Wiederverwenden von Produkten und Materialien verringert die Notwendigkeit für Neuproduktionen und minimiert Abfall. Wenn wir wiederverwendbare Produkte nutzen oder *Second-Hand*-Produkte kaufen und verwenden, tragen wir effektiv dazu bei, den Bedarf an neu produzierten Gütern zu verringern. Indem wir auf wiederverwendbare Alternativen setzen, fördern wir die Verlängerung der Lebensdauer von Konsumgütern und leisten einen wertvollen Beitrag zur Abfallvermeidung. *Warum greifen wir oft zu neuen Produkten, anstatt wiederverwendbare Alternativen zu nutzen?*

8. *Refurbish*: Das Aufbereiten von Produkten bezieht sich auf die Wiederherstellung gebrauchter Gegenstände in einen nahezu neuwertigen Zustand. Dieser Prozess umfasst sowohl technische Überprüfungen als auch „kosmetische"/optische Verbesserungen, um die Funktionalität und das Erscheinungsbild zu optimieren. Durch das Aufbereiten von Produkten können wir den Bedarf an Neuproduktionen senken und Ressourcen schonen. Zudem tragen wir zur Reduzierung von Abfall bei, indem wir gebrauchte Produkte anstelle von Neuen verwenden. Aufbereitete Waren bieten oft eine kostengünstige und umweltfreundliche Alternative zu neuen Produkten. *Haben Sie schon einmal darüber nachgedacht, gebrauchte Gegenstände aufbereiten zu lassen, anstatt sie wegzuwerfen?*

9. *Remanufacture*: Das Wiederherstellen von Produkten bezeichnet den Prozess, bei dem gebrauchte Güter – oft komplexe Maschinen oder technische Geräte – in einen neuwertigen Zustand zurückgeführt werden. Dieser Vorgang umfasst gründliche Prüfungen, die Erneuerung von Komponenten und die Einhaltung strenger Qualitäts-standards, um sicherzustellen, dass das Endprodukt die gleichen Spezifikationen wie ein neues Produkt erfüllt. Durch das *Remanufacturing* wird nicht nur Abfall reduziert, sondern auch der Ressourcenverbrauch gesenkt, da weniger neue Materialien benötigt werden. Dieser Prozess trägt zur Kreislaufwirtschaft bei, indem er die Lebensdauer von Produkten verlängert und die Umwelt- sowie Ressourcenbelastung minimiert. Zudem bieten wiederhergestellte Produkte oft eine kosteneffiziente Alternative für Verbraucher und Unternehmen, die gleichzeitig umwelt-

bewusste Entscheidungen treffen möchten. *Warum also immer ein neues Produkt kaufen, wenn ein generalüberholtes oft genauso gut funktioniert und dabei nachhaltiger ist?*

10. *Repair*: In den Punkten 8 und 9 wurde bereits erwähnt, dass die Reparatur eine zentrale Rolle bei der Verlängerung der Lebensdauer von Produkten und somit für die Nachhaltigkeit spielt. Wenn wir Gegenstände reparieren, anstatt sie wegzuwerfen, tragen wir aktiv dazu bei, die Funktionalität wiederherzustellen und dadurch die Produktlebensdauer zu verlängern und den Bedarf an neuen Ressourcen zu reduzieren und Abfall zu minimieren. *Brauchen wir wirklich immer ein neues Produkt, oder reicht es, das Alte zu reparieren?*

11. *Repurpose:* Die Umnutzung von Produkten und Materialien ist ein kreativer Ansatz, der es ermöglicht, Gegenständen eine neue Funktion zu verleihen und die Lebensdauer der Materialien zu verlängern. Die Umnutzung geht oft Hand in Hand mit dem Konzept des *Upcyclings*, bei dem alte oder ungenutzte Materialien aufgewertet werden, um qualitativ hochwertigere Produkte zu schaffen. Während bei der Umnutzung der Fokus auf der neuen Funktion eines Gegenstands liegt, zielt *Upcycling* darauf ab, den ursprünglichen Wert zu erhöhen. Durch die Umnutzung und das *Upcycling* tragen wir aktiv zur Abfallvermeidung bei. Letztendlich sind *Repurposing* und *Upcycling* Möglichkeiten, nachhaltiger zu leben, indem wir die Materialien, die wir bereits besitzen, optimal nutzen. *Haben Sie schon einmal überlegt, alten Dingen einen (völlig) neuen Zweck zu geben?*

12. *Replace*: Das Ersetzen von Produkten, die der Umwelt schaden, durch nachhaltigere Alternativen ist ein wichtiger Schritt zu einem verantwortungsvolleren Konsum. Indem wir gezielt Produkte wählen, die ressourcenschonend hergestellt wurden und deren Lebenszyklus möglichst kreislauffähig ist, fördern wir die Entwicklung nachhaltiger Märkte und Technologien. Durch die Rückgabe von Altgeräten und das Recycling von Materialien schließen wir den Kreislauf und tragen zu einer funktionierenden Kreislaufwirtschaft bei. *Welche Produkte in Ihrem*

Alltag könnten Sie durch umweltfreundlichere Alternativen ersetzen, ohne dabei auf Komfort oder Qualität zu verzichten?

13. *Return:* Die Rückgabe von Produkten spielt eine wichtige Rolle für die Nachhaltigkeit und die Kreislaufwirtschaft. Wenn Verbraucher Artikel, die sie nicht mehr benötigen, ordnungsgemäß zurückgeben, ermöglichen sie es, diese zu verwerten und als neue Ressource für die Herstellung neuer Produkte zu nutzen. Durch effektive Rückgabesysteme fördern Unternehmen die Verantwortung ihrer Kunden und tragen dazu bei, eine nachhaltigere Konsumkultur zu schaffen. Insgesamt ist die Rückgabe von Produkten ein entscheidender Schritt in Richtung einer nachhaltigeren Zukunft, der sowohl den Konsumenten als auch der Umwelt zugutekommt. *Kennen Sie Rückgabemöglichkeiten für Produkte, die Sie nicht mehr benötigen?*

14. *Recycle*: Das Recycling ist ein entscheidender Schritt zur Wiederverwendung von Materialien im Produktionskreislauf. Indem wir unseren Abfall korrekt trennen, erleichtern wir den Recyclingprozess und verbessern die Qualität des recycelten Materials. Es ist wichtig, sich über lokale Recyclingprogramme zu informieren und Recyclingeinrichtungen zu nutzen, um sicherzustellen, dass recycelbare Materialien in die richtigen Behälter gelangen. *Wissen Sie, wie und wo Sie Ihre Abfälle richtig recyceln können?*

15. *Relocate*: Für Konsumenten bietet eine lokale Kreislaufwirtschaft[IX] im Vergleich zu globalen Wertschöpfungsketten zahlreiche Vorteile. Lokale Kreisläufe sind oft effizienter, da kürzere Transportwege nicht nur den CO_2-Ausstoß verringern, sondern auch eine nachhaltigere Nutzung von Ressourcen und einen geringeren ökologischen Fußabdruck ermöglichen. Eine lokale Kreislaufwirtschaft bietet Verbrauchern mehr Transparenz über die Herkunft der Produkte. Sie können leichter nachvollziehen, unter welchen Bedingungen diese hergestellt wurden/werden und welche Auswirkungen sie auf die Umwelt haben –

[IX] Lokale Kreislaufwirtschaft beschreibt ein Wirtschaftsmodell, bei dem Ressourcen und Produkte innerhalb einer bestimmten Region so lange wie möglich im Kreislauf gehalten werden. Hierbei beinhaltet der Begriff *lokal* eine gewisse Unschärfe.

was bewusstere Konsumentscheidungen ermöglicht. Darüber hinaus sind lokale Wertschöpfungsketten widerstandsfähiger gegenüber externen Störungen, wie etwa globalen Lieferkettenproblemen oder Krisen.[415]

16. *Ripple*: Unser Verhalten und unsere Entscheidungen haben tiefgreifende Auswirkungen auf unsere Umwelt und Gesellschaft – ähnlich wie ein Stein Wellen im Wasser erzeugt. Der „*Ripple Effect*" veranschaulicht, wie eine einzelne Handlung oder Entscheidung weitreichende Konsequenzen für ein gesamtes System haben kann, indem sie sich ausbreitet.[X] Durch die Unterstützung innovativer Lösungen und Technologien, die auf Ressourcenschonung und Effizienzsteigerung abzielen, können wir diesen positiven Effekt verstärken. Jede kleine Handlung trägt zu einem größeren positiven Effekt bei und fördert eine ressourcenschonende Gesellschaft.[416] Handeln Sie nachhaltig und teilen Sie Ihre Erfahrungen. *Ist Ihnen bewusst, dass jede Ihrer Entscheidungen Auswirkungen auf andere Menschen und die Umwelt haben kann?*

17. Refine: Nachhaltigkeit ist ein kontinuierlicher Prozess, bei dem es darum geht, unsere Entscheidungen und Gewohnheiten immer wieder zu hinterfragen und weiterzuentwickeln. Dies umfasst die schrittweise Optimierung der eigenen Konsumgewohnheiten im Rahmen persönlicher Möglichkeiten sowie die aktive Suche nach Wegen, den ökologischen Fußabdruck zu reduzieren. Es erfordert regelmäßige Reflexion: *Sind meine aktuellen Gewohnheiten bereits optimal für Umwelt und Gesellschaft oder gibt es noch Verbesserungspotenzial?*

18. Regenerate: Eine abfallfreie und umweltneutrale Wirtschaft ist ein langfristiges Ziel, das wir kontinuierlich anstreben sollten. Auch wenn wir diesen Idealzustand möglicherweise nicht vollständig erreichen, können wir aktiv dazu beitragen, die negativen Auswirkungen unseres Konsums auf die Umwelt zu minimieren. *Regenerate* bedeutet, nicht nur Schäden zu beheben, sondern auch die Natur zu stärken. Durch die Förderung von z. B. Aufforstungsinitiativen, der Renaturierung von

[X] Der Welleneffekt beschreibt, wie eine Veränderung in einem Teil der Wirtschaft kaskadenartige Reaktionen auslöst, die sich auf das gesamte Wirtschaftsgeschehen auswirken.

Mooren, dem Schutz bedrohter Arten und Müllbeseitigungsinitiativen können wir Ökosysteme wiederherstellen. Indem wir *Regenerate* mit unserem Konsum verbinden, tragen wir zu einer nachhaltigen Zukunft bei. Allerdings sollte *Regenerate* nicht als isolierte Maßnahme verstanden werden, sondern als integraler Bestandteil des *18R-Modells* und in Wechselwirkung mit den anderen Aspekten des *18R-Modells*.[XI]

Das *18R-Modell* bietet eine Orientierung für nachhaltiges Handeln und die Förderung der *Circular Economy*. Dieses Modell bietet Konsumenten ein Konzept für einen nachhaltigen Handlungsrahmen, doch die Umsetzung ist mit Herausforderungen verbunden. Ein zentraler Punkt ist die Abhängigkeit von der bestehenden Infrastruktur und politischen Rahmenbedingungen. Fehlen flächendeckende Recyclingmöglichkeiten, transparente Rückgabesysteme, Verfügbarkeit von Informationen und Anreize für Unternehmen sowie Verbraucher bleibt das Modell theoretisch und schwer im Alltag umzusetzen. Ein weiteres Problem ist das globale Ungleichgewicht (*siehe Kapitel 20*). Während Industrienationen durch technologische Innovationen und politische Maßnahmen Fortschritte bei der *Circular Economy* erzielen können, mangelt es in vielen Regionen der Welt an notwendigen Ressourcen, Technologien und Strukturen. Daher sind globale Zusammenarbeit und die Unterstützung weniger entwickelter Regionen unerlässlich.
Letztlich ist das *18R-Modell* in seiner Gesamtheit ein idealistischer Ansatz (*Abbildung 40*). Dennoch bietet es eine transformative Vision in Richtung einer nachhaltigen und verantwortungsvollen *Circular Economy* bzw. *Circular Plasticonomy*. Entscheidend ist, dass sowohl Verbraucher als auch Unternehmen *aktiv* Verantwortung übernehmen und sich für eine nachhaltigere Wirtschaftsweise engagieren. Jede einzelne Entscheidung zählt, und jeder Beitrag macht einen Unterschied – insbesondere dann, wenn viele Menschen gemeinsam handeln.

[XI] *Regenerate* ergänzt präventive Maßnahmen und ermöglicht es uns, die Auswirkungen unseres Handelns auf die Umwelt zu minimieren und zu kompensieren. Allerdings ist *Regenerate* kein „Freibrief" für umweltschädliches Verhalten, sondern ein wichtiger Bestandteil einer umfassenden Nachhaltigkeitsstrategie.

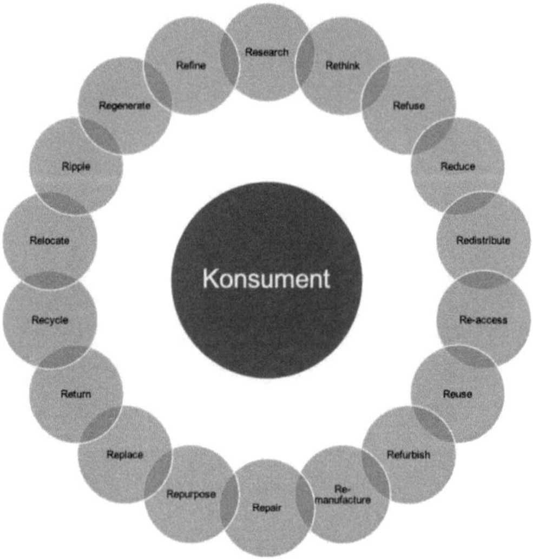

Abbildung 40. 18R-Modell.

KAPITEL 23

Future Plasticonomy – Beitrag zu Nachhaltigkeitsaspekten

Um die Kunststoffwirtschaft in eine zukunftsfähige, zirkuläre und ressourcenschonende *Plasticonomy* zu überführen, haben wir zahlreiche Konzepte unter Einbindung verschiedener Interessengruppen diskutiert. Nun wollen wir die Auswirkungen dieser Konzepte unter dem Gesichtspunkt der Nachhaltigkeit analysieren und ihren Beitrag zu den *United Nations*-Nachhaltigkeitszielen (*Sustainable Development Goals, SDGs*) bewerten.[I,417] Diese Ziele wurden von den Vereinten Nationen definiert, um einen globalen Rahmen für die Bewältigung der drängendsten Herausforderungen unserer Zeit zu schaffen, wie Armut, Ungleichheit, Klimawandel, Umweltverschmutzung und Ressourcenknappheit. Sie beschreiben einen integrativen und nachhaltigen Entwicklungsansatz, der sicherstellt, dass alle Menschen ein erfülltes und nachhaltiges Leben führen können, ohne die planetaren Grenzen zu überschreiten. Das Konzept der *SDGs* verfolgt einen ganzheitlichen Ansatz, der die drei Dimensionen der Nachhaltigkeit – soziale, wirtschaftliche und ökologische Aspekte – in Einklang bringen soll. Damit geht es über die reine Betrachtung materieller Kreisläufe hinaus und zielt auf eine umfassende nachhaltige Entwicklung ab (*Drei Säulen der Nachhaltigkeit*[II,418]).

[I] Selbstverständlich könnte diese Einordnung auch anhand der Nachhaltigkeitsziele der Europäischen Union, Bundesrepublik Deutschlands und anderer Akteure vorgenommen werden. Da jedoch erhebliche Ähnlichkeiten zwischen diesen Zielen bestehen und sowohl die EU als auch die Bundesrepublik Deutschland sich zur Umsetzung der *UN*-Nachhaltigkeitsziele verpflichtet haben und diese in ihre jeweiligen Politiken integriert haben, konzentrieren wir uns exemplarisch auf die *UN*-Nachhaltigkeitsziele, auch wenn die EU-Strategien teilweise detaillierter und umfassender sind, wie beispielsweise der *Green Deal*, die EU-Nachhaltigkeitsstrategie, der *Circular Economy Action Plan*, die Biodiversitätsstrategie sowie die Klima- und Energieziele.

[II] Dieses etablierte Modell weist allerdings Schwächen auf, insbesondere die fehlende Gewichtung der *drei Säulen der Nachhaltigkeit*. Alternative Modelle: Gewichtetes Drei-Säulen-Modell,

Hier eine kurze Übersicht der Hauptziele[III] der 17 *SDGs*:

„1. *Keine Armut*: Armut in all ihren Formen beenden.

2. *Kein Hunger*: Den Hunger beenden, Ernährungssicherheit erreichen und nachhaltige Landwirtschaft fördern.

3. *Gesundheit und Wohlergehen*: Ein gesundes Leben für alle Menschen jeden Alters gewährleisten und ihr Wohlergehen fördern.

4. *Hochwertige Bildung*: Inklusive, gleichberechtigte und hochwertige Bildung gewährleisten und Möglichkeiten des lebenslangen Lernens fördern.

5. *Geschlechtergleichheit*: Geschlechtergleichstellung erreichen und alle Frauen und Mädchen zur Selbstbestimmung befähigen.

6. *Sauberes Wasser und Sanitäreinrichtungen*: Verfügbarkeit und nachhaltige Bewirtschaftung von Wasser und Sanitärversorgung für alle gewährleisten.

7. *Bezahlbare und saubere Energie*: Zugang zu bezahlbarer, verlässlicher, nachhaltiger und moderner Energie für alle sichern.

8. *Menschenwürdige Arbeit und Wirtschaftswachstum*: Dauerhaftes, inklusives und nachhaltiges Wirtschaftswachstum, produktive Vollbeschäftigung und menschenwürdige Arbeit für alle fördern.

9. *Industrie, Innovation und Infrastruktur*: Eine widerstandsfähige Infrastruktur aufbauen, inklusiver und nachhaltiger Industrialisierung fördern und Innovationen unterstützen.

Nachhaltigkeitsdreieck, Pyramidenmodell.

[III] Wir werden uns im Folgenden auf die übergeordneten Ziele konzentrieren und die detaillierten Unterziele nicht weiter berücksichtigen.

10. *Weniger Ungleichheiten*: Ungleichheiten innerhalb und zwischen Staaten verringern.

11. *Nachhaltige Städte und Gemeinden*: Städte und Siedlungen inklusiv, sicher, widerstandsfähig und nachhaltig gestalten.

12. *Nachhaltiger Konsum und nachhaltige Produktion*: Nachhaltige Konsum- und Produktionsmuster sicherstellen.

13. *Maßnahmen zum Klimaschutz*: Maßnahmen zur Bekämpfung des Klimawandels und seiner Auswirkungen ergreifen.

14. *Leben unter Wasser*: Ozeane, Meere und Meeresressourcen im Sinne nachhaltiger Entwicklung erhalten und nachhaltig nutzen.

15. *Leben an Land*: Landökosysteme schützen, wiederherstellen und ihre nachhaltige Nutzung fördern.

16. *Frieden, Gerechtigkeit und starke Institutionen*: Friedliche und inklusive Gesellschaften für nachhaltige Entwicklung fördern, allen Menschen Zugang zu Justiz ermöglichen und leistungsfähige, rechenschaftspflichtige Institutionen auf allen Ebenen aufbauen.

17. *Partnerschaften zur Erreichung der Ziele*: Umsetzungsmittel stärken und die globale Partnerschaft für nachhaltige Entwicklung wiederbeleben."[419]

Nachfolgend werden zentrale Maßnahmen zur nachhaltigen Transformation der Plastikwirtschaft in Bezug auf die *SDGs* vorgestellt. Dabei werden ausschließlich die wichtigsten direkten Auswirkungen auf die *SDGs* berücksichtigt. Indirekte Auswirkungen – also die potenziellen Folgen dieser direkten Maßnahmen – werden nicht berücksichtigt.

1. Maßnahme: Ganzheitliches Recycling – Recycling Kaskade (siehe Kapitel 17)

- **SDG 3** (Gesundheit und Wohlergehen): Verringert Luft- und Wasserverschmutzung, wodurch weniger schädliche Substanzen in die Nahrungskette gelangen. Reduziert die Belastung durch Mikroplastik und trägt somit aktiv zum Schutz der menschlichen Gesundheit bei.
- **SDG 6** (Sauberes Wasser und Sanitärversorgung): Reduziert die Plastikverschmutzung in Flüssen und Seen und schützt das Grundwasser vor Schadstoffen.
- **SDG 8** (Menschenwürdige Arbeit und Wirtschaftswachstum): Schafft Arbeitsplätze in der Recyclingindustrie und unterstützt ein nachhaltiges, umweltfreundliches Wirtschaftswachstum durch *Circular Economy*-Konzepte.
- **SDG 9** (Industrie, Innovation und Infrastruktur): Fördert die Entwicklung innovativer Recyclingtechnologien, optimiert die Abfallwirtschaft und steigert die Ressourceneffizienz, wodurch die Abhängigkeit von fossilen Rohstoffen reduziert wird.
- **SDG 11** (Nachhaltige Städte und Gemeinden): Verringert die Abfallmenge auf Deponien und verbessert die städtische Umweltqualität.
- **SDG 12** (Nachhaltiger Konsum und Produktion): Schont wertvolle Ressourcen, reduziert den Verbrauch und minimiert den Einsatz fossiler Rohstoffe, wodurch negative Umweltauswirkungen verringert werden.
- **SDG 13** (Maßnahmen zum Klimaschutz): Benötigt weniger Energie als die Neuproduktion von Kunststoffen aus Rohöl, wodurch Treibhausgasemissionen gesenkt und der Klimawandel bekämpft wird.
- **SDG 14** (Leben unter Wasser) und **SDG 15** (Leben an Land): Reduziert die Menge an Plastikmüll, der in die Ozeane gelangt, und schützt Meereslebewesen sowie marine Ökosysteme vor den schädlichen Auswirkungen von Abfällen. Minimiert Plastikabfälle, die in der Umwelt oder auf Deponien landen, und unterstützt so den Schutz von Landökosystemen und die Erhaltung der biologischen Vielfalt.

2. Maßnahme: Biobasierte Kunststoffe (siehe Kapitel 19)

- **SDG 12** (Nachhaltiger Konsum und Produktion): Unterstützten eine nachhaltige Produktion, indem Abfallprodukte effizient wiederverwendet und in den Produktionskreislauf zurückgeführt werden.
- **SDG 13** (Maßnahmen zum Klimaschutz): Können eine geringere CO_2e-Bilanz[IV] aufweisen, insbesondere wenn sie aus schnell nachwachsenden Rohstoffen hergestellt werden.
- **SDG 14** (Leben unter Wasser) und **SDG 15** (Leben an Land): Biologisch abbaubare biobasierte Kunststoffe[V] können helfen, Plastikmüll in den Ozeanen und an Land zu reduzieren, falls sie unsachgemäß entsorgt werden.

3. Maßnahme: Energieeffizienz (siehe Kapitel 20)

- **SDG 7** (Bezahlbare und saubere Energie): Steigert die Energieeffizienz in der Kunststoffproduktion und im Recycling und trägt so zur Reduzierung des Energieverbrauchs bei.
- **SDG 12** (Nachhaltiger Konsum und Produktion): Reduziert den Druck auf (fossile) Ressourcen und fördert eine nachhaltige Produktionsweise.
- **SDG 13** (Maßnahmen zum Klimaschutz): Trägt zur Verringerung von Treibhausgasemissionen bei.

4. Maßnahme: **Ressourceneffizienz** *(siehe Kapitel 20)*

- **SDG 9** (Industrie, Innovation und Infrastruktur): Fördert effizientere Kunststoffproduktionsprozesse und die Entwicklung nachhaltiger Infrastrukturen.
- **SDG 12** (Nachhaltiger Konsum und Produktion): Reduziert die Menge an benötigten Rohstoffen und entlastet (fossile) Ressourcen.
- **SDG 13** (Maßnahmen zum Klimaschutz): Leistet einen Beitrag zur Verringerung der Treibhausgasemissionen.

[IV] Die CO_2e-Bilanz hängt jedoch stark von den Produktionsbedingungen und der Produktionsweise ab.

[V] Für biologisch nicht abbaubare biobasierte Kunststoffe gilt dies nicht.

5. Maßnahme: Modularität (siehe Kapitel 20)

- **SDG 9** (Industrie, Innovation und Infrastruktur): Fördert die Entwicklung innovativer und nachhaltiger Produktdesigns.
- **SDG 12** (Nachhaltiger Konsum und Produktion): Erleichtert die Reparatur und Wiederverwendung von Produkten und senkt das Abfallaufkommen.

6. Maßnahme: Funktionsbeständigkeit (siehe Kapitel 20)

- **SDG 12** (Nachhaltiger Konsum und Produktion): Verlängert die Lebensdauer von Kunststoffprodukten und reduziert den Bedarf an häufigem Ersatz.
- **SDG 13** (Maßnahmen zum Klimaschutz): Reduziert CO_2e-Emissionen durch eine geringere Produktion und Entsorgung von Kunststoffen.

7. Maßnahme: Wiederverwendbarkeit (siehe Kapitel 20)

- **SDG 12** (Nachhaltiger Konsum und Produktion): Erhöht die Wiederverwendbarkeit und reduziert den Bedarf an neuen Rohstoffen.
- **SDG 13** (Maßnahmen zum Klimaschutz): Reduziert den Energieverbrauch und die CO_2e-Emissionen durch neue Kunststoffproduktion.

8. Maßnahme: Reparierbarkeit (siehe Kapitel 20)

- **SDG 12** (Nachhaltiger Konsum und Produktion): Verlängert die Lebensdauer von Produkten und reduziert die Notwendigkeit für Neukäufe.
- **SDG 13** (Maßnahmen zum Klimaschutz): Hilft, Ressourcen zu schonen und die CO_2e-Emissionen zu verringern.

9. Maßnahme: Redesign (siehe Kapitel 20)

- **SDG 12** (Nachhaltiger Konsum und Produktion): Fördert die Kreislaufwirtschaft und verringert den Ressourcenverbrauch.
- **SDG 13** (Maßnahmen zum Klimaschutz): Verringert CO_2e-Emissionen.

10. Maßnahme: Design-for-Recycling, Benign-by-Design, Circular-Product-Design, Design-for-Sustainability (siehe Kapitel 20)

- **SDG 9** (Industrie, Innovation und Infrastruktur): Fördern Innovationen durch nachhaltiges Design.
- **SDG 12** (Nachhaltiger Konsum und Produktion): Fördern die Entwicklung von Kunststoffen, die am Ende ihres Lebenszyklus recycelbar sind und die Umwelt weniger belasten.
- **SDG 13** (Maßnahmen zum Klimaschutz): Reduzieren Emissionen, indem die Recyclingfähigkeit und Nachhaltigkeit von Kunststoffen verbessert wird.

11. Maßnahme: Design-for-Reduction, Lightweight-Design (siehe Kapitel 20)

- **SDG 9** (Industrie, Innovation und Infrastruktur): Fördert effizientere Kunststoffproduktionsprozesse und die Entwicklung nachhaltiger Infrastrukturen.
- **SDG 12** (Nachhaltiger Konsum und Produktion): Verringert den Materialverbrauch und den Ressourcenbedarf.
- **SDG 13** (Maßnahmen zum Klimaschutz): Reduziert CO_2e-Emissionen.

12. Maßnahme: Polymerdesign (siehe Kapitel 20)

- **SDG 12** (Nachhaltiger Konsum und Produktion): Fördert den Einsatz umweltfreundlicher Materialien und Recyclingprozesse.
- **SDG 13** (Maßnahmen zum Klimaschutz): Reduziert schädliche Emissionen durch nachhaltige Materialwahl.

13. Maßnahme: Monomaterialien/Monopolymermaterialien (siehe Kapitel 20)

- **SDG 12** (Nachhaltiger Konsum und Produktion): Reduziert die Komplexität des Recyclingprozesses.
- **SDG 13** (Maßnahmen zum Klimaschutz): Einfache Recyclingprozesse führen zu einer besseren Nutzung von Ressourcen und einer Reduzierung von Emissionen.

14. Maßnahme: Ressourcen- und Produktverfolgung (siehe Kapitel 20)

- **SDG 12** (Nachhaltiger Konsum und Produktion): Erhöhen die Transparenz und unterstützen eine effizientere Kreislaufwirtschaft.
- **SDG 13** (Maßnahmen zum Klimaschutz): Helfen bei der Optimierung der Ressourcennutzung.

15. Maßnahme: Digitaler Produktpass (siehe Kapitel 20)

- **SDG 9** (Industrie, Innovation und Infrastruktur): Trägt zur Entwicklung smarter Recycling-Infrastrukturen bei und verbessert die Lebensqualität in Städten.
- **SDG 12** (Nachhaltiger Konsum und Produktion): Fördert die Transparenz und eine bessere Kreislaufwirtschaft durch die Nachverfolgung von Kunststoffressourcen.

16. Maßnahme: Sammel- und Sortierinfrastruktur (siehe Kapitel 20)

- **SDG 12** (Nachhaltiger Konsum und Produktion): Verbessern das Recycling und reduzieren Abfall.
- **SDG 13** (Maßnahmen zum Klimaschutz): Reduzieren Emissionen durch Vermeidung von Neuproduktion von Kunststoffen.

17. Maßnahme: Pfand- und Rücknahmesysteme (siehe Kapitel 20)

- **SDG 3** (Gesundheit und Wohlergehen): Tragen zur Verringerung der Mikroplastikbelastung bei.
- **SDG 6** (Sauberes Wasser und Sanitärversorgung): Reduzieren die Plastikverschmutzung in Flüssen und Seen.
- **SDG 8** (Menschenwürdige Arbeit und Wirtschaftswachstum): Schaffen neue Arbeitsplätze in der Recyclingindustrie.
- **SDG 9** (Industrie, Innovation und Infrastruktur): Fördern Recyclingtechnologien und unterstützt die Verbesserung der Abfallwirtschaft.
- **SDG 11** (Nachhaltige Städte und Gemeinden): Führen zu weniger Müll auf den Straßen und Deponien.

- **SDG 12** (Nachhaltiger Konsum und Produktion): Fördern die Rückgabe von Produkten und ermöglichen so eine bessere Ressourcenkontrolle.
- **SDG 17** (Partnerschaften): Pfandsysteme können länderübergreifende Kooperationen erfordern.

18. Maßnahme: Service Modelle (siehe Kapitel 20)

- **SDG 12** (Nachhaltiger Konsum und Produktion): Fördern eine längere Nutzung von Kunststoffprodukten und reduzieren Abfall.
- **SDG 13** (Maßnahmen zum Klimaschutz): Helfen, Ressourcen zu schonen und CO_2e-Emissionen zu verringern.

19. Maßnahme: Erweiterte Produzentenverantwortung (siehe Kapitel 20)

- **SDG 12** (Nachhaltiger Konsum und Produktion): Fördert die Verantwortung der Hersteller für den gesamten Lebenszyklus ihrer Produkte.

20. Maßnahme: Einheitliche Standards (siehe Kapitel 20)

- **SDG 9** (Industrie, Innovation und Infrastruktur): Erhöhen die Effizienz durch einheitliche Rahmenbedingungen.
- **SDG 12** (Nachhaltiger Konsum und Produktion): Erleichtern das Recycling und die Wiederverwendung von Kunststoffen.

21. Maßnahme: Politische und regulatorische Maßnahmen (siehe Kapitel 20)

- **SDG 12** (Nachhaltiger Konsum und Produktion): Helfen, die Verwendung von Kunststoffen zu steuern, Abfall zu reduzieren und die Kreislaufwirtschaft zu fördern.
- **SDG 13** (Maßnahmen zum Klimaschutz): Können den CO_2e-Fußabdruck von Kunststoffe reduzieren und die nachhaltige Nutzung fördern.

22. Maßnahme: Recyclingquoten und Mehrwegsysteme (siehe Kapitel 20)

- **SDG 12** (Nachhaltiger Konsum und Produktion): Recyclingquoten und Mehrwegsysteme fördern die effiziente Nutzung von Ressourcen, indem sie die Wiederverwendung von Kunststoffen forcieren und somit den Bedarf an neu produziertem Kunststoff reduzieren.
- **SDG 13** (Maßnahmen zum Klimaschutz): Können den CO_2e-Fußabdruck durch Kunststoffe reduzieren und die nachhaltige Nutzung fördern.

23. Maßnahme: Markttransparenz (siehe Kapitel 20)

- **SDG 9** (Industrie, Innovation und Infrastruktur): Die Etablierung von Datenbanken über Materialströme und die Förderung einer einheitlichen Kennzeichnung von Kunststoffen können als Teil einer nachhaltigen und zukunftsorientierten Infrastruktur für das Kunststoffrecycling betrachtet werden.
- **SDG 12** (Nachhaltiger Konsum und Produktion): Erhöht die Transparenz über die verwendeten Materialien und ermöglicht eine effizientere Nutzung von Ressourcen, da leichter erkannt werden kann, welche Kunststoffe recycelbar sind und in welchen Produkten Rezyklate eingesetzt werden.
- **SDG 13** (Maßnahmen zum Klimaschutz): Erlaubt eine verbesserte Kreislaufwirtschaft für Kunststoffe und kann dadurch zur Reduzierung von Treibhausgasemissionen beitragen.

24. Maßnahme: Bildung und Sensibilisierung (siehe Kapitel 20)

- **SDG 4** (hochwertige Bildung): Durch die Vermittlung von Wissen über richtige Entsorgung und die Vorteile des Recyclings wird eine Grundlage für ein nachhaltiges Konsumverhalten geschaffen.
- **SDG 12** (Nachhaltiger Konsum und Produktion): Unterstützt einen verantwortungsbewussten Umgang mit Ressourcen und reduziert somit den Bedarf an neu produziertem Material und reduziert Treibhausgasemissionen.
- **SDG 13** (Maßnahmen zum Klimaschutz): Bildungsmaßnahmen können zur Reduzierung von Treibhausgasemissionen beitragen.

25. Maßnahme: Internationale Zusammenarbeit (siehe Kapitel 20)

- **SDG 4** (Hochwertige Bildung): Stärkt das Bewusstsein für einen nachhaltigen Kunststoffverbrauch durch globale Standards und Bildungsprogramme.
- **SDG 10** (Weniger Ungleichheiten): Kann benachteiligten Gemeinschaften zugutekommen, indem sie Zugang zu Ressourcen und Schulungen bietet.
- **SDG 17** (Partnerschaften): Die nachhaltige *Circular Plasticonomy* ist stark vom internationalen Engagement abhängig.

26. Maßnahme: Biobasiertes Modell I (siehe Kapitel 20)

- **SDG 3** (Gesundheit und Wohlergehen): Trägt zur Verringerung der Mikroplastikbelastung bei.
- **SDG 6** (Sauberes Wasser und Sanitärversorgung): Reduziert die Plastikverschmutzung in Flüssen und Seen.
- **SDG 9** (Industrie, Innovation und Infrastruktur): Durch den Einsatz biotechnologischer Verfahren und Recyclingverfahren etc. wird eine innovative Produktionsinfrastruktur geschaffen. Dies fördert technologische Entwicklungen und modernisiert industrielle Prozesse.
- **SDG 12** (Nachhaltiger Konsum und Produktion): Die Umstellung von einem linearen, fossilen System hin zu einer biobasierten geschlossenen *Circular Plasticonomy*, in der Abfälle als Ressource genutzt werden, ermöglicht einen ressourceneffizienten Produktionsprozess und trägt zu einer nachhaltigen Nutzung von Ressourcen bei.
- **SDG 13** (Maßnahmen zum Klimaschutz): Durch den geschlossenen Kohlenstoffdioxid-Kreislauf werden CO_2-Emissionen in die Umwelt – Atmosphäre minimiert, was die Klimabelastung reduziert.
- **SDG 14** (Leben unter Wasser) und **SDG 15** (Leben an Land): Die geschlossene *Plastiksphäre* verhindert eine Kontamination der Umwelt.

Verbraucher spielen eine entscheidende Rolle bei der Verwirklichung der Ziele für nachhaltige Entwicklung. Durch ihre Konsumentscheidungen, ihren Lebensstil und ihr Engagement können sie maßgeblich dazu beitragen, eine nachhaltigere Zukunft zu gestalten. Nachdem im vorherigen Kapitel (*Kapitel 22*) die Einflussmöglichkeiten des Konsumenten auf die *Circular Plasticonomy* betrachtet wurden, liegt der Fokus nun auf dem *18R-Modell* in Verbindung mit den *SDGs*.

1. Research (Recherche):

- *Research* hat keine direkten materiellen Auswirkungen auf die *SDGs*, allerdings hat es Einfluss auf die Entscheidung über die spätere Materialität.

2. Rethink (Umdenken):

- *Rethink* hat ebenfalls keine direkten materiellen Auswirkungen auf die *SDGs*, beeinflusst jedoch die Wahl der Materialien. Daneben können die *SDGs* bei der Entscheidungsfindung berücksichtigt werden.

3. Refuse (Vermeiden):

- **SDG 12** (Nachhaltiger Konsum und Produktion): Durch das Vermeiden von unnötigen Kunststoffprodukten und schädlichen Chemikalien können wir zur Reduzierung von Abfall beitragen. Zudem kann diese Strategie eine Veränderung bei den Produzenten bewirken.
- **SDG 13** (Maßnahmen zum Klimaschutz): Indem wir auf weniger nachhaltige Produkte verzichten, vermeiden wir Treibhausgasemissionen.
- **SDG 14** (Leben unter Wasser) und **SDG 15** (Leben an Land): Weniger Plastikmüll bedeutet weniger Verschmutzung der Meeresökosysteme und Landökosysteme.

4. Reduce (Reduzieren):

- **SDG 12** (Nachhaltiger Konsum und Produktion): Durch eine Reduzierung unseres Konsums und der Abfallmenge können wir unseren ökologischen Fußabdruck verringern.
- **SDG 13** (Maßnahmen zum Klimaschutz): Weniger Konsum bedeutet weniger Ressourcenverbrauch und somit auch weniger Treibhausgasemissionen.

- **SDG 14** (Leben unter Wasser) und **SDG 15** (Leben an Land): Weniger Konsum bedeutet weniger Verschmutzung der Meeresökosysteme und Landökosysteme.

5. Redistribute (Verteilen):

- **SDG 1** (Keine Armut) und **SDG 10** (Weniger Ungleichheit): Durch die gemeinschaftliche Nutzung von Produkten wird auch einkommensschwächeren Bevölkerungsgruppen der Zugang ermöglicht.
- **SDG 12** (Nachhaltiger Konsum und Produktion): Durch die gemeinschaftliche Nutzung von Produkten können wir Ressourcen effizienter nutzen und den Bedarf an neuen Produkten reduzieren.
- **SDG 13** (Maßnahmen zum Klimaschutz): Weniger Produkte bedeutet weniger Ressourcenverbrauch und somit auch weniger Treibhausgasemissionen.
- **SDG 14** (Leben unter Wasser) und **SDG 15** (Leben an Land): Weniger Produkte bedeutet weniger Verschmutzung der Meeresökosysteme und Landökosysteme.

6. Re-access (Zugang):

- Siehe *SDGs* unter *Redistribute.*

7. Reuse (Wiederverwenden):

- **SDG 12** (Nachhaltiger Konsum und Produktion): Das Wiederverwenden von Produkten und Materialien reduziert die Notwendigkeit für Neuproduktionen und minimiert Abfall.
- **SDG 13** (Maßnahmen zum Klimaschutz): Eine längere Produktlebensdauer bedeutet weniger Ressourcenverbrauch und somit auch weniger Treibhausgasemissionen.
- **SDG 14** (Leben unter Wasser) und **SDG 15** (Leben an Land): Eine längere Produktlebensdauer bedeutet weniger Verschmutzung der Meeresökosysteme und Landökosysteme.

8. Refurbish (Aufbereiten):

- Siehe *SDGs* unter *Reuse.*

9. Remanufacture (Wiederherstellen):

- Siehe *SDGs* unter *Reuse.*

10. Repair (Reparieren):

- Siehe *SDGs* unter *Reuse.*

11. Repurpose (Umnutzen):

- **SDG 12** (Nachhaltiger Konsum und Produktion): Die Umnutzung von Produkten und Materialien ermöglicht es, Gegenständen eine neue Funktion zu verleihen und die Lebensdauer der Materialien zu verlängern.
- **SDG 13** (Maßnahmen zum Klimaschutz): Eine längere Materiallebensdauer bedeutet weniger Ressourcenverbrauch und somit auch weniger Treibhausgasemissionen.
- **SDG 14** (Leben unter Wasser) und **SDG 15** (Leben an Land): Eine längere Materiallebensdauer bedeutet weniger Verschmutzung der Meeresökosysteme und Landökosysteme.

12. Replace (Ersetzen):

- **SDG 12** (Nachhaltiger Konsum und Produktion): Das Ersetzen von Produkten, die der Umwelt schaden, durch nachhaltigere Alternativen, fördern wir die Entwicklung nachhaltiger Märkte und Technologien.
- **SDG 13** (Maßnahmen zum Klimaschutz): Nachhaltigere Produkte verringern den Ressourcenverbrauch und reduzieren Treibhausgasemissionen.
- **SDG 14** (Leben unter Wasser) und **SDG 15** (Leben an Land): Ein nachhaltigeres Produkt bedeutet weniger Verschmutzung der Meeresökosysteme und Landökosysteme.

13. Return (Zurückgeben):

- **SDG 12** (Nachhaltiger Konsum und Produktion): Die Rückgabe von Produkten ermöglicht es, diese zu verwerten und als Ressource für die Herstellung neuer Produkte zu nutzen.

- **SDG 14** (Leben unter Wasser) und **SDG 15** (Leben an Land): Produktrückgabe bedeutet weniger Verschmutzung der Meeresökosysteme und Landökosysteme.

14. Recycle (Recyceln):

- **SDG 12** (Nachhaltiger Konsum und Produktion): Das Recycling von Abfällen ist ein entscheidender Schritt zur Wiederverwendung von Materialien im Produktionskreislauf.
- **SDG 14** (Leben unter Wasser) und **SDG 15** (Leben an Land): Recycling bedeutet weniger Verschmutzung der Meeresökosysteme und Landökosysteme.

15. Relocate (Lokalisieren):

- **SDG 9** (Industrie, Innovation und Infrastruktur): Ermöglicht den Aufbau einer lokalen und nachhaltigen *Circular Economy*.
- **SDG 12** (Nachhaltiger Konsum und Produktion): Lokale Kreisläufe sind oft effizienter und ermöglichen eine nachhaltigere Nutzung von Ressourcen.
- **SDG 13** (Maßnahmen zum Klimaschutz): Lokale Kreisläufe verringern die Transportwege und reduzieren dadurch CO_2e-Emissionen.

16. Ripple (Wirkung):

- Die Entscheidungen und Handlungen der Konsumenten haben Auswirkungen auf alle *SDGs*.

17. Refine (Verfeinern):

- Die Verfeinerung des Konsumverhaltens bzw. die Annäherung an ein immer nachhaltigeres Konsumverhalten haben Auswirkungen auf alle *SDGs*.

18. Regenerate (Erneuern):

- Kompensationsmaßnahmen beeinflussen alle *SDGs*, während einzelne, definierte Kompensationsaktionen gezielt auf bestimmte ausgewählte *SDGs* wirken.

Nachhaltigkeit ist eine kollektive Verantwortung, die Politik, Industrie und Konsumenten gleichermaßen tragen. Durch gezielte Maßnahmen können Produzenten und politische Entscheidungsträger nicht nur die Umwelt entlasten, sondern auch die Lebensqualität und eine gerechtere Gesellschaft schaffen. Eine nachhaltige und ressourcenschonende *Circular Plasticonomy* reduziert Umweltbelastungen und stärkt das Gleichgewicht mit der Natur.

Doch es sind nicht die einzelnen Maßnahmen, die die Welt „retten" – erst das Zusammenspiel vieler kleiner Schritte entfaltet eine nachhaltige Wirkung.

Besonders Konsumenten haben durch ihre Kaufentscheidungen einen enormen Einfluss und können so nachhaltige Entwicklungen maßgeblich vorantreiben bzw. die Nachhaltigkeitsanstrengungen beschleunigen.

Nur wenn alle Akteure gemeinsam handeln, lässt sich eine Zukunft gestalten, die ökologische Verantwortung mit gesellschaftlichem Fortschritt vereint.

KAPITEL 24

Circular Plasticonomy – Gemeinsam für eine nachhaltige Welt

Die Diskussionen in diesem Buch haben eine zentrale Erkenntnis hervorgebracht: Der verantwortungsvolle Umgang mit (unseren) natürlichen Ressourcen ist von entscheidender Bedeutung für eine nachhaltige Zukunft unseres Planeten und der Menschheit. Nachhaltigkeit bedeutet nicht nur, Ressourcen zu schonen, sondern auch zu erkennen, dass der Mensch integraler Teil des Ökosystems Erde ist, und die Konsequenzen unseres Handelns bewusst zu reflektieren. Besonders der problematische Umgang mit Kunststoffen hat bereits zu gravierenden Umweltbelastungen geführt und wird diese weiter verschärfen, wenn nicht alle Beteiligten – Konsumenten, Produzenten und politische Entscheidungsträger – gemeinsam entschlossener handeln und bereit sind, etablierte Denkmuster grundlegend zu überwinden. Wie können wir dieser komplexen Herausforderung konkret und wirksam begegnen? Die Vision einer nachhaltigen, ressourceneffizienten, kohlenstoffneutralen, (biobasierten) und zukunftsfähigen *Circular Plasticonomy* als integraler Teil einer umfassenderen *Circular Economy* eröffnet eine neue Perspektive: Statt Kunststoffe am Ende der Nutzungsphase als Abfall zu betrachten, erkennen wir ihren Wert als wichtige Ressource an. Ein Rohstoff, der endlos in der *Circular Plasticonomy* zirkulieren kann, ohne sie jemals als Schadstoff in die Umwelt zu verlassen. Diese Transformation bietet nicht nur erhebliche ökologische Vorteile, sondern stärkt gleichzeitig unsere wirtschaftliche Unabhängigkeit, indem sie uns von fossilen Rohstoffen löst. Ein zukunftsfähiges Wirtschaftsmodell setzt Recycling als Standard – nicht als Ausnahme. Die Dimension dieses Wandels liegt in der grundlegenden Neubewertung unserer Beziehung zu Materialien und Ressourcen. Wir überwinden die lineare Denkweise von Produktion, Nutzung und Entsorgung zugunsten eines zirkulären Verständnisses – Abfall = Ressource – „*Aus Alt mach Neu, unendlich oft*".

Die Herausforderungen anzunehmen und Lösungen zu finden bedeutet: Wir benötigen effiziente und wirtschaftlich tragfähige Recyclingkonzepte, um sowohl das Material selbst als auch dessen Qualität und Wert zu erhalten. Ein ganzheitlicher Recyclingansatz – eine synchronisierte Recyclingkaskade aus mechanischem Recycling, *Downcycling*, chemischem Recycling, *Feedstock*-Recycling und als letzte Option die energetische Verwertung – kann diesen Transformationsprozess wirkungsvoll unterstützen und beschleunigen.
Recycling kann jedoch nur dann erfolgreich sein, wenn es in ein umfassendes gesellschaftliches Gesamtkonzept eingebettet ist. Ein wirklich wirkungsvolles Maßnahmenpaket muss zahlreiche ineinandergreifende Aspekte berücksichtigen, die gemeinsam zur Effizienz und Nachhaltigkeit der gesamten *Circular Plasticonomy* beitragen. Effizienzoptimierung entlang der zentralen Säulen Energienutzung und Ressourcenschonung bildet dabei das Fundament einer zukunftsfähigen Strategie. Gleichzeitig müssen wir innovative Abfallvermeidungsstrategien entwickeln und konsequent umsetzen, die bereits in der Produktions- und Konsumphase ansetzen und den Materialverbrauch von Grund auf reduzieren. Das Produktdesign spielt eine Schlüsselrolle in diesem Transformationsprozess. Funktionsbeständigkeit, Wiederverwendbarkeit, Modularität und Reparierbarkeit müssen zu zentralen Kriterien jeder Produktentwicklung werden. Konzepte wie *Design-for-Recycling*, *Benign-by-Design*, *Circular-Product-Design*, *Design-for-Sustainability* und *Design-for-Reduction/Lightweight-Design* tragen dazu bei, Produkte ressourcenschonender, langlebiger und kreislauffähiger zu gestalten. Auf molekularer Ebene muss auch das Polymerdesign grundlegend überdacht werden. Die systematische Entwicklung von Monopolymermaterialien erleichtert die spätere Wiederverwertung und steigert die Recyclingfähigkeit. Gleichzeitig eröffnen intelligente Materialien neue Möglichkeiten für eine nachhaltige Nutzung und verbesserte Kreislauffähigkeit. Um den Materialkreislauf wirklich schließen zu können, benötigen wir zudem umfassende Ressourcen- und Produktverfolgungssysteme. Transparente Lieferketten und innovative digitale Lösungen zur lückenlosen Nachverfolgbarkeit von Materialien bilden die Grundlage für eine funktionierende *Circular Plasticonomy*. Eine leistungsfähige und flächendeckende Sammel- und Sortierinfrastruktur

ist dabei ebenso unerlässlich wie eine erweiterte Produzentenverantwortung, bei der Hersteller in die Verantwortung für den gesamten Lebenszyklus ihrer Produkte genommen werden. Darüber hinaus können Pfandsysteme und innovative Service-Modelle wirksame Anreize zur Rückgabe und Wiederverwendung von Produkten schaffen. Für einen wirklich systemischen Wandel brauchen wir zudem einheitliche Standards und eine Harmonisierung von Recyclingvorgaben und Materialanforderungen auf nationaler und internationaler Ebene. Politische und regulatorische Maßnahmen wie die Einführung verbindlicher Recyclingquoten und Mehrwegsystemen, die Förderung von Markttransparenz, die Entwicklung eines Kunststoffbewertungstools sowie Bildungs- und Sensibilisierungsmaßnahmen für eine nachhaltige Nutzung von Kunststoffen sind Bausteine dieses Transformationsprozesses.

Viele dieser zukunftsweisenden Maßnahmen befinden sich bereits in der Umsetzungsphase oder werden intensiv in Fachkreisen und der Öffentlichkeit diskutiert. Ihr langfristiger Erfolg hängt jedoch maßgeblich davon ab, wie konsequent und koordiniert sie realisiert und wie wirksam sie miteinander zu einem konsistenten Gesamtsystem verknüpft werden. Technologie allein ist jedoch kein Allheilmittel, sie muss in einen breiteren kulturellen und gesellschaftlichen Wandel eingebettet sein.

Eine nachhaltige Zukunft für Kunststoffe erfordert globale Zusammenarbeit. Regulatorische Rahmenbedingungen müssen weltweit harmonisiert und auf internationale Standards abgestimmt werden, um den Kunststoffverbrauch und das Recycling effektiv zu steuern. Nationale Alleingänge reichen bei diesem globalen Problem nicht aus, vielmehr bedarf es eines kollektiven, koordinierten Handelns, das von Regierungen, der Industrie und der Zivilgesellschaft gemeinsam getragen und vorangetrieben wird.

Bildung und öffentliches Bewusstsein spielen eine zentrale, nicht zu unterschätzende Rolle in dieser gesellschaftlichen Transformation. Die Konsumenten müssen erkennen, warum Recycling wichtig ist und wie sie selbst aktiv und wirkungsvoll dazu beitragen können. Aufklärungskampagnen und Bildungsprogramme sind wichtig, um das Bewusstsein zu schärfen und die Akzeptanz nachhaltiger Praktiken zu fördern.

Einige Länder haben bereits vielversprechende Initiativen gestartet, beispielsweise Pfandsysteme oder Verpflichtungen zur Nutzung von recyceltem Kunststoff in Verpackungen und anderen Produkten.

Jeder einzelne von uns kann und muss in diesem Transformationsprozess aktiv werden, durch bewusste, informierte Kaufentscheidungen, die Wahl recycelbarer und umweltfreundlicher Produkte und die Unterstützung innovativer Projekte und Initiativen. Das Verständnis für die Konsequenzen unserer alltäglichen Handlungen muss in allen Bildungsbereichen verankert werden. Das Bewusstsein für die untrennbare Beziehung unserer individuellen Entscheidungen mit globalen ökologischen Systemen schafft die Grundlage für verantwortungsvolles, zukunftsorientiertes Handeln. Die ethische Dimension unseres Konsumverhaltens betrifft nicht nur die unmittelbaren, lokalen Auswirkungen, sondern auch die kommenden Generationen und den Erhalt unserer Lebensgrundlagen. Gleichzeitig liegt es an der Industrie und der Politik, den Wandel aktiv mit voranzutreiben. Unternehmen müssen in nachhaltige Praktiken investieren und innovative Projekte fördern, die die Kreislaufwirtschaft stärken und ausbauen. Die Politik muss diese Anstrengungen unterstützen, indem sie geeignete Rahmenbedingungen schafft, Forschung finanziert und den Markt für recycelte Produkte fördert.

Die vor uns liegende Aufgabe ist zweifelsohne anspruchsvoll, aber keineswegs unlösbar. Die *Plastikrevolution*, die im letzten Jahrhundert begann, steht nun an einem Wendepunkt. Lassen Sie uns diesen Wandel gemeinsam vorantreiben und die *Circular Plasticonomy* als Schlüssel zu einer abfallfreien Gesellschaft etablieren, in der der Begriff „Abfall“ letztendlich bedeutungslos ist. Verantwortung ist nicht ein abstraktes Konzept, sondern eine konkrete Handlung. Die Zukunft liegt in unseren Händen – nutzen wir die Chance, um sie positiv zu gestalten.

– In jedem ENDE steckt auch ein Anfang –

KAPITEL 25

Autorenvita

Dr. Stephan Enthaler, geboren 1980, ist Chemiker mit Fokus auf nachhaltige Recyclingprozesse. Er promovierte am Leibniz-Institut für Katalyse e.V. und arbeitete als Forscher sowie Vertretungsprofessor an der TU Berlin und der Universität Hamburg. Als Mitgründer des Startups Recyclabs GmbH entwickelt er nachhaltige und ressourceneffiziente Lösungen für chemische Recyclingverfahren. Mit über 130 wissenschaftlichen Publikationen und Buchbeiträgen ist er ein anerkannter Experte auf diesem Gebiet.

KAPITEL 26

Transparenz

In diesem Buch behandle ich Themen, die in meinem beruflichen Umfeld eine Rolle spielen. Um mögliche Interessenkonflikte offenzulegen und Transparenz zu gewährleisten, habe ich dieses Kapitel verfasst. Im Rahmen verschiedener Forschungsprojekte (2009–2023) an der Technischen Universität Berlin und der Universität Hamburg war ich an der Entwicklung chemischer Recyclingkonzepte beteiligt, insbesondere für Kunststoffe wie PET und PLA. Derzeit bin ich *Chief Technology Officer* (*CTO*) und Gesellschafter der Recyclabs GmbH und konzentriere mich in dieser Funktion auf das chemische Recycling von PET, wodurch auch wirtschaftliche Interessen tangiert werden. Ich weise darauf hin, dass meine berufliche Tätigkeit meine Darstellungen in diesem Buch beeinflussen können. Dennoch bemühe ich mich um eine sachliche und ausgewogene Darstellung der Themen, unter Berücksichtigung verschiedener Perspektiven und aktueller wissenschaftlicher Erkenntnisse.

KAPITEL 27

Referenzen

Die im Buch angegebenen Verweise auf externe Quellen und Materialien entsprechen nicht zwingend der Ansicht oder Meinung des Autors. Die Verantwortung für den Inhalt der zitierten Werke liegt bei den jeweiligen Autoren.

[1] a) Statista: „Weltweiter Erdölverbrauch in den Jahren 1970 bis 2023" https://de.statista.com/statistik/daten/studie/40384/umfrage/welt-insgesamt-erdoelverbrauch-in-tausend-barrel-pro-tag/#:~:text=Im%20Jahr%202022%20betrug%20der,sich%20der%20weltweite%20Erdölverbrauch%20verdreifacht (abgerufen: 08.03.2025).

b) Statista: „Menge der abgeholzten Waldfläche im Amazonasgebiet in den Jahren 1990 bis 2023" https://de.statista.com/statistik/daten/studie/478063/umfrage/menge-der-abgeholzten-waldflaeche-im-amazonasgebiet/#:~:text=Im%20Jahr%202022%20wurden%20im,Quadratkilometer%20Wald%20im%20Amazonasgebiet%20gerodet (abgerufen: 08.03.2025).

[2] Statista: M. Janson „Globale Produktion von Kunststoffen steigt stetig" https://de.statista.com/infografik/30891/weltweite-kunststoffproduktion/ (abgerufen: 08.03.2025).

[3] WWF Deutschland, Dr. B. Bauske, C. Kraas „Faktenblatt: Plastikmüll in den Weltmeeren" https://www.wwf.de/fileadmin/fm-wwf/Publikationen-PDF/Plastik/WWF-Faktenblatt-Plastikmuell.pdf (abgerufen: 08.03.2025).

[4] Umweltbundesamt: „Welche Abfallmengen befinden sich in den Meeren?" https://www.umweltbundesamt.de/service/uba-fragen/welche-abfallmengen-befinden-sich-in-den-meeren (abgerufen: 08.03.2025).

[5] Europäisches Parlament: „Plastikmüll und Recycling in der EU: Zahlen und

Fakten"
https://www.europarl.europa.eu/topics/de/article/20181212STO21610/plastikmull-und-recycling-in-der-eu-zahlen-und-fakten (abgerufen: 08.03.2025).

[6] a) Umweltbundesamt: „Trends der Lufttemperatur"
https://www.umweltbundesamt.de/daten/klima/trends-der-lufttemperatur#2022-zusammen-mit-2018-das-bisher-warmste-jahr-in-deutschland. Jahresmittel: 7,2 °C (1922); 10,5 °C (2022). Insgesamt schwanken die Werte, allerdings hat die Trendlinie eine Steigung von 0,0093 (abgerufen: 08.03.2025).

b) Statista: „Die schleichende Erwärmung der Weltmeere"
https://de.statista.com/infografik/19424/weltweite-meerestemperatur/ 2022 ca. 0,87 °C höher als 1922 (abgerufen: 08.03.2025).

[7] a) Statistisches Bundesamt: „G20 verursachen 81 % der globalen CO_2-Emissionen"
https://www.destatis.de/DE/Themen/Laender-Regionen/Internationales/Thema/umwelt-energie/umwelt/G20_CO2.html#:~:text=Der%20weltweite%20CO2%20%2DAusstoß,waren%20die%20G20%2DStaaten%20verantwortlich
(abgerufen: 08.03.2025).

b) Umweltbundesamt: „Atmosphärische Treibhausgas-Konzentrationen"
https://www.umweltbundesamt.de/daten/klima/atmosphaerische-treibhausgas-konzentrationen (abgerufen: 08.03.2025).

c) Frankfurter Rundschau: B. Kommnick „Wie viele Sterne gibt es im Universum?"
https://www.fr.de/wissen/wie-viele-sterne-gibt-es-im-universum-zr-92355728.html (abgerufen: 08.03.2025).

[8] D. Meadows, D. Meadows, E. Zahn, P. Milling „Die Grenzen des Wachstums – Bericht des Club of Rome zur Lage der Menschheit" Rowohlt Taschenbuch, **1973** (ISBN 3499168251).

[9] a) Deutschlandfunk: I. Meichsner „Jakob Johann Baron von Uexküll - Wegbereiter der Ökologie"
https://www.deutschlandfunk.de/jakob-johann-baron-von-uexkuell-wegbereiter-der-oekologie-100.html (abgerufen: 08.03.2025).

b) F. Sprenger „Epistemologien des Umgebens" Transcript Verlag, **2019** (ISBN 9783837648393).

[10] M. Artmann „Human-nature resonance in times of social-ecological crisis – a relational account for sustainability transformation" *Ecosystems and People* **2023**, *19*, 2168760.

[11] H. Jonas „Das Prinzip Verantwortung: Versuch einer Ethik für die technologische Zivilisation" Suhrkamp, Berlin, **2020** (ISBN 9783518429549).

[12] Statista: M. Janson „Globale Produktion von Kunststoffen steigt stetig" https://de.statista.com/infografik/30891/weltweite-kunststoffproduktion/#:~:text=Die%20weltweit%20produzierte%20Kunststoffmenge%20ist,Plus%20von%20rund%2051%20Prozent. (abgerufen: 08.03.2025).

[13] BUND: „Mikroplastik – eine große Gefahr für unsere Umwelt" https://www.bund.net/meere/mikroplastik/ (abgerufen: 08.03.2025).

[14] a) Rockström, J., W. Steffen, K. Noone, Å. Persson, F. S. Chapin, III, E. Lambin, T. M. Lenton, M. Scheffer, C. Folke, H. Schellnhuber, B. Nykvist, C. A. De Wit, T. Hughes, S. van der Leeuw, H. Rodhe, S. Sörlin, P. K. Snyder, R. Costanza, U. Svedin, M. Falkenmark, L. Karlberg, R. W. Corell, V. J. Fabry, J. Hansen, B. Walker, D. Liverman, K. Richardson, P. Crutzen, J. Foley „Planetary boundaries: exploring the safe operating space for humanity" *Ecology and Society* **2009**, *14*, 32.

b) J. Rockström, M. Klum „Big World Small Planet: Wie wir die Zukunft unseres Planeten gestalten" Ullstein Buchverlage, **2016** (ISBN 3550081499).

c) J. Rockström, O. Gaffney „Breaking Boundaries: The Science of Our Planet" DK, **2021**, (ISBN 9780241466759).

[15] IPSOS: „Ipsos Global Trends 2023 – eine neue Welt(un)ordnung?" https://www.ipsos.com/de-de/meinungsumfragen/global-trends-2023 (abgerufen: 08.03.2025).

[16] a) UN: „Report of the World Commission on Environment and Development: Our Common Future" https://sustainabledevelopment.un.org/content/documents/5987our-common-future.pdf (abgerufen: 08.03.2025).

b) U. Grober „Die Entdeckung der Nachhaltigkeit" Verlag Antje Kunstmann, **2013** (ISBN 9783888978241).

[17] a) OECD: „Plastic pollution is growing relentlessly as waste management and

recycling fall short, says OECD“ https://www.oecd.org/environment/plastic-pollution-is-growing-relentlessly-as-waste-management-and-recycling-fall-short.htm
(abgerufen: 08.03.2025).

b) Circularity Gap Reporting Initiative:
https://www.circularity-gap.world/methodology (abgerufen: 08.03.2025).

[18] R. C. Thompson, S. H. Swan, C. J. Moore, F. S. vom Saal „Our Plastic Age“ *Phil. Trans. R. Soc. B* **2009**, *364*, 1973–1976.

[19] V. Hartmann „Die Photosynthese als erneuerbare Energie“ Springer Spektrum, **2015** (ISBN 9783658091873).

[20] H.-U. Koecke, P. Emschermann, E. Härle „Biologie: Lehrbuch der der allgemeinen Biologie für Mediziner und Naturwissenschaftler“ Schattauer Verlag, **2000** (ISBN 9783794517862).

[21] M. Kaltschmitt „Energie aus Biomasse: Grundlagen, Techniken und Verfahren“ M. Kaltschmitt, H. Hartmann, H. Hofbauer, D. Thrän, Kapitel 1, Seite 1-40, Springer, Berlin, **2009** (ISBN 9783540850953).

[22] D.-P. Häder „Photosynthese“ Georg Thieme Verlag, Stuttgart, New York, **1999** (ISBN 9783131150219).

[23] E. Weiler, L. Nover, W. Nultsch „Allgemeine und molekulare Botanik“ Thieme Verlag, Stuttgart **2008** (ISBN 9783131476616).

[24] a) Transferverluste durch die Umwandlung von Verbrennungsenergie/Wärmeenergie in elektrische Energie sind nicht berücksichtigt.

b) Als Basis für die Verbrauchsberechnung wurde die Daten eines ID.3 gewählt, aus ADAC: „Test VW ID.3: So viel besser ist er seit dem Facelift“
https://www.adac.de/rund-ums-fahrzeug/autokatalog/marken-modelle/vw/vw-id-3/ (abgerufen: 08.03.2025).

[25] a) F. Neukirchen, G. Ries „Die Welt der Rohstoffe - Lagerstätten, Förderung und wirtschaftliche Aspekte“ Springer Spektrum, **2014** (ISBN 9783642377396).

b) Neben der biotischen Entstehung von Kohlenwasserstoffen aus Biomasse wird auch die abiotische Entstehung diskutiert, bei der die Kohlenwasserstoffe aus Kohlenstoffdioxid und Wasserstoff gebildet werden. Allerdings deuten Untersuchungen des Isotopenverhältnisse des Kohlenstoffes auf eine biotische Entstehung hin (G. P. Lasby „Abiogenic Origin of Hydrocarbons: An Historical Overview“ *Resource Geology* **2006**, *56*, 85–98).

[26] C. Sardet „Plankton: Der erstaunliche Mikrokosmos der Ozeane“ Verlag Eugen Ulmer, **2016** (ISBN 3800103982).

[27] R. A. Berner „The Phanerozoic Carbon Cycle: CO_2 and O_2“ Oxford University Press Inc, **2004** (ISBN 9780195173338).

[28] a) Spektrum.de: P. G. Falkowski „Der unsichtbare Wald im Meer“ https://www.spektrum.de/magazin/der-unsichtbare-wald-im-meer/829890 (abgerufen: 08.03.2025).

b) World Ocean Review: „Meer und Chemie“ https://worldoceanreview.com/de/wor-1/meer-und-chemie/sauerstoff/ (abgerufen: 08.03.2025).

[29] J. Schmude, B. Cyffka, M. Amler „Allgemeine Paläontologie“ WBG (Wissenschaftliche Buchgesellschaft), **2012** (ISBN 9783534220755).

[30] B. P. Tissot, D. H. Welte „Petroleum Formation and Occurrence“ Springer, **1984** (ISBN 9783642878138).

[31] J. M. Hundt „Petroleum Geochemistry and Geology“ Freeman & Co. New York, **1995** (ISBN 9780716724414).

[32] Bundesanstalt für Geowissenschaften und Rohstoffe: „Erdöl“ https://www.bgr.bund.de/DE/Themen/Energie/Erdoel/erdoel_node.html (abgerufen: 08.03.2025).

[33] a) Bild der Wissenschaft: K. Vogelmann „Ein Liter Treibstoff entstand aus 23 Tonnen Pflanzen“ https://www.wissenschaft.de/erde-umwelt/ein-liter-treibstoff-entstand-aus-23-tonnen-pflanzen/ (abgerufen: 08.03.2025).

b) J. S. Dukes „Burning Buried Sunshine: Human Consumption of Ancient Solar Energy“ *Climatic Change* **2003**, *61*, 31–44.

[34] Y. M. Bar-On, R. Phillips, R. Milo „The biomass distribution on Earth“ *PNAS* **2018**, *115*, 6506–6511.

[35] AFP Faktencheck: E. Zaborszky „Erdöl ist ein fossiler Brennstoff und nicht

unbegrenzt verfügbar" https://faktencheck.afp.com/doc.afp.com.32WZ97U (abgerufen: 08.03.2025).

[36] F. Neukirchen, G. Ries „Die Welt der Rohstoffe - Lagerstätten, Förderung und wirtschaftliche Aspekte" Springer Spektrum, **2014** (ISBN 9783642377396).

[37] T. Wirth „The new fossil fuel frontiers: unkonventionelle Erdöle als neue Variablen der globalen Erdölversorgung?" Hamburg, Disserta-Verlag, **2014** (ISBN 9783954256105).

[38] a) Chemie.de: „Erdöl"
https://www.chemie.de/lexikon/Erdöl.html (abgerufen: 08.03.2025).

b) B. Diekmann, E. Rosenthal „Energie Physikalische Grundlagen ihrer Erzeugung, Umwandlung und Nutzung" Springer Spektrum, **2014** (ISBN 9783658005016).

[39] L. Kalfayan „Production Enhancement with Acid Stimulation" PennWell Corp., **2008** (ISBN 9781593703844).

[40] Zeit Online: F. Vorholz „Angst vor der zweiten Halbzeit"
http://www.zeit.de/2006/17/E-lreichweite/komplettansicht
(abgerufen: 08.03.2025).

[41] „Enhanced Oil Recovery Scoping Study" EPRI, Palo Alto, CA, **1999**, TR-113836.

[42] A. Z. Abidin, T. Puspasari, W. A. Nugroho „Polymers for Enhanced Oil Recovery Technology" *Procedia Chem.* **2012**, *4*, 11–16.

[43] K. Weissermel, H.-J. Arpe „Industrielle Organische Chemie" Wiley-VCH Verlag GmbH, Weinheim **1998**, (ISBN 3527288562).

i) Propan zu Propen; ii) Propen, Ammoniak und Sauerstoff werden im Sohio-Verfahren zu Acrylnitril; iii) Acrylnitril und Wasser werden zu Acrylamid; iv) Acrylamid wird zu Polyacrylamid.

[44] R. Karcher „Lexikon der Chemie" Spektrum, **2007** (ISBN 9783827419095).

[45] a) Zeit Online: R. Luyken „Ein kleiner Liter Öl auf großer Fahrt"
http://www.zeit.de/2004/36/oel_36 (abgerufen: 08.03.2025).

b) B. Diekmann, E. Rosenthal „Energie: Physikalische Grundlagen ihrer Erzeugung, Umwandlung und Nutzung" Springer Spektrum, **2013** (ISBN 9783658005009).

[46] Zeit Online: „Europas größter Ölsee“ http://www.zeit.de/1970/25/europas-groesster-oelsee (abgerufen: 08.03.2025).

[47] a) Deutschlandfunk Kultur: A. Baum „Eigenes Öl für die Briten“ http://www.deutschlandfunkkultur.de/vor-50-jahren-eigenes-oel-fuer-die-briten.932.de.html?dram:article_id=335737 (abgerufen: 08.03.2025).

b) Deutsche Welle: G. Weyerer „Wilhelmshaven: Die Öldrehscheibe Deutschlands“ http://www.dw.com/de/wilhelmshaven-die-%C3%B6ldrehscheibe-deutschlands/a-17410470 (abgerufen: 08.03.2025).

c) Greenpeace: „Die weltweite Spur des Öls - Fakten, Zahlen, Bilder eines folgenschweren Stoffes“ https://www.greenpeace.ch/static/planet4-switzerland-stateless/2019/05/31c4f8e2-31c4f8e2-2004_bro_spuroel.pdf (abgerufen: 08.03.2025).

[48] A. F. Holleman, E. Wiberg „Lehrbuch der anorganischen Chemie“ Walter de Gruyter, **1995** (ISBN 3110126419).

[49] Spektrum.de: D. Castelvecchi „Mit Wasserstoff zu sauberem Stahl“ https://www.spektrum.de/magazin/mit-wasserstoff-zu-sauberem-stahl/2141868 (abgerufen: 08.03.2025).

[50] Bundesanstalt für Geowissenschaften und Rohstoffe: „Erdöl“ https://www.bgr.bund.de/DE/Themen/Energie/Erdoel/erdoel_node.html (abgerufen: 08.03.2025).

[51] Spiegel Online: H. Dambeck „Der leergepumpte Planet“ http://www.spiegel.de/wissenschaft/natur/ausgehende-oelreserven-der-leergepumpte-planet-a-514877.html (abgerufen: 08.03.2025).

[52] a) P. Glover „Aramco Chief Debunks Peak Oil“ https://web.archive.org/web/20120215142257/http://www.energytribune.com/articles.cfm?aid=764 (abgerufen: 08.03.2025).

b) Statista: „Demand for crude oil worldwide from 2005 to 2023, with a forecast for 2024“ https://www.statista.com/statistics/271823/global-crude-oil-demand/ (abgerufen: 08.03.2025).

[53] Statista: „Demand for crude oil worldwide from 2005 to 2023, with a forecast for 2024“ https://www.statista.com/statistics/271823/global-crude-oil-demand/

(abgerufen: 08.03.2025).

54 a) Statista: „Höchster Verbrauch von Erdöl nach Ländern in den Jahren 2022 und 2023“ https://de.statista.com/statistik/daten/studie/233302/umfrage/laender-mit-dem-hoechsten-erdoelverbrauch-2011/ (abgerufen: 08.03.2025).

b) BP: „BP Statistical Review of World Energy June 2017“ https://www.bp.com/content/dam/bp/en/corporate/pdf/energy-economics/statistical-review-2017/bp-statistical-review-of-world-energy-2017-full-report.pdf (abgerufen: 08.03.2025).

c) Statistisches Bundesamt: „Bevölkerung im Jahr 2022 auf 84,3 Millionen gewachsen“ https://www.destatis.de/DE/Presse/Pressemitteilungen/2023/01/PD23_026_124.html (abgerufen: 08.03.2025).

d) Statista: „USA: Gesamtbevölkerung von 1950 bis 2023 und Prognosen bis 2050“ https://de.statista.com/statistik/daten/studie/19320/umfrage/gesamtbevoelkerung-der-usa/ (abgerufen: 08.03.2025).

e) Statista: „China: Gesamtbevölkerung von 1950 bis 2023 und Prognosen[1] bis 2050“ https://de.statista.com/statistik/daten/studie/19323/umfrage/gesamtbevoelkerung-in-china/ (abgerufen: 08.03.2025).

55 Zeit Online: F. Vorholz „Angst vor der zweiten Halbzeit“ http://www.zeit.de/2006/17/E-lreichweite (abgerufen: 08.03.2025).

56 a) Focus: „Mythos: Das Öl reicht noch 40 Jahre“ https://www.focus.de/wissen/klima/das-oel-geht-aus-und-windraeder-toeten-voegel-energie-mythen-teil-1_id_1721763.html (abgerufen: 08.03.2025).

b) Manager Magazin: C. Rottwilm „Geht der Opec schon 2024 das Öl aus?“ https://www.manager-magazin.de/finanzen/artikel/a-526384.html (abgerufen: 08.03.2025).

57 a) Bundeszentrale für politische Bildung: „Peak Oil“ https://www.bpb.de/kurz-knapp/zahlen-und-fakten/globalisierung/52761/peak-oil/ (abgerufen: 08.03.2025).

b) Capital: V. Robertz „Erreichen wir „Peak Oil“ jetzt wirklich?“ https://www.capital.de/wirtschaft-politik/erreichen-wir--peak-oil--noch-diesesjahrzehnt--33818470.html (abgerufen: 08.03.2025).

[58] a) D. Lacalle, D. Parrilla „The Energy World is Flat: Opportunities from the End of Peak Oil" Wiley, **2015** (ISBN: 9781118868003).

b) U. Bardi „Der Seneca-Effekt: Warum Systeme kollabieren und wie wir damit umgehen können" Oekom Verlag, **2017** (ISBN: 9783960060109).

c) R. Heinberg „Peak Everything: Waking Up to the Century of Declines" New Society Publishers, Reprint Edition, **2010** (ISBN 978-0865716452).

[59] a) Deutschlandfunk Kultur: J.-U. Stahr „Nach dem Rausch kommt der Kater" http://www.deutschlandfunkkultur.de/peak-oil-erdoelzeitalter-am-ende-nach-dem-rausch-kommt-der.976.de.html?dram:article_id=317054 (abgerufen: 08.03.2025).

b) In diesem Zusammenhang wird häufig der Begriff „globales Ölfördermaximum" bzw. „peak oil" diskutiert. Das Konzept beschreibt das zeitliche Maximum der Erdölförderung und die daraus resultierende Auswirkungen.

c) A. Waldermann „Experten warnen vor dramatischem Öl-Engpass" Spiegel Online: http://www.spiegel.de/wirtschaft/rekordpreis-bei-132-dollar-experten-warnen-vor-dramatischem-oel-engpass-a-554587.html (abgerufen: 08.03.2025).

d) Spiegel Online: „Das Problem Öl erledigt sich von selbst" http://www.spiegel.de/wissenschaft/natur/co2-emissionen-das-problem-oel-erledigt-sich-von-selbst-a-577641.html (abgerufen: 08.03.2025).

[60] a) Wirtschaftswoche: B. Reuter, P. Mattheis „Goodbye, Öl" https://www.wiwo.de/technologie/forschung/trendwende-im-energiemarkt-goodbye-oel/10306684-all.html (abgerufen: 08.03.2025).

b) Greenpeace: S. Bukold „Ölreport" https://www.greenpeace.de/sites/www.greenpeace.de/files/publications/oel-report-2016-greenpeace-20160108_0.pdf (abgerufen: 08.03.2025).

[61] Deutscher Bundestag: „Erdölverbrauch in Deutschland" WD 5 - 3000 - 033/19, https://www.bundestag.de/resource/blob/644154/889aae5fb78d87042e942a3774f4df1d/WD-5-033-19-pdf-data.pdf (abgerufen: 08.03.2025).

[62] Bundesanstalt für Geowissenschaften und Rohstoffe: „Erdöl"

https://www.bgr.bund.de/DE/Themen/Energie/Erdoel/erdoel_node.html (abgerufen: 08.03.2025).

63 SWR: A. Braun „Erdöl ist mehr als nur Kraftstoff“ https://www.swr.de/wissen/erdoel-wo-es-ueberall-drinsteckt-100.html#:~:text=Auch%20in%20Plastikflaschen%20steckt%20der,Produkte%20Erdöl%20bzw%20seine%20Baustoffe. (abgerufen: 08.03.2025).

64 a) Zeit Online: M. Morrison „Besser, nicht schneller“ http://www.zeit.de/mobilitaet/2017-11/zukunft-mobilitaet-entschleunigung-dekarbonisierung-vernetzung (abgerufen: 08.03.2025).

b) W. Rid, G. Parzinger, M. Grausam, U. Müller, C. Herdtle „Carsharing in Deutschland: Potenziale und Herausforderungen, Geschäftsmodelle und Elektromobilität“ Springer Vieweg, **2017** (ISBN 9783658159054).

c) H. Proff, T. M. Fojcik „Nationale und internationale Trends in der Mobilität: Technische und betriebswirtschaftliche Aspekte“ Springer Gabler, **2016** (ISBN 9783658145620).

d) H. Proff, T. M. Fojcik „Innovative Produkte und Dienstleistungen in der Mobilität: Technische und betriebswirtschaftliche Aspekte“ Springer Gabler, **2017** (ISBN 9783658186128).

65 a) Statista: „Dichte von Personenkraftwagen in europäischen Ländern in den Jahren 2021 und 2022“ https://de.statista.com/statistik/daten/studie/163406/umfrage/kfz-dichte-in-ausgewaehlten-europaeischen-laendern/#:~:text=Pkw%2DDichte%20in%20den%20Ländern%20Europas%202022&text=In%20der%20EU%20gab%20es,die%20Zahl%20bei%20586%20Pkw. (abgerufen: 08.03.2025).

b) Statista: „Anzahl der Autos je 100 Haushalte in China in den Jahren 2013 bis 2022“ https://de.statista.com/statistik/daten/studie/220790/umfrage/anzahl-der-autos-je-100-haushalte-in-china/#:~:text=Die%20Pkw%2DDichte%20in%20China,erreichte%20damit%20einen%20neuen%20Höchststand. (abgerufen: 08.03.2025).

66 a) Zeit: M. Hägler „Womit keiner rechnet“ https://www.zeit.de/2024/11/china-verbrennermotoren-elektromobilitaet-autoindustrie (abgerufen: 08.03.2025).

b) Bundesregierung: „Nicht weniger fortbewegen, sondern anders“ https://www.bundesregierung.de/breg-de/schwerpunkte-der-bundesregierung/nachhaltigkeitspolitik/nachhaltige-mobilitaet-2044132 (abgerufen: 08.03.2025).

[67] a) A. Kampker, D. Vallée, A. Schnettler „Elektromobilität: Grundlagen einer Zukunftstechnologie“ Springer Vieweg, **2013** (ISBN 9783642319853).

b) M. Keichel, O. Schwedes „Das Elektroauto: Mobilität im Umbruch“ Springer Vieweg, **2013** (ISBN 9783658007959).

[68] Zeit Online: D. Asendorpf „Der Wasserstoff, aus dem die Träume sind“ http://www.zeit.de/2017/38/kraftstoff-wasserstoff-mercedes-technologien-elektroautos (abgerufen: 08.03.2025).

[69] M. Lucht, G. Spangardt „Emissionshandel: Ökonomische Prinzipien, rechtliche Regelungen und technische Lösungen für den Klimaschutz“ Springer, **2004** (ISBN 9783540210054).

[70] F. Neukirchen, G. Ries „Die Welt der Rohstoffe - Lagerstätten, Förderung und wirtschaftliche Aspekte“ Springer Spektrum, **2014** (ISBN 9783642377396).

[71] Zeit Online: „Hoffnung auf Öl“ http://www.zeit.de/1975/16/hoffnung-auf-oel (abgerufen: 08.03.2025).

[72] B. Pieprzyk, N. Kortlüke, P. Rojas Hilje „Auswirkungen fossiler Kraftstoffe - Treibhausgasemissionen, Umweltfolgen und sozioökonomische Effekte“ era – energy research architecture, **2009**.

[73] a) BP: „BP Statistical Review of World Energy June 2017“ https://www.bp.com/content/dam/bp/en/corporate/pdf/energy-economics/statistical-review-2017/bp-statistical-review-of-world-energy-2017-full-report.pdf (abgerufen: 08.03.2025).

b) B. Diekmann, E. Rosenthal „Energie: Physikalische Grundlagen ihrer Erzeugung, Umwandlung und Nutzung“ Springer Spektrum, **2013** (ISBN 9783658005009).

[74] Tagesschau: „Was ist Steinkohle? Wofür wird sie genutzt?“ https://www.tagesschau.de/wirtschaft/steinkohle-ts-102.html (abgerufen: 08.03.2025).

[75] M. Höök, K. Aleklett „A review on coal-to-liquid fuels and its coal consumption“

Int. J. Energy Res. **2010**, *34*, 848–864.

[76] a) K. F. Schlupp, H. Wien „Herstellung von Öl durch Hydrierung von Steinkohle" *Angew. Chem.* **1976**, *88*, 347–353.

b) Eine Variation des *Bergius-Pier-Verfahren* stellt der *Pott-Broche-Prozess* dar, bei dem anstelle von Wasserstoffgas wasserstoffübertragende Verbindungen eingesetzt werden.

[77] Frankfurter Allgemeine Zeitung Online: „Nachfrage treibt den Kohlepreis nach oben" https://www.faz.net/aktuell/finanzen/devisen-rohstoffe/energie-rohstoffe-nachfrage-treibt-den-kohlepreis-nach-oben-1439876.html (abgerufen: 08.03.2025).

[78] a) A. de Klerk „Fischer-Tropsch Refining" Wiley-VCH, **2011** (ISBN 9783527326051).

b) P. M. Maitlis, A. de Klerk „Greener Fischer-Tropsch Processes: For Fuels and Feedstocks" Wiley-VCH, **2013** (ISBN 9783527329458).

[79] a) Deutschlandfunk: A. Hammerl „SunFuel - synthetischer Kraftstoff aus Biomasse" http://www.deutschlandfunk.de/sunfuel-synthetischer-kraftstoff-aus-biomasse.697.de.html?dram:article_id=71923 (abgerufen: 08.03.2025).

b) M. Buttmann „Klimafreundliche Kohle durch Hydrothermale Karbonisierung von Biomasse" *Chemie Ingenieur Technik* **2011**, *83*, 1890–1896.

[80] Spektrum: D. Graham-Rowe „Tank gegen Teller" https://www.spektrum.de/news/tank-gegen-teller/1142590 (abgerufen: 08.03.2025).

[81] Deutschlandfunk: C. Richter „CO_2-neutraler Kraftstoff für den Verbrennungsmotor" http://www.deutschlandfunk.de/synthetisches-e-benzin-co2-neutraler-kraftstoff-fuer-den.697.de.html?dram:article_id=392660 (abgerufen: 08.03.2025).

[82] V. N. Nguyen, L. Blum „Syngas and Synfuels from H_2O and CO_2: Current Status" *Chem. Ing. Tech.* **2015**, *87*, 354–375.

[83] a) Welt Online: D. Wetzel „Aus CO_2 und Wasser macht diese Anlage Benzin" https://www.welt.de/wirtschaft/energie/article134236409/Aus-CO2-und-

Wasser-macht-diese-Anlage-Benzin.html (abgerufen: 08.03.2025).

b) Frankfurter Allgemeine Zeitung Online: „Grünes Öl aus Ökostrom, CO_2 und Wasser“
http://www.faz.net/asv/oel-weiter-denken/gruenes-oel-aus-oekostrom-co2-und-wasser-15234035.html (abgerufen: 08.03.2025).

[84] A. Behr, D. W. Agar, J. Jörissen, A. J. Vorholt „Einführung in die Technische Chemie“ Springer Spektrum, Berlin, Heidelberg, **2016** (ISBN 9783662528563).

[85] O. Schwarz, F. W. Ebeling, H. Huberth, F. Richter, H. Schirber, N. Schlör „Kunststoffkunde: Aufbau, Eigenschaften, Verarbeitung, Anwendungen der Thermoplaste, Duroplaste und Elastomere“ Vogel Business Media, Würzburg, **2016** (ISBN 9783834362032).

[86] C. Janiak, E. Riedel, „Anorganische Chemie“ De Gruyter, Berlin/New York, **2011** (ISBN 9783110225679).

[87] a) O. Schwarz, F. W. Ebeling, H. Huberth, F. Richter, H. Schirber, N. Schlör „Kunststoffkunde: Aufbau, Eigenschaften, Verarbeitung, Anwendungen der Thermoplaste, Duroplaste und Elastomere“ Vogel Business Media, Würzburg, **2016** (ISBN 9783834362032).

b) A. Behr, D. W. Agar, J. Jörissen, A. J. Vorholt „Einführung in die Technische Chemie“ Springer Spektrum, Berlin, Heidelberg, **2016** (ISBN 9783662528563).

[88] Waste to Ressources: R. Schu, J. Niestroj, K. Schu „Bewertung der Systemkosten für den Einsatz von Kunststoffen unter Einbeziehung der Kosten für Entsorgung“ https://www.ecoenergy.de/go_public/freigegeben/Manuskript_Einsatz%20von%20Kunststoffen_R.Schu_ger.pdf (abgerufen: 08.03.2025).

[89] PlasticsEurope: „Naphtha. Eco-profiles of the European Plastics Industry“, **2005**.

[90] Focus: „So viel kostet es im Jahr, wenn Sie jeden Tag Ihr iPhone aufladen“ https://www.focus.de/digital/handy/stromverbrauch-so-viel-kostet-es-im-jahr-wenn-sie-jeden-tag-ihr-iphone-aufladen_id_192942075.html (abgerufen: 08.03.2025).

[91] Feuerdepot: „Gas, Öl oder Holz – Brennwerte und Preisentwicklung in 2024“ https://www.feuerdepot.de/blog/gas-ol-oder-holz-brennwerte-und-preisentwicklung-im-vergleich/#:~:text=Erdöl%3A%20Brennwert%3D%2011%2C8,%2Fkg%20%3D

%202.000%20kWh%2F%20RM (abgerufen: 08.03.2025).

[92] R. Dittmeyer, W. Keim, G. Kreysa, A. Oberholz, (Hrsg.): Winnacker, Küchler „Chemische Technik – Prozesse und Produkte – Energieträger, Organische Grundstoffe“ Wiley-VCH, Weinheim, **2005** (ISBN 9783527307692).

[93] M. Baerns, A. Behr, A. Brehm „Technische Chemie“ Wiley-VCH, Weinheim, **2006** (ISBN 3527310002).

[94] KUVAPLAST AG: „Kann Kunststoff nachhaltig sein? Wir schauen genau hin“ https://www.kuvaplast.com/kunststoff-ist-nachhaltig/ (abgerufen: 08.03.2025).

[95] A. D. Jenkins ,P. Kratochvíl, R. F. T. Stepto, U. W. Suter „Glossary of basic terms in polymer science (IUPAC Recommendations 1996)“ *Pure & Appl. Chem.* **1996**, *68*, 2287–2311.

[96] a) B. Tieke „Makromolekulare Chemie - Eine Einführung“ Wiley-VCH, Weinheim, **2014** (ISBN 9783-527332168).

b) M. D. Lechner, K. Gehrke, E. H. Nordmeier „Makromolekulare Chemie - Ein Lehrbuch für Chemiker, Physiker, Materialwissenschaftler und Verfahrenstechniker“ Springer Spektrum Berlin, Heidelberg, **2014** (ISBN 9783642417696).

[97] S. Enthaler „Illustrating Plastic Production and End-of-Life Plastic Treatment with Interlocking Building Blocks“ *J. Chem. Educ.* **2017**, 1746–1751.

[98] R.-D. Maier, M. Schiller „Handbuch Kunststoff Additive“ Carl Hanser Verlag GmbH & Company KG, **2016** (ISBN 9783446452169).

[99] British Plastics Federation: „Plastics Additives“ https://www.bpf.co.uk/plastipedia/additives/Default.aspx#AntiConterfeiting (abgerufen: 08.03.2025).

[100] K. Kohlgrüber, M. Bierdel, H. Rust „Polymer-Aufbereitung und Kunststoff-Compoundierung - Grundlagen, Apparate, Maschinen, Anwendungstechnik“ Carl Hanser Verlag GmbH & Company KG, **2019** (ISBN 9783446460799).

[101] Gerolsteiner: „Mineralwasser PET-Flasche“ https://www.mineralienrechner.de/wasserlexikon/mineralwasser-pet-flasche/ (abgerufen: 08.03.2025).

[102] a) PlasticsEurope: https://plasticseurope.org/sustainability/circularity/life-cycle-thinking/eco-profiles-set/ (abgerufen: 08.03.2025).

b) Focus: „So viel kostet es im Jahr, wenn Sie jeden Tag Ihr iPhone aufladen" https://www.focus.de/digital/handy/stromverbrauch-so-viel-kostet-es-im-jahr-wenn-sie-jeden-tag-ihr-iphone-aufladen_id_192942075.html (abgerufen: 08.03.2025).

[103] Statista: „Annual production of plastics worldwide from 1950 to 2022" https://www.statista.com/statistics/282732/global-production-of-plastics-since-1950/ (abgerufen: 08.03.2025).

[104] PlasticsEurope: „Plastics the Facts 2022" https://plasticseurope.org/de/wp-content/uploads/sites/3/2022/10/PE-PLASTICS-THE-FACTS_20221017.pdf (abgerufen: 08.03.2025).

[105] D. Braun „Kleine Geschichte der Kunststoffe" Carl Hanser Verlag GmbH & Co. KG, **2013**, (ISBN 9783446436862).

[106] a) Heinrich Böll Stiftung: A. Caterbow, O. Speranskaya „Geschichte: Wie billiger Kunststoff die Welt eroberte" https://www.boell.de/de/2019/06/06/geschichte-wie-billiger-kunststoff-die-welt-eroberte (abgerufen: 08.03.2025).

b) Deutschlandfunk Kultur: A. Krieger „Schon 1972 schlugen Forscher Alarm" https://www.deutschlandfunkkultur.de/plastikmuell-im-meer-schon-1972-schlugen-forscher-alarm-100.html (abgerufen: 08.03.2025).

[107] a) W. Kaiser „Kunststoffchemie für Ingenieure: Von der Synthese bis zur Anwendung" Carl Hanser Verlag GmbH & Co. KG, **2023**, (ISBN 9783446477988).

b) P. Eyerer (Herausgeber), P. Elsner (Herausgeber), T. Hirth (Herausgeber), H. Domininghaus (Autor) „Kunststoffe: Eigenschaften und Anwendungen" Springer, **2004** (ISBN 9783540214106).

[108] Alpla: „Was uns schwer und teuer ist – Energiebilanz von Glasflaschen" https://blog.alpla.com/de/blog/verbrauchertipps/was-uns-schwer-und-teuer-ist-energiebilanz-von-glasflaschen/05-23 (abgerufen: 08.03.2025).

[109] Climateline: „Berechnung von CO2-Emissionen für Getränke" https://www.climateline.org/mineralwasser.html?locale=de#:~:text=Mineralwasser%20in%20Flaschen&text=Mineralbrunnen%20können%20nach%20unserer%2

0fachkundigen,zur%20Auslieferung%20des%20Wassers%20enthalten (abgerufen: 08.03.2025).

110 Bundesministerium für Wirtschaft und Klimaschutz: M. Leisin „Energiewende in der Industrie Potenziale und Wechselwirkungen mit dem Energiesektor Branchensteckbrief der Glasindustrie“ https://www.bmwk.de/Redaktion/DE/Downloads/E/energiewende-in-der-industrie-ap2a-branchensteckbrief-glas.pdf?__blob=publicationFile&v=4 (abgerufen: 08.03.2025).

111 Statistisches Bundesamt: „Alleinlebende verbrauchen 38 % mehr Wohnenergie als der Pro-Kopf-Durchschnitt aller Haushalte“ https://www.destatis.de/DE/Presse/Pressemitteilungen/Zahl-der-Woche/2022/PD22_09_p002.html#:~:text=Über%20alle%20Haushaltsgrößen%20hinweg%20lag,200%20Kilowattstunden%20pro%20Kopf%20aus (abgerufen: 08.03.2025).

112 TU Graz: C. Dorn, R. Behrend, V. Uhlig, H. Krause, D. Trimis „Eine vergleichende Technologie-Bewertung mittels KPIs hinsichtlich der Erhöhung der Energieeffizienz am Fallbeispiel der Glasproduktion“ https://www.tugraz.at/fileadmin/user_upload/Events/Eninnov2016/files/lf/Session_F5/LF_Dorn.pdf (abgerufen: 08.03.2025).

113 PET-Recycling Team: „Hervoragende CO2-Bilanz“ https://petrecyclingteam.com/de/hervorragende-co2-bilanz (abgerufen: 08.03.2025).

114 ChemAnalyst: „Polyethylene Terephthalate (PET) Price Trend and Forecast“ https://www.chemanalyst.com/Pricing-data/polyethylene-terephthalate-72 (abgerufen: 08.03.2025).

115 ChemAnalyst: „R-PET Price Trend and Forecast“ https://www.chemanalyst.com/Pricing-data/r-pet-1233 (abgerufen: 08.03.2025).

116 a) Economist: „The price of making a plastic bottle“ https://www.economist.com/economic-and-financial-indicators/2014/11/15/the-price-of-making-a-plastic-bottle (abgerufen: 08.03.2025).

b) Correctiv: V. Marinov „Nein, eine leere Bierflasche kostet im Schnitt nicht 1,60 Euro“

https://correctiv.org/faktencheck/2022/09/27/nein-eine-leere-bierflasche-kostet-nicht-160-euro/ (abgerufen: 08.03.2025).

117 H. Haberl, D. Wiedenhofer, S. Pauliuk, F. Krausmann, D. B. Müller, M. Fischer-Kowalski „Contributions of sociometabolic research to sustainability science“ *Nature Sustainability* **2019**, *2*, 173–184.

118 Deutsches Wörterbuch von Jacob und Wilhelm Grimm. Leipzig **1854–1961**.

119 M. Braungart, W. McDonough „Cradle to Cradle: Einfach intelligent produzieren“ Piper Taschenbuch, **2014** (ISBN 3492304672).

120 V. Grassmuck, C. Unverzagt „Das Müll System - eine metarealistische Bestandsaufnahme“ Suhrkamp 1991 (ISBN 3518116525).

121 M. Thompson „Die Theorie des Abfalls: über die Schaffung und Vernichtung von Werten“ Klett-Cotta, **1981** (ISBN 3129379207).

122 PWC: „Secondhand-Mode im Aufwind: Umsatz steigt bis 2025 auf bis zu 6 Milliarden Euro“
https://www.pwc.de/de/pressemitteilungen/2023/secondhand-mode-im-aufwind-umsatz-steigt-bis-2025-auf-bis-zu-6-milliarden-euro.html
(abgerufen: 08.03.2025).

123 Umweltbundesamt: R. John, J. Rückert-John „Umweltpolitik für die Transformation fit machen: Neue Grundkonfigurationen für eine angewandte Umweltpolitik“
https://www.umweltbundesamt.de/sites/default/files/medien/376/publikationen/umweltpolitik_fuer_die_transformation_fit_machen.pdf (abgerufen: 08.03.2025).

124 Goethe Institut: N. Sawant „Wenn eingebaute Fehler zum Neukauf zwingen“
https://www.goethe.de/prj/mis/de/mit/plo.html (abgerufen: 08.03.2025).

125 Ellen Macarthur Foundation: „What is the linear economy?“
https://www.ellenmacarthurfoundation.org/what-is-the-linear-economy
(abgerufen: 08.03.2025).

126 Bundeszentrale für politische Bildung: „externe Effekte, externe Kosten, Externe Ersparnisse“
https://www.bpb.de/kurz-knapp/lexika/lexikon-der-wirtschaft/19316/externe-effekte/ (abgerufen: 08.03.2025).

[127] W. König „Geschichte der Wegwerfgesellschaft: Die Kehrseite des Konsums“ Franz Steiner Verlag **2019** (ISBN 9783515125000).

[128] Bundesministerium der Justiz und für Verbraucherschutz: „Gesetz zur Förderung der Kreislaufwirtschaft und Sicherung der umweltverträglichen Bewirtschaftung von Abfällen (Kreislaufwirtschaftsgesetz - KrWG)“ https://www.gesetze-im-internet.de/krwg/__3.html#:~:text=(1)%20Abfälle%20im%20Sinne%20dieses,werden%2C%20sind%20Abfälle%20zur%20Beseitigung (abgerufen: 08.03.2025).

[129] PlasticsEurope: „Plastics the Facts 2022“ https://plasticseurope.org/de/wp-content/uploads/sites/3/2022/10/PE-PLASTICS-THE-FACTS_20221017.pdf (abgerufen: 08.03.2025).

[130] Statista: „Plastikverpackungsabfall in ausgewählten EU-Ländern je Einwohner in den Jahren 2021 und 2022“ https://de.statista.com/statistik/daten/studie/786353/umfrage/plastikverpackungsabfall-in-ausgewaehlten-eu-laendern-je-einwohner/ (abgerufen: 08.03.2025).

[131] Heinrich Böll Stiftung: „Plastik im Meer“ https://www.boell.de/de/plastik-im-meer (abgerufen: 08.03.2025).

[132] Süddeutsche Zeitung: „EU einigt sich auf Verbot von Plastikmüllexporten“ https://www.sueddeutsche.de/wirtschaft/muell-verbot-eu-1.6305414 (abgerufen: 08.03.2025).

[133] Interessengemeinschaft für eine saubere Umwelt: „Grosse Schweizer Littering-Studie: Wirksame Anti-Littering-Massnahmen“ https://www.igsu.ch/de/littering/igsu-studien/ (abgerufen: 08.03.2025).

[134] Umweltbundesamt: „Verrottet Plastik gar nicht oder nur sehr langsam?“ https://www.umweltbundesamt.de/service/uba-fragen/verrottet-plastik-gar-nicht-nur-sehr-langsam (abgerufen: 08.03.2025).

[135] Bundesministerium für Umwelt, Naturschutz, nukleare Sicherheit und Verbraucherschutz: „Erstes Mikroplastik-Verbot ab 2023“ https://www.bmuv.de/faqs/erstes-mikroplastik-verbot-ab-2023 (abgerufen: 08.03.2025).

[136] a) BUND: „Tausende Tonnen Mikroplastik durch Reifenabrieb: Von der Straße in unsere Lungen“ https://www.bund.net/themen/aktuelles/detail-aktuelles/news/tausende-tonnen-

mikroplastik-durch-reifenabrieb-von-der-strasse-in-unsere-lungen/?wc=25098 (abgerufen: 08.03.2025).

b) BUND: „Mikroplastik aus Textilien" https://www.bund.net/fileadmin/user_upload_bund/publikationen/meere/meere_mikroplastik_aus_textilien_faltblatt.pdf (abgerufen: 08.03.2025).

c) NABU: „Mikroplastik: Von der Waschmaschine ins Meer" https://blogs.nabu.de/mikroplastik-landet-im-meer/ (abgerufen: 08.03.2025).

d) ADAC: „Dem Mikroplastik auf der Spur: Weniger Reifenabrieb ist möglich" https://www.adac.de/rund-ums-fahrzeug/ausstattung-technik-zubehoer/reifen/reifenkauf/reifenabrieb-mikroplastik/ (abgerufen: 08.03.2025).

[137] a) WWF: „Plastik gehört nicht in die Umwelt" https://www.wwf.de/themen-projekte/plastik/plastikmuell-im-meer#:~:text=Plastik%20gehört%20nicht%20in%20die%20Umwelt&text=Drei%20Viertel%20des%20Mülls%20im,Jahr%20zehntausende%20Tiere%20das%20Leben. (abgerufen: 08.03.2025).

b) Statista: „Annual production of plastics worldwide from 1950 to 2022" https://www.statista.com/statistics/282732/global-production-of-plastics-since-1950/ (abgerufen: 08.03.2025).

c) Ingenieur.de: „Die größten Containerschiffe der Welt" https://www.ingenieur.de/technik/fachbereiche/rekorde/die-groessten-containerschiffe-der-welt/ (abgerufen: 08.03.2025).

[138] Zeit: „Müllfänger fischt 29 Tonnen Plastikmüll aus dem Pazifik" https://www.zeit.de/wissen/umwelt/2021-10/the-ocean-cleanup-plastikmuell-fang-pazifik-testphase (abgerufen: 08.03.2025).

[139] a) Spektrum: K. Menne „Küstentiere besiedeln Plastikmüll auf hoher See" https://www.spektrum.de/news/kuestentiere-besiedeln-plastikmuell-auf-hoher-see/2131050# (abgerufen: 08.03.2025).

b) Statistisches Bundesamt: „Bodenfläche nach Nutzungsarten und Bundesländern" https://www.destatis.de/DE/Themen/Branchen-Unternehmen/Landwirtschaft-Forstwirtschaft-Fischerei/Flaechennutzung/Tabellen/bodenflaeche-laender.html (abgerufen: 08.03.2025).

[140] a) R. H. Day, D. G. Shaw, S. E. Ignell „The Quantitative Distribution and

Characteristics of Neuston Plastic in the North Pacific Ocean" (Final Report to U.S. Department of Commerce, National Marine Fisheries Service, Auke Bay Laboratory. Auke Bay, Alaska), **1988**, 247–266.

b) Y.-J. Park, S. P. Garaba, B. Sainte-Rose „Detecting the Great Pacific Garbage Patch floating plastic litter using WorldView-3 satellite imagery" *Optics express* **2021**, *29*, 35288–35298.

141 W. L. Filho, J. Hunt, M. Kovaleva „Garbage Patches and Their Environmental Implications in a Plastisphere" *J. Mar. Sci. Eng.* **2021**, *9*, 1289.

142 National Geographic: L. Parker „Meerestiere fressen tonnenweise Plastik" https://www.nationalgeographic.de/planet-or-plastic/2017/08/meerestiere-fressen-tonnenweise-plastik# (abgerufen: 08.03.2025).

143 L. Lebreton, B. Slat, F. Ferrari, B. Sainte-Rose, J. Aitken, R. Marthouse, S. Hajbane, S. Cunsolo, A. Schwarz, A. Levivier, K. Noble, P. Debeljak, H. Maral, R. Schoeneich-Argent, R. Brambini, J. Reisser „Evidence that the Great Pacific Garbage Patch is rapidly accumulating plastic" *Scientific Reports* **2018**, *8*, 1–15.

144 L. Lebreton, B. Slat, F. Ferrari, B. Sainte-Rose, J. Aitken, R. Marthouse, S. Hajbane, S. Cunsolo, A. Schwarz, A. Levivier, K. Noble, P. Debeljak, H. Maral, R. Schoeneich-Argent, R. Brambini, J. Reisser „Evidence that the Great Pacific Garbage Patch is rapidly accumulating plastic" *Scientific Reports* **2018**, *8*, 4666.

145 a) Statista: M. Janson „Plastik währt ewig in den Ozeanen" https://de.statista.com/infografik/17508/haltbarkeit-von-plastikmuell-im-meer/#:~:text=Nicht%20nur%20die%20Masse%2C%20auch,eine%20Plastikflasche%20sogar%20450%20Jahre (abgerufen: 08.03.2025).

b) A. Chamas, H. Moon, J. Zheng, Y. Qiu, T. Tabassum, J. H. Jang, M. Abu-Omar, S. L. Scott, S. Suh „Degradation Rates of Plastics in the Environment" *ACS Sustainable Chemistry & Engineering* **2020**, *8*, 3494–3511.

146 Deutschlandfunk Kultur: A. Krieger „Schon 1972 schlugen Forscher Alarm" https://www.deutschlandfunkkultur.de/plastikmuell-im-meer-schon-1972-schlugen-forscher-alarm-100.html (abgerufen: 08.03.2025).

147 Renewable Carbon: O. Porc, N. Hark, M. Carus, D. Carrez „European Bioeconomy in Figures 2014–2021" https://renewable-carbon.eu/publications/product/european-bioeconomy-in-figures-2014-2021-pdf/ (abgerufen: 08.03.2025).

[148] a) Deutsche Umwelthilfe: „Problem Plastiktüte“
https://www.duh.de/themen/recycling/plastik/plastiktueten/
(abgerufen: 08.03.2025).

b) I. Oluwoye, L. L. Machuca, S. Higgins, S. Suh, T. S. Galloway, P. Halley, S. Tanaka, M. Iannuzzi „Degradation and lifetime prediction of plastics in subsea and offshore infrastructures“ *Science of the Total Environment* **2023**, *904*, 166719.

[149] a) Umweltbundesamt: „Was ist Mikroplastik?“
https://www.umweltbundesamt.de/service/uba-fragen/was-ist-mikroplastik
(abgerufen: 08.03.2025).

b) M. C. Rillig, A. Lehmann „Microplastic in terrestrial ecosystems“ *Science* **2020**, *368*, 1430–1431.

[150] a) A. F. R. M. Ramsperger, E. Bergamaschi, M. Panizzolo, I. Fenoglio, F. Barbero, R. Peters, A. Undas, S. Purker, B. Giese, C. R. Lalyer, A. Tamargo, M. V. Moreno-Arribas, H.-P. Grossart, D. Kühnel, J. Dietrich, F. Paulsen, A. K. Afanou, S. Zienolddiny-Narui, S. E. Hammer, T. K. Ervik, C. Laforsch „Nano- and microplastics: a comprehensive review on their exposure routes, translocation, and fate in humans“ *NanoImpact* **2023**, *29*, 100441.

b) Süddeutsche Zeitung: „Uni Wien: Mikroplastik im Menschen nachgewiesen“
https://www.sueddeutsche.de/gesundheit/mikroplastik-mensch-1.4181146
(abgerufen: 08.03.2025).

c) Der Spiegel: „Mikroplastik erstmals in menschlichem Blut nachgewiesen“
https://www.spiegel.de/wissenschaft/mensch/mikroplastik-erstmals-in-menschlichem-blut-nachgewiesen-a-d34b4354-88e3-4216-9d51-d3d56fad3ade
(abgerufen: 08.03.2025).

d) Umweltbundesamt: I. Schneider, K.-N. Scholz, A. Biegel-Engler, F. Krüger, P. Weißhaupt, T. Hermann, H. Kessler, U. Braun, D. Sättler, P. Eichler, „Kunststoffe in Böden“
https://www.umweltbundesamt.de/sites/default/files/medien/479/publikationen/texte_128-2021_kunststoffe_in_boeden_0.pdf (abgerufen: 08.03.2025).

e) K. D. Cox, Covernton, A. Garth H. L. Davies, J. F. Dower, F. Juanes, S. E. Dudas „Human Consumption of Microplastics“ *Environmental Science & Technology* **2019**, *53*, 7068–7074.

f) A. D. Vethaak, J. Legler „Microplastics and human health“ *Science* **2021**, *371*, 672–674.

[151] a) Nabu: „Studie: Mehr Mikroplastik in Ozeanen als bislang vermutet“ https://www.nabu-rhein-sieg.de/arbeitskreise/klima-abfall/studie-mehr-mikroplastik-in-ozeanen/ (abgerufen: 08.03.2025).

b) K. Pabortsava, R. S. Lampitt „High concentrations of plastic hidden beneath the surface of the Atlantic Ocean” *Nature Communications* **2020**, *11*, 4073.

[152] I. Peeken, S. Primpke, B. Beyer, J. Gütermann, C. Katlein, T. Krumpen, M. Bergmann, L. Hehemann, G. Gerdts „Arctic sea ice is an important temporal sink and means of transport for microplastic“ *Nature Communications* **2018**, *9*, 1505.

[153] a) Deutschlandfunk: J. Kaiser „Gefährlich, unsichtbar und unerforscht“ https://www.deutschlandfunkkultur.de/mikroplastik-gefaehrlich-unsichtbar-und-unerforscht-100.html (abgerufen: 08.03.2025).

b) H. K. Imhof, N. P. Ivleva, J. Schmid, R. Niessner, C. Laforsch „Contamination of beach sediments of a subalpine lake with micro plastic particles.“ *Current Biology* **2013**, *23*, 867–868.

[154] H. K. Imhof, N. P. Ivleva, J. Schmid, R. Niessner, C. Laforsch „Contamination of beach sediments of a subalpine lake with micro plastic particles.“ *Current Biology* **2013**, *23*, 867–868.

[155] a) BUND: „Mikroplastik – eine große Gefahr für unsere Umwelt“ https://www.bund.net/meere/mikroplastik/ (abgerufen: 08.03.2025).

b) F. Petersen, J. A. Hubbart „The occurrence and transport of microplastics: The state of the science” *Science of the Total Environment* **2021**, *758*, 143936.

c) R. E. Engler „The Complex Interaction between Marine Debris and Toxic Chemicals in the Ocean” *Environmental Science & Technology* **2012**, *46*, 12302–12315.

[156] a) BUND: „PET-Nanoplastik gelangt bis ins Gehirn“ https://www.bund.net/themen/aktuelles/detail-aktuelles/news/pet-nanoplastik-gelangt-bis-ins-gehirn/ (abgerufen: 08.03.2025).

b) D. Huang, J. Tao, M. Cheng, R. Deng, S. Chen, L. Yin, L. Ruijin „Microplastics and nanoplastics in the environment: Macroscopic transport and effects on creatures“ *Journal of Hazardous Materials* **2021**, *407*, 124399.

[157] BUND: „PET-Nanoplastik gelangt bis ins Gehirn" https://www.bund.net/themen/aktuelles/detail-aktuelles/news/pet-nanoplastik-gelangt-bis-ins-gehirn/ (abgerufen: 08.03.2025).

[158] Fraunhofer UMSICHT: J. Bertling, R. Bertling, L. Hamann „Kunststoffe in der Umwelt: Mikro- und Makroplastik" **2018**.

[159] Fraunhofer UMSICHT: J. Bertling, R. Bertling, L. Hamann „Kunststoffe in der Umwelt: Mikro- und Makroplastik" **2018**.

[160] International Union for Conservation of Nature and Natural Resources: J. Boucher, D. Friot „Primary Microplastics in the Oceans: a Global Evaluation of Sources" https://portals.iucn.org/library/sites/library/files/documents/2017-002-En.pdf (abgerufen: 08.03.2025).

[161] E. J. Carpenter, S. J. Anderson, G. R. Harvey, H. P. Miklas, B. B. Peck „Polystyrene Spherules in Coastal Waters" *Science* **1972**, *178*, 749–750.

[162] Alfred Wegener Institut: „Plastikmüll in der Arktis stammt aus aller Welt – auch aus Deutschland" https://www.awi.de/ueber-uns/service/presse/presse-detailansicht/plastikmuell-in-der-arktis-stammt-aus-aller-welt-auch-aus-deutschland.html (abgerufen: 08.03.2025).

[163] Spektrum: A. Doerfel „Drei Millionen Plastikflaschen in der Luft" https://www.spektrum.de/news/mikroplastik-drei-millionen-plastikflaschen-in-der-luft/2090214 (abgerufen: 08.03.2025).

[164] Beispielsweise: a) Plasticbank: https://plasticbank.com/social-plastic-program/ (abgerufen: 08.03.2025).

b) Seaqual Initiative: https://www.seaqual.org (abgerufen: 08.03.2025).

c) The Sea Cleaners: https://www.theseacleaners.org/de/manta-und-innovation/ (abgerufen: 08.03.2025).

[165] a) D. Kawecki, B. Nowack „Polymer-Specific Modeling of the Environmental Emissions of Seven Commodity Plastics As Macro- and Microplastics" *Environ. Sci. Technol.* **2019**, *53*, 9.

b) C. J. Rhodes „Solving the plastic problem: From cradle to grave, to reincarnation"

Science progress **2019**, *102*, 218–248.

c) Beispielsweise: a) Leibniz Universität Hannover: „Meerespflanzen helfen beim Sammeln von Mikroplastik" https://www.uni-hannover.de/de/universitaet/aktuelles/online-aktuell/details/news/meerespflanzen-helfen-beim-sammeln-von-mikroplastik (abgerufen: 08.03.2025).

b) SPRIN-D: „Eine Makrolösung für das Mikroplastik-Problem" https://www.sprind.org/de/projekte/microbubbles/ (abgerufen: 08.03.2025).

166 Europäisches Parlament: „Wegwerfprodukte aus Plastik: Parlament stimmt für Verbot ab 2021" https://www.europarl.europa.eu/news/de/press-room/20190321IPR32111/wegwerfprodukte-aus-plastik-parlament-stimmt-fur-verbot-ab-2021 (abgerufen: 08.03.2025).

167 K. Ott „Umweltethik" Online Encyclopedia Philosophy of Nature, **2022**, https://doi.org/10.11588/oepn.2020.0.68742.

168 WWF: „Das kann kein Meer mehr schlucken: Unsere Ozeane versinken im Plastikmüll" https://www.wwf.de/themen-projekte/plastik/plastikmuell-im-meer (abgerufen: 08.03.2025).

169 Klimafakten: „Wieso wir oft nicht tun, was wir uns vorgenommen hatten. Und welchen Rat die Psychologie bereithält" https://www.klimafakten.de/kommunikation/wieso-wir-oft-nicht-tun-was-wir-uns-vorgenommen-hatten-und-welchen-rat-die (abgerufen: 08.03.2025).

170 Heinrich Böll Stiftung: „Plastikmüll" https://www.boell.de/de/plastikmuell (abgerufen: 08.03.2025).

171 ASG: „Wie funktioniert ein Müllwagen?" https://www.asg-wesel.de/ASG-for-Kids/Wie-funktioniert-ein-Muellwagen/#?ConsentReferrer=https%3A%2F%2Fwww.google.com%2F (abgerufen: 08.03.2025).

172 Recyclobin: „Lesser known facts about the largest landfills in the world" https://www.recyclobin.com/post/lesser-known-facts-about-the-largest-landfills-in-the-world (abgerufen: 08.03.2025).

173 a) Umweltbundesamt: „Deponierung und Lagerung"

https://www.umweltbundesamt.de/themen/abfall-ressourcen/entsorgung/deponierung-lagerung (abgerufen: 08.03.2025).

b) Ecochain: „Cradle-to-Grave in LCA – What is it & How does it work?“ https://ecochain.com/blog/cradle-to-grave-in-lca/ (abgerufen: 08.03.2025).

[174] J. Wiszniowski, D. Robert, J. Surmacz-Gorska, K. Miksch, J. V. Weber „Landfill leachate treatment methods: a review“ *Environmental Chemistry Letters* **2006**, *4*, 51–61.

[175] a) I. Wojnowska-Baryla, K. Bernat, M. Zaborowska „Plastic Waste Degradation in Landfill Conditions: The Problem with Microplastics, and Their Direct and Indirect Environmental Effects“ *International Journal of Environmental Research and Public Health* **2022**, *19*, 13223.

b) P. He, L. Chen, L. Shao, H. Zhang, F. Lu „Municipal solid waste (MSW) landfill: A source of microplastics -Evidence of microplastics in landfillleachate“ *Water Research* **2019**, *159*, 38–45.

c) M. A. Barlaz, J. P. Chanton, R. B. Green „Controls on landfill gas collection efficiency: instantaneous and lifetime performance“ *Journal of the Air & Waste Management Association* **2009**, *59*, 1399–1404.

[176] D. T. Shindell, G. Faluvegi, D. M. Koch, G. A. Schmidt, N. Unger, S. E. Bauer „Improved attribution of climate forcing to emissions“ *Science* **2009**, *326*, 716–718.

[177] a) P. Pathak, S. G. Palani „Circular Economy in Municipal Solid Waste Landfilling: Biomining & Leachate Treatment“ Springer, **2022** (ISBN 9763031077845).

b) L. Canopoli, B. Fidalgo, F. Coulon, S. T. Wagland „Physico-chemical properties of excavated plastic from landfill mining and current recycling routes“ *Waste Management* **2018**, *76*, 55–67.

c) R. Avolio, F. Spina, G. Gentile, M. Cocca, M. Avella, C. Carfagna, G. Tealdo, M. E. Errico „Recycling polyethylene-rich plastic waste from landfill reclamation: toward an enhanced landfill-mining approach“ *Polymers* **2019**, *11*, 208/1–208/12.

[178] European Union: „Abfalldeponien“ https://eur-lex.europa.eu/DE/legal-content/summary/landfill-of-waste.html (abgerufen: 08.03.2025).

[179] PlasticsEurope: „Deponierungsverbot – Kein Plastik auf der Mülldeponie“ https://plasticseurope.org/de/nachhaltigkeit/kreislaufwirtschaft/recycling/kein-plastik-auf-der-mulldeponie/ (abgerufen: 08.03.2025).

[180] a) Umweltbundesamt: „Kunststoffabfälle“ https://www.umweltbundesamt.de/daten/ressourcen-abfall/verwertung-entsorgung-ausgewaehlter-abfallarten/kunststoffabfaelle#hohe-verwertungsquoten- (abgerufen: 08.03.2025).

b) Euractiv: N. Sagene „Studie: Müll in Entwicklungsländern erzeugt enorme Mengen Treibhausgas“ https://www.euractiv.de/section/entwicklungspolitik/news/studie-mull-in-entwicklungslandern-erzeugt-enorme-mengen-treibhausgas/ (abgerufen: 08.03.2025).

[181] National Geographic: S. Langer „Globale Müllberge: 7 der größten Deponien der Welt“ https://www.nationalgeographic.de/umwelt/2024/04/globale-muellberge-7-der-groessten-deponien-der-welt (abgerufen: 08.03.2025).

[182] Süddeutsche Zeitung: „EU einigt sich auf Verbot von Plastikmüllexporten“ https://www.sueddeutsche.de/wirtschaft/muell-verbot-eu-1.6305414 (abgerufen: 08.03.2025).

[183] Nabu: „Müllverbrennung in Deutschland - Kreisläufe schließen, statt Wertstoffe verbrennen“ https://www.nabu.de/umwelt-und-ressourcen/abfall-und-recycling/verbrennung/index.html (abgerufen: 08.03.2025).

[184] a) PlasticsEurope, Plastics – the Facts 2022.

b) Heinrich Böll Stiftung: S. Feit, C. Muffett „Klimawandel: Plastik heizt das Klima an“ https://www.boell.de/de/2019/06/06/klimawandel-plastik-heizt-das-klima (abgerufen: 08.03.2025).

[185] Spektrum: R. Knauer „Wie viel Kohlendioxid kann die Erde noch schlucken?“ https://www.spektrum.de/news/kohlenstoffdioxid-kann-in-waeldern-und-meeren-gespeichert-werden-aber-wie-lang/1561156 (abgerufen: 08.03.2025).

[186] Y. Shen, R. Zhao, J. Wang, X. Chen, X. Ge, M. Chen „Waste-to-energy: Dehalogenation of plastic-containing wastes“ *Waste Management* **2016**, *49*, 287–303.

[187] a) National Geographic: E. Royte „Energie durch Plastikverbrennung – (K)eine gute Idee?“ https://www.nationalgeographic.de/planet-or-plastic/2019/03/energie-durch-plastikverbrennung-keine-gute-idee (abgerufen: 08.03.2025).

b) E. Dirks, J. Brandrup (Editor) „Energy recovery from plastic wastes in waste incineration plants“ *Recycling and Recovery of Plastics* **1996**, 747–769.

188 Umweltbundesamt: „Kraft-Wärme-Kopplung (KWK)“ https://www.umweltbundesamt.de/daten/energie/kraft-waerme-kopplung-kwk#kwk-stromerzeugung (abgerufen: 08.03.2025).

189 SRF: „Mehr Plastik im Brennofen“ https://www.srf.ch/news/zementwerk-moeriken-wildegg-mehr-plastik-im-brennofen (abgerufen: 08.03.2025).

190 NDR: „Strompreis aktuell: So viel kostet die Kilowattstunde“ https://www.ndr.de/nachrichten/info/Strompreis-aktuell-So-viel-kosten-die-Kilowattstunden,strompreis182.html (abgerufen: 08.03.2025).

191 a) Focus: „So viel kostet es im Jahr, wenn Sie jeden Tag Ihr iPhone aufladen“ https://www.focus.de/digital/handy/stromverbrauch-so-viel-kostet-es-im-jahr-wenn-sie-jeden-tag-ihr-iphone-aufladen_id_192942075.html (abgerufen: 08.03.2025).

b) Transferverluste durch die Umwandlung von Verbrennungs-energie/Wärmeenergie in elektrische Energie sind nicht berücksichtigt.

b) Als Basis für die Verbrauchsberechnung wurde die Daten eines ID.3 gewählt, aus ADAC: „Test VW ID.3: So viel besser ist er seit dem Facelift“ https://www.adac.de/rund-ums-fahrzeug/autokatalog/marken-modelle/vw/vw-id-3/ (abgerufen: 08.03.2025).

192 PlasticsEurope: „Eco-profiles for determining environmental impacts of plastics“ https://plasticseurope.org/sustainability/circularity/life-cycle-thinking/eco-profiles-set/ (abgerufen: 08.03.2025).

193 a) Umweltbundesamt: „Kunststoffabfälle“ https://www.umweltbundesamt.de/daten/ressourcen-abfall/verwertung-entsorgung-ausgewaehlter-abfallarten/kunststoffabfaelle#hohe-verwertungsquoten- (abgerufen: 08.03.2025).

b) Euractiv: N. Sagene „Studie: Müll in Entwicklungsländern erzeugt enorme Mengen Treibhausgas“ https://www.euractiv.de/section/entwicklungspolitik/news/studie-mull-in-entwicklungslandern-erzeugt-enorme-mengen-treibhausgas/ (abgerufen: 08.03.2025).

[194] Umweltbundesamt: „Kunststoffabfälle" https://www.umweltbundesamt.de/daten/ressourcen-abfall/verwertung-entsorgung-ausgewaehlter-abfallarten/kunststoffabfaelle#kunststoffe-produktion-verwendung-und-verwertung (abgerufen: 08.03.2025).

[195] Alpla: „Studie belegt hervorragende CO_2-Bilanz von rezykliertem PET" https://blog.alpla.com/de/press-release/newsroom/studie-belegt-hervorragende-co2-bilanz-von-rezykliertem-pet/08-17 (abgerufen: 08.03.2025).

[196] a) Europäisches Parlament: „Plastikmüll und Recycling in der EU: Zahlen und Fakten" https://www.europarl.europa.eu/topics/de/article/20181212STO21610/plastikmull-und-recycling-in-der-eu-zahlen-und-fakten (abgerufen: 08.03.2025).

b) L. Cabernard, S. Pfister, C. Oberschelp, S. Hellweg „Growing environmental footprint of plastics driven by coal combustion" *Nature Sustainability* **2022**, *5*, 139–148.

[197] Statista: „CO_2-Emissionen weltweit in den Jahren 1960 bis 2022" https://de.statista.com/statistik/daten/studie/37187/umfrage/der-weltweite-co2-ausstoss-seit-1751/ (abgerufen: 08.03.2025).

[198] Statista: „CO_2-Emissionen weltweit in den Jahren 1960 bis 2022" https://de.statista.com/statistik/daten/studie/37187/umfrage/der-weltweite-co2-ausstoss-seit-1751/ (abgerufen: 08.03.2025).

[199] a) Umweltbundesamt: „Atmosphärische Treibhausgas-Konzentrationen" https://www.umweltbundesamt.de/daten/klima/atmosphaerische-treibhausgas-konzentrationen (abgerufen: 08.03.2025).

b) Greesurance Stiftung: „Riskanter Meilenstein: 400 ppm CO2 in der Luft!" https://www.greensurance-stiftung.de/stiftungsblog/122-meilenstein-400ppm.html (abgerufen: 08.03.2025).

[200] E. Roeckner, M. A. Giorgetta, T. Crueger „Historical and future anthropogenic emission pathways derived from coupled climate–carbon cycle simulations" *Climatic Change* **2011**, *105*, 91–108.

[201] a) Deutsches Klima Konsortium: „Wie hängt die anthropogene Ozeanversauerung mit dem Klimawandel zusammen?" https://www.deutsches-klima-konsortium.de/de/klimafaq-3-3.html (abgerufen: 08.03.2025).

b) Spektrum: S. Rahmstorf „Der globale CO2-Anstieg: die Fakten und die Bauernfängertricks“ https://scilogs.spektrum.de/klimalounge/der-globale-co2-anstieg-die-fakten-und-die-bauernfaengertricks/ (abgerufen: 08.03.2025).

202 Umweltbundesamt: „Wie funktioniert der Treibhauseffekt?“ https://www.umweltbundesamt.de/service/uba-fragen/wie-funktioniert-der-treibhauseffekt (abgerufen: 08.03.2025).

203 Klimanavigator: „Der natürliche Treibhauseffekt“ https://www.klimanavigator.eu/dossier/artikel/011967/index.php (abgerufen: 08.03.2025).

204 a) United Nations Framework Convention on Climate Change (UNFCCC:, „Greenhouse Gas Inventory Data“ (abgerufen: 08.03.2025).

b) J. Gütschow, L. Jeffery, R. Gieseke „The PRIMAP-hist national historical emissions time series (1850–2017)“ https://zenodo.org/records/13752654 (abgerufen: 08.03.2025).

c) S. Arrhenius „On the Influence of Carbonic Acid in the Air upon the Temperature of the Ground“ *Philosophical Magazine and Journal of Science* **1896**, *41*, 237–276.

205 M. Lynas, B. Z. Houlton, S. Perry „Greater than 99% consensus on human caused climate change in the peer-reviewed scientific literature“ *Environ. Res. Lett.* **2021**, *16*, 114005.

206 Bildungsserver Hamburg: „Kohlendioxid in der Erdgeschichte“ https://bildungsserver.hamburg.de/themenschwerpunkte/klimawandel-und-klimafolgen/klimawandel/treibhausgase/kohlendioxid-erdgeschichte-747624 (abgerufen: 08.03.2025).

207 Umweltbundesamt: „Geschichtliche Eckdaten der Erforschung des Treibhauseffektes“ https://www.umweltbundesamt.de/themen/klima-energie/klimawandel/klima-treibhauseffekt#geschichtliche-eckdaten-der-erforschung-des-treibhauseffektes- (abgerufen: 08.03.2025).

208 Europäisches Parlament: „Klimawandel: Treibhausgase, die globale Erwärmung verursachen“ https://www.europarl.europa.eu/topics/de/article/20230316STO77629/klimawandel-treibhausgase-die-globale-erwarmung-verursachen (abgerufen: 08.03.2025).

[209] a) Deutschlandfunk: V. Mrasek „Keine Zeit zum Umsteuern mehr" https://www.deutschlandfunk.de/keine-zeit-zum-umsteuern-mehr-100.html (abgerufen: 08.03.2025).

b) MDR: „CO_2-Konzentration in der Atmosphäre: Keine Trendwende" https://www.mdr.de/wissen/umwelt-klima/treibhausgas-cozwei-emissionen-neuer-rekord-100.html (abgerufen: 08.03.2025).

[210] a) Umweltbundesamt: „Trends der Lufttemperatur" https://www.umweltbundesamt.de/daten/klima/trends-der-lufttemperatur#2022-zusammen-mit-2018-das-bisher-warmste-jahr-in-deutschland. Jahresmittel: 7,2 °C (1922); 10,5 °C (2022). Insgesamt schwanken die Werte, allerdings hat die Trendlinie eine Steigung von 0,0093 (abgerufen: 08.03.2025).

b) Statista: F. Zandt „Die schleichende Erwärmung der Weltmeere" https://de.statista.com/infografik/19424/weltweite-meerestemperatur/ 2022 ca. 0,87 °C höher als 1922 (abgerufen: 08.03.2025).

[211] Spiegel: „Alle paar Jahre ein Jahrhunderthochwasser – wie kann das sein?" https://www.spiegel.de/wissenschaft/natur/alle-paar-jahre-ein-jahrhunderthochwasser-wie-kann-das-sein-a-521cd0ad-e6ab-42aa-b6ab-cf5e3392fcae (abgerufen: 08.03.2025).

[212] IPCC, 2023: Sections. In: Climate Change 2023: Synthesis Report. Contribution of Working Groups I, II and III to the Sixth Assessment Report of the Intergovernmental Panel on Climate Change [Core Writing Team, H. Lee and J. Romero (eds.)]. IPCC, Geneva, Switzerland, pp. 35–115, doi: 10.59327/IPCC/AR6-9789291691647.

[213] Spektrum: F. Schubert „Niederschläge werden immer unbeständiger" https://www.spektrum.de/news/klimawandel-niederschlaege-werden-immer-unbestaendiger/2225948 (abgerufen: 08.03.2025).

[214] a) Max Planck Gesellschaft: „Mehr Regen im Winter, mehr Dürren im Sommer" https://www.mpg.de/11178333/klimawandel-wassersysteme (abgerufen: 08.03.2025).

b) Universität Hamburg: „Der Klimawandel und die Entwicklung der Niederschläge" https://www.klima-warnsignale.uni-hamburg.de/der-klimawandel-und-die-entwicklung-der-niederschlaege/ (abgerufen: 08.03.2025).

215 Europäische Kommission: „Folgen des Klimawandels" https://climate.ec.europa.eu/climate-change/consequences-climate-change_de (abgerufen: 08.03.2025).

216 WWF: „Klimawandel beschleunigt Artensterben" https://www.wwf.de/themen-projekte/artensterben/klimawandel (abgerufen: 08.03.2025).

217 Enso: „Ozeanversauerung" https://www.enso.info/enso-lexikon/lemma/ozeanversauerung (abgerufen: 08.03.2025).

218 a) Welthungerhilfe: „Klimawandel – Ursachen und Folgen" https://www.welthungerhilfe.de/informieren/themen/klimawandel (abgerufen: 08.03.2025).

b) Umweltbundesamt: „Klimafolgen: Handlungsfeld Menschliche Gesundheit" https://www.umweltbundesamt.de/themen/klima-energie/klimafolgen-anpassung/folgen-des-klimawandels/klimafolgen-deutschland/klimafolgen-handlungsfeld-menschliche-gesundheit (abgerufen: 08.03.2025).

c) Robert Koch Institut: „Sachstandsbericht Klimawandel und Gesundheit (2023)" https://www.rki.de/DE/Content/GesundAZ/K/Klimawandel_Gesundheit/KlimGesundAkt.html (abgerufen: 08.03.2025).

219 Helmholtz Klima Initiative: „Klima- und Umweltveränderungen: Die wachsende Gefahr" https://www.helmholtz-klima.de/aktuelles/klima-und-umweltveraenderungen-die-wachsende-gefahr (abgerufen: 08.03.2025).

220 a) Bundesregierung: „Schutz gegen Sturm und Starkregen" https://www.bundesregierung.de/breg-de/schwerpunkte/klimaschutz/schutz-extremwetter-1948994 (abgerufen: 08.03.2025).

b) Umweltbundesamt: „VE-I-5: Wetter- und witterungsbedingte Beeinträchtigungen von Straßen" https://www.umweltbundesamt.de/monitoring-zur-das/handlungsfelder/verkehr-verkehrsinfrastruktur/ve-i-5/indikator (abgerufen: 08.03.2025).

221 Statistisches Bundesamt: „Volkswirtschaftliche Gesamtrechnungen, Inlandsprodukt" https://www.destatis.de/DE/Themen/Wirtschaft/Volkswirtschaftliche-Gesamtrechnungen-Inlandsprodukt/_inhalt.html#sprg476182

(abgerufen: 08.03.2025).

222 Bundesregierung: „Die Kosten des Klimawandels" https://www.bundesregierung.de/breg-de/schwerpunkte/klimaschutz/kosten-klimawandel-2170246 (abgerufen: 08.03.2025).

223 GermanWatch: „Versicherung warnt vor Klimakatastrophe" https://www.germanwatch.org/de/1372 (abgerufen: 08.03.2025).

224 Umweltbundesamt: „Gibt es in Deutschland ein Problem mit Wasserknappheit?" https://www.umweltbundesamt.de/themen/wasser/extremereignisseklimawandel/trockenheit-in-deutschland-fragen-antworten#gibt-es-in-deutschland-ein-problem-mit-wasserknappheit- (abgerufen: 08.03.2025).

225 Deutsche Welle: M. Kuebler „Steigender Meeresspiegel: neue Heimat gesucht" https://www.dw.com/de/geplanter-rückzug-umsiedelung-klimawandel-steigender-meeresspiegel-kiribati-usa-niederlande/a-61880516 (abgerufen: 08.03.2025).

226 Welthungerhilfe: „Neue Rechnung: Was Klimaanpassung in der Landwirtschaft kostet" https://www.welthungerhilfe.de/welternaehrung/rubriken/klima-ressourcen/was-klimaanpassung-in-der-landwirtschaft-kostet (abgerufen: 08.03.2025).

227 Welthungerhilfe: „Ernteausfall in armen Ländern hat dramatische Folgen" https://www.welthungerhilfe.de/informieren/themen/klimawandel/klimaschaeden-begrenzen/ernteausfall-ursachen-und-folgen (abgerufen: 08.03.2025).

228 SWR: E. Weidt „Studie: Klimastress gefährdet unsere Ernten stärker als gedacht" https://www.swr.de/wissen/klimawandel-einfluss-landwirtschaft-studie-100.html (abgerufen: 08.03.2025).

229 Uno Flüchtlingshilfe: „Klimawandel als Fluchtgrund" https://www.uno-fluechtlingshilfe.de/hilfe-weltweit/themen/fluchtursachen/klimawandel (abgerufen: 08.03.2025).

230 Deutsches Institut für Menschenrechte: „Die Auswirkungen des Klimawandels sind ein menschenrechtliches Schlüsselthema der kommenden Jahrzehnte" https://www.institut-fuer-menschenrechte.de/aktuelles/detail/die-auswirkungen-des-klimawandels-sind-ein-menschenrechtliches-schluesselthema-der-kommenden-jahrzehnte (abgerufen: 08.03.2025).

[231] DGPPN: „Klimawandel und psychische Gesundheit“
https://www.dgppn.de/_Resources/Persistent/d3dfe92c23a0ed0e6001487f6b3689ef9da23dd6/Positionspapier_Klima%20und%20Psyche_web.pdf (abgerufen: 08.03.2025).

[232] Postdam-Institut für Klimafolgenforschung: „38 Billionen Dollar Schäden pro Jahr: 19 Prozent Einkommensverlust weltweit durch Klimawandel“
https://www.pik-potsdam.de/de/aktuelles/nachrichten/38-billionen-dollar-schaeden-pro-jahr-19-einkommensverlust-weltweit-durch-klimawandel (abgerufen: 08.03.2025).

[233] a) L. Wicke, P. Spiegel, I. Wicke-Thüs „Kyoto Plus“ Verlag C. H. Beck, **2006** (ISBN 9783406551277).

b) C. Figueres, T. Rivett-Carnac „The future we choose“ Vintage Books, **2020** (ISBN 9780593080931).

[234] Zwischenstaatlicher Ausschuss für Klimaänderungen (Intergovernmental Panel on Climate Change IPCC): „Klimaänderung 2007“
https://portal-cdn.scnat.ch/asset/711737b5-28f4-5a50-96f8-41802fef81d8/555.pdf?b=8ccc8654-acca-5980-b560-a36f4f64c7fc&v=c542a10f-82f8-5fca-93c6-3f313fe347ac_0&s=S0OZnxNJOXXbRCQk5c4vLSomh-yiiDda91skaOClqHf62Ucryh8bdLttAgG15rNLs4kR_-8_3g2dRtF-oXcKihyA1pnaOr-fD5sp1HT62ptvWjjUpsnEPr7BmgQAIE_hTBElg5ApyROthSbsPXr7f5AsNA5ywJp2-Ip3gn0Gkis (abgerufen: 08.03.2025).

[235] WWF: „Faktenblatt Mehrwegverpackungen“
https://www.wwf.de/fileadmin/fm-wwf/Publikationen-PDF/Plastik/WWF-Faktenblatt-Mehrweg.pdf (abgerufen: 08.03.2025).

[236] WWF Deutschland: S. Herrmann, M. Kast, C. Kühl, F. Philipp, M. Stuchtey „Verpackungswende jetzt ! So gelingt der Wandel zu einer Kreislaufwirtschaft für Kunststoffe in Deutschland“
https://www.wwf.de/fileadmin/fm-wwf/Publikationen-PDF/Unternehmen/WWF-Studie-Verpackungswende_jetzt_-_So_gelingt_der_Wandel_zu_einer_Kreislaufwirtschaft_für_Kunststoffe_in_Deutschland.pdf (abgerufen: 08.03.2025).

[237] Deutschlandfunk: „Mit CO_2-Speicherung gegen den Klimawandel?“
https://www.deutschlandfunk.de/co2-speicherung-abscheidung-ccs-kohlendioxid-100.html (abgerufen: 08.03.2025).

[238] BUND: „Klimaschutz statt CO2-Endlager!“ https://www.bund.net/klimawandel/ccs/ (abgerufen: 08.03.2025).

[239] Universität Hamburg: H. Peter Damian, U. Claussen „CO2-Speicherung unter dem Meer“ https://www.klima-warnsignale.uni-hamburg.de/buchreihe/die-meere/kapitel-5-6-co2-speicherung-unter-dem-meer/ (abgerufen: 08.03.2025).

[240] Greenpeace: „Scheinlösung CCS“ https://www.greenpeace.de/klimaschutz/energiewende/kohleausstieg/ccs (abgerufen: 08.03.2025).

[241] Greenpeace: „Scheinlösung CCS“ https://www.greenpeace.de/klimaschutz/energiewende/kohleausstieg/ccs (abgerufen: 08.03.2025).

[242] Forschungszentrum Jülich: P. Markewitz L. Zhao, M. Robinius „Technologiebericht 2.3 CO2-Abscheidung und -Speicherung (CCS) innerhalb des Forschungsprojekts TF_Energiewende“ https://epub.wupperinst.org/frontdoor/deliver/index/docId/7051/file/7051_CCS.pdf (abgerufen: 08.03.2025).

[243] Umweltbundesamt: „Carbon Capture and Utilization (CCU)“ https://www.umweltbundesamt.de/themen/klima-energie/klimaschutz-energiepolitik-in-deutschland/carbon-capture-utilization-ccu (abgerufen: 08.03.2025).

[244] Siehe z. B.: HIERN: „Skalierbar und stabil: Forschende demonstrieren bislang größte CO_2-Reduzierung mittels CO_2-Elektrolyse“ https://www.hi-ern.de/de/news/2024/skalierbar-und-stabil-forschende-demonstrieren-bislang-groesste-co2-reduzierung-mittels-co2-elektrolyse (abgerufen: 08.03.2025).

[245] T. Marzi, G. Deerberg „CO_2 als Systemkomponente für Energiespeicher und Rohstoff für Basischemikalien“ in M. Kircher, T. Schwarz „CO_2 und CO – Nachhaltige Kohlenstoffquellen für die Kreislaufwirtschaft“ Springer, **2020** (ISBN 9783662606483).

[246] Cradle-to-Cradle NGO: https://c2c.ngo (abgerufen: 08.03.2025).

[247] L. Wolters, J. van Marwick, K. Regel, V. Lackner, B. Schäfer „Kunststoff-Recycling: Verfahren – Verfahren – Praxisbeispiele“ Hanser, Wien, **1997** (ISBN 3446182640).

[248] Heinrich Böll Stiftung: „Duales System Deutschland“ https://kommunalwiki.boell.de/index.php/Duales_System_Deutschland (abgerufen: 08.03.2025).

[249] Bundesministerium für Umwelt, Naturschutz, nukleare Sicherheit und Verbraucherschutz: „Gesetz über das Inverkehrbringen, die Rücknahme und die hochwertige Verwertung von Verpackungen“ https://www.bmuv.de/gesetz/gesetz-ueber-das-inverkehrbringen-die-ruecknahme-und-die-hochwertige-verwertung-von-verpackungen (abgerufen: 08.03.2025).

[250] Europäische Union: „Richtlinie 94/62/EG des Europäischen Parlaments und des Rates vom 20. Dezember 1994 über Verpackungen und Verpackungsabfälle“ https://eur-lex.europa.eu/legal-content/DE/ALL/?uri=celex%3A31994L0062 (abgerufen: 08.03.2025).

[251] BVSE – Fachverband Kunststoffrecycling: „Studie belegt hohe Akzeptanz für Kunststoffe und Kunststoffverpackungen“ https://www.bvse.de/gut-informiert-kunststoffrecycling/nachrichten-recycling/8791-studie-belegt-hohe-akzeptanz-fuer-kunststoffe-und-kunststoffverpackungen.html (abgerufen: 08.03.2025).

[252] Nachhaltigkeit Wissen: „Mülltrennung: intelligenter Fehlwurf“ https://www.nachhaltigkeit-wissen.de/muelltrennung-intelligenter-fehlwurf/ (abgerufen: 08.03.2025).

[253] Süddeutsche Zeitung: „Hohe Fehlwurfquote beim Verpackungsmüll“ https://www.sueddeutsche.de/wissen/abfall-hohe-fehlwurfquote-beim-verpackungsmuell-dpa.urn-newsml-dpa-com-20090101-180417-99-922492 (abgerufen: 08.03.2025).

[254] Deutscher Bundestag: C. Kehl, P. Riousset „Strategien und Instrumente zur Verbesserung des Rezyklateinsatzes“ https://dserver.bundestag.de/btd/20/107/2010700.pdf(abgerufen: 08.03.2025).

[255] a) Bundesministerium für Umwelt, Naturschutz, nukleare Sicherheit und Verbraucherschutz: „Was gehört in die gelbe Tonne/den gelben Sack?“ https://www.bmuv.de/faq/was-gehoert-in-die-gelbe-tonne-den-gelben-sack (abgerufen: 08.03.2025).

b) F. A. Chacon, M. T. Brouwer, E. Ulphard Thoden van Velzen „Effect of recycled content and rPET quality on the properties of PET bottles, part I: Optical and mechanical properties“ *Packaging Technology & Science* **2020**, *33*, 347–357.

c) M. Gall, P. J. Freudenthaler, J. Fischer, R. W. Lang „Characterization of composition and structure-property relationships of commercial post-consumer polyethylene and polypropylene recyclates“ *Polymers* **2021**, *13*, 1574.

[256] BVSE – Fachverband Kunststoffrecycling: „Sortierung der Kunststoffabfälle“ https://www.bvse.de/themen-kunststoff-recycling/kunststoffaufkommen/sortierung-der-kunststoffabfaelle.html (abgerufen: 08.03.2025).

[257] L. Wolters, J. van Marwick, K. Regel, V. Lackner, B. Schäfer (Herausgeber) „Kunststoffrecycling“ Hanser, **1997** (ISBN 3446182640).

[258] PlasticsEurope: „Plastics – the Facts 2022“ https://plasticseurope.org/de/wp-content/uploads/sites/3/2022/10/PE-PLASTICS-THE-FACTS_20221017.pdf (abgerufen: 08.03.2025).

[259] PlasticsEurope: „Plastics – the Facts 2022“ https://plasticseurope.org/de/wp-content/uploads/sites/3/2022/10/PE-PLASTICS-THE-FACTS_20221017.pdf (abgerufen: 08.03.2025).

[260] Henkel: „Einsatz von Rezyklat: Alter Kunststoff, neue Perspektive“ https://www.henkel.de/spotlight/2021-02-18-einsatz-von-rezyklat-alter-kunststoff-neue-perspektive-1151090 (abgerufen: 08.03.2025).

[261] Europäisches Parlament: „Plastik im Meer: Fakten, Auswirkungen und neue EU-Regelungen“ https://www.europarl.europa.eu/topics/de/article/20181005STO15110/plastik-im-meer-fakten-auswirkungen-und-neue-eu-regelungen (abgerufen: 08.03.2025).

[262] G. G. Marques, A. Couffin, P. Hajji, R. Inoubli, V. Bounor-Legare, R. Fulchiron „A Review on the Formulation and Rupture Properties of Polyethylene Terephthalate in a Mechanical Recycling Context“ *Industrial & Engineering Chemistry Research* **2024**, *63*, 887–920.

[263] BVSE – Fachverband Kunststoffrecycling: „CO_2-Gutschriften für mehr Recycling und Klimaschutz“ https://www.bvse.de/gut-informiert-kunststoffrecycling/pressemitteilungen-kunststoffrecycling/5252-co2-gutschriften-fuer-mehr-recycling-und-klimaschutz.html#:~:text=Jede%20Tonne%20Recyclingkunststoff%2C%20die%20anstelle,in%20Form%20von%20CO2%2DÄquivalenten (abgerufen: 08.03.2025).

[264] Europäisches Parlament: „Kreislaufwirtschaft: Definition und Vorteile" https://www.europarl.europa.eu/topics/de/article/20151201STO05603/kreislaufwirtschaft-definition-und-vorteile (abgerufen: 08.03.2025).

[265] BVSE – Fachverband Kunststoffrecycling: „Stoffstrombild Kunststoffe in Deutschland 2021: Zahlen und Fakten zum Lebensweg von Kunststoffen" https://www.bvse.de/dateien2020/2-PDF/03-Themen_Ereignisse/FV_Kunststoffrecycling/Kurzfassung_Stoffstrombild_2021.pdf (abgerufen: 08.03.2025).

[266] B. D. Vogt, K. K. Stokes, S. K. Kumar „Why is Recycling of Postconsumer Plastics so Challenging?" *ACS Appl. Polym. Mater.* **2021**, *3*, 4325–4346.

[267] Erema: https://www.erema.com/de/intarema_fibrepro_iv/ (abgerufen: 08.03.2025).

[268] a) Z. O. G. Schyns, M. P. Shaver „Mechanical Recycling of Packaging Plastics: A Review" *Macromolecular Rapid Communications* **2021**, *42*, 2000415.

b) S. Yin, R. Tuladhar, F. Shi, R. A. Shanks, M. Combe, T. Collister „Mechanical reprocessing of polyolefin waste: A review" *Polymer Engineering & Science* **2015**, *55*, 2899–2909.

[269] Chemical and Physical Aging of Plastics J. A. Harvey „Chemical and Physical Aging of Plastics" in „Handbook of Environmental Degradation of Materials" Elsevier **2012**, 195–211.

[270] J. N. Hahladakis, C. A. Velis, R. Weber, E. Iacovidou, P. Purnell „An overview of chemical additives present in plastics: Migration, release, fate and environmental impact during their use, disposal and recycling" *Journal of Hazardous Materials* **2018**, *344*, 179–199.

[271] a) O. Horodytska, A. Cabanes, A. Fullana „Non-intentionally added substances (NIAS) in recycled plastics" *Chemosphere* **2020**, *251*, 126373.

b) R. Pfaendner „Restabilization - 30 years of research for quality improvement of recycled plastics review" *Polymer Degradation and Stability* **2022**, *203*, 110082.

c) L. Chibwe, A. O. De Silva, C. Spencer, C. F. Teixera, M. Williamson, X. Wang, D. C. G. Muir „Target and Nontarget Screening of Organic Chemicals and Metals in Recycled Plastic Materials" *Environmental Science & Technology* **2023**, *57*, 3380–3390.

[272] Frosch Initiative: „Was macht Plastikrecycling so kompliziert?“ https://initiative-frosch.de/was-macht-plastikrecycling-so-kompliziert/ (abgerufen: 08.03.2025).

[273] Zero Waste Europe: „Wie zirkulär ist PET?“ https://zerowasteeurope.eu/wp-content/uploads/2022/02/HCIP_summary-DE.pdf (abgerufen: 08.03.2025).

[274] Zero Waste Europe: „Wie zirkulär ist PET?“ https://zerowasteeurope.eu/wp-content/uploads/2022/02/HCIP_summary-DE.pdf (abgerufen: 08.03.2025).

[275] T. Uekert, A. Singh, J. S. DesVeaux, T. Ghosh, A. Bhatt, G. Yadav, S. Afzal, J. Walzberg, K. M. Knauer, S. R. Nicholson, G. T. Beckham, A. C. Carpenter „Technical, Economic, and Environmental Comparison of Closed- Loop Recycling Technologies for Common Plastics“ *ACS Sustainable Chem. Eng.* **2023**, *11*, 965−978.

[276] a) A. Pires, G. Martinho, S. Rodrigues, M. I. Gomes „Sustainable Solid Waste Collection and Management“ Springer, **2018** (ISBN 9783319932002).

b) W. McDonough, M. Braungart „Cradle to Cradle: Remaking the Way We Make Things“ North Point Press, **2002** (ISBN 9780865475878).

[277] a) L. Mantia, F. Paolo „Polymer mechanical recycling: downcycling or upcycling?“ *Progress in Rubber, Plastics and Recycling Technology* **2004**, *20*, 11−24.

b) J. Hopewell, R. Dvorak, E. Kosior „Plastics recycling: challenges and opportunities“ *Philosophical Transactions of the Royal Society, B: Biological Sciences* **2009**, *364*, 2115−2126.

c) C. G. Schirmeister, R. Muelhaupt „Closing the Carbon Loop in the Circular Plastics Economy“ *Macromolecular Rapid Communications* **2022**, *43*, 2200247.

[278] European Union: „Material-efficiency Ecodesign Report and Module to the Methodology for the Ecodesign of Energy-related Products (MEErP), Part 2 – Enhancing MEErP for Ecodesign. Prepared for: European Commission – DG Enterprise and Industry”, **2013**.

[279] C. Helbig, J. Huether, C. Joachimsthaler, C. Lehmann, S. Raatz, A. Thorenz, M. Faulstich, A. Tuma „A terminology for downcycling“ *Journal of Industrial Ecology* **2022**, *26*,1164–1174.

[280] Ecopals: https://www.ecopals.de (abgerufen: 08.03.2025).

[281] Deutschlandfunk: S. Billig „Aus Plastikmüll wird Mode“ https://www.deutschlandfunkkultur.de/oekobilanz-von-recycling-stoffen-aus-plastikmuell-wird-mode-100.html (abgerufen: 08.03.2025).

[282] a) T. Thiounn, R. C. Smith „Advances and approaches for chemical recycling of plastic waste“ *Journal of Polymer Science* **2020**, *58*, 1347–1364.

b) J. C. Worch, A. P. Dove „Toward Catalytic Chemical Recycling of Waste (and Future) Plastics“ *ACS Macro Letters* **2020**, *9*, 1494–1506.

c) J. Huang, A. Veksha, W. P. Chan, A. Giannis, G. Lisak „Chemical recycling of plastic waste for sustainable material management: A prospective review on catalysts and processes“ *Renewable & Sustainable Energy Reviews* **2022**, *154*, 111866.

[283] Umweltbundesamt: J. Vogel, F. Krüger, M. Fabian „Chemisches Recycling“ https://www.umweltbundesamt.de/sites/default/files/medien/1410/publikationen/2020-07-17_hgp_chemisches-recycling_online.pdf (abgerufen: 08.03.2025).

[284] K. Knauer „Circular Plastics Technologies“ De Gruyter, 2024 (ISBN 9781501515613).

[285] T. Uekert, A. Singh, J. S. DesVeaux, T. Ghosh, A. Bhatt, G. Yadav, S. Afzal, J. Walzberg, K. M. Knauer, S. R. Nicholson, G. T. Beckham, A. C. Carpenter „Technical, Economic, and Environmental Comparison of Closed- Loop Recycling Technologies for Common Plastics“ *ACS Sustainable Chem. Eng.* **2023**, *11*, 965–978.

[286] B. Shojaei, M. Abtahi, M. Najafi „Chemical recycling of PET: A stepping-stone toward sustainability“ *Polymers for Advanced Technologies* **2020**, *31*, 2912–2938.

[287] T. Uekert, A. Singh, J. S. DesVeaux, T. Ghosh, A. Bhatt, G. Yadav, S. Afzal, J. Walzberg, K. M. Knauer, S. R. Nicholson, G. T. Beckham, A. C. Carpenter „Technical, Economic, and Environmental Comparison of Closed- Loop Recycling Technologies for Common Plastics“ *ACS Sustainable Chem. Eng.* **2023**, *11*, 965–978.

[288] T. Uekert, A. Singh, J. S. DesVeaux, T. Ghosh, A. Bhatt, G. Yadav, S. Afzal, J. Walzberg, K. M. Knauer, S. R. Nicholson, G. T. Beckham, A. C. Carpenter „Technical, Economic, and Environmental Comparison of Closed- Loop Recycling Technologies for Common Plastics“ *ACS Sustainable Chem. Eng.* **2023**, *11*, 965–978.

[289] Chemanalyst: „R-PET Price Trend and Forecast“ https://www.chemanalyst.com/Pricing-data/r-pet-1233 (abgerufen: 08.03.2025).

[290] Chemanalyst: „Polyethylene Terephthalate (PET) Price Trend and Forecast“ https://www.chemanalyst.com/Pricing-data/polyethylene-terephthalate-72 (abgerufen: 08.03.2025).

[291] Europäische Union: „Richtlinie 94/62/EG des Europäischen Parlaments und des Rates vom 20. Dezember 1994 über Verpackungen und Verpackungsabfälle“ https://eur-lex.europa.eu/legal-content/de/TXT/?uri=CELEX%3A31994L0062 (abgerufen: 08.03.2025).

[292] BVSE – Fachverband Kunststoffrecycling: „Stoffstrombild Kunststoffe in Deutschland 2021: Zahlen und Fakten zum Lebensweg von Kunststoffen“ https://www.bvse.de/dateien2020/2-PDF/03-Themen_Ereignisse/FV_Kunststoffrecycling/Kurzfassung_Stoffstrombild_2021.pdf (abgerufen: 08.03.2025).

[293] Chemietechnik: „Eastman will milliardenschwere Recycling-Anlage bauen“ https://www.chemietechnik.de/anlagenbau/eastman-will-milliardenschwere-recycling-anlage-bauen-65-82-51.html (abgerufen: 08.03.2025).

[294] Veolia: „Brennstoffemissionshandelsgesetz“ https://www.veolia.de/entsorgung/brennstoffemissionshandelsgesetz (abgerufen: 08.03.2025).

[295] M. Solis, S. Silveira „Technologies for chemical recycling of household plastics - A technical review and TRL assessment” *Waste Management* **2020**, *105*, 128−138.

[296] a) A. Buekens „Introduction to feedstock recycling of plastics“ in J. Scheirs, W. Kaminsky „Feedstock Recycling and Pyrolysis of Waste Plastics” Wiley, **2006**, 3−41 (ISBN 9780470021521).

b) J. Brandrup „Preparation of feedstock for petrochemical recycling - requirements imposed on plastics wastes” in J. Brandrup „Recycling and Recovery of Plastics“ Hanser Verlag, **1996**, 393−412 (ISBN 9781569902141).

[297] H. Mangold, B. Vacano „The Frontier of Plastics Recycling: Rethinking Waste as a Resource for High-Value Applications“ *Macromolecular Chemistry and* Physics **2022**, *223*, 2100488.

[298] S. Kumagai, T. Yoshioka „Feedstock recycling via waste plastic pyrolysis“ *Journal of the Japan Petroleum Institute* **2016**, *59*, 243−253.

[299] a) T. Xayachak, N. Haque, R. Parthasarathy, S. King, N. Emami, D. Lau, B. K. Pramanik „Pyrolysis for plastic waste management: An engineering perspective“ *Journal of Environmental Chemical Engineering* **2022**, *10*, 108865.

b) VDI Zentrum Ressourceneffizienz: „Thermochemisches Recycling oder Pyrolyse“ https://www.ressource-deutschland.de/rohstoffliches-recycling/pyrolyse/ (abgerufen: 08.03.2025).

[300] J. Scheirs, W. Kaminsky (Hrsg.) „Feedstock Recycling and Pyrolysis of Waste Plastics. Converting waste Plastics into Diesel and other Fuels“ John Wiley & Sons, **2006** (ISBN 9780470021521).

[301] C. Lubongo, T. Congdon, J. McWhinnie, P. Alexandridis, Paschalis „Economic feasibility of plastic waste conversion to fuel using pyrolysis” *Sustainable Chemistry and Pharmacy* **2022**, *27*, 100683.

[302] R.-X. Yang, K. Jan, C.-T. Chen, W.-T. Chen, K. C.-W. Wu „Thermochemical Conversion of Plastic Waste into Fuels, Chemicals, and Value-Added Materials: A Critical Review and Outlooks“ *ChemSusChem* **2022**, *15*, e202200171.

[303] a) A. Brems, R. Dewil, J. Baeyens, R. Zhang „Gasification of plastic waste as waste-to-energy or waste-to-syngas recovery route“ *Natural Science* **2013**, *5*, 695−704.

b) G. Lopez, M. Artetxe, M. Amutio, J. Alvarez, J. Bilbao, M. Olazar „Recent advances in the gasification of waste plastics. A critical overview“ *Renewable & Sustainable Energy Reviews* **2018**, *82*, 576−596.

c) Q. Hu, Y. S. Ok, C.-H. Wang „Sustainable and Highly Efficient Recycling of Plastic Waste into Syngas via a Chemical Looping Scheme“ *Environmental Science & Technology* **2022**, *56*, 8953−8963.

d) Y. An, T. Lin, F. Yu, Y. Yang, L. Zhong, M. Wu, Y. Sun „Advances in direct production of value-added chemicals via syngas conversion“ *Science China: Chemistry* **2017**, *60*, 887−903.

[304] a) R. Mishra, A. Kumar, E. Singh, S. Kumar, „Recent Research Advancements in Catalytic Pyrolysis of Plastic Waste“ *ACS Sustainable Chemistry & Engineering* **2023**, *11*, 2033−2049.

b) BVSE – Fachverband Kunststoffrecycling: „Neue Studie legt Qualitätsrichtlinien für Kunststoffabfälle als Ausgangsmaterial für die Pyrolyse fest“

https://www.bvse.de/gut-informiert-kunststoffrecycling/nachrichten-recycling/9021-neue-studie-legt-qualitaetsrichtlinien-fuer-kunststoffabfaelle-als-ausgangsmaterial-fuer-die-pyrolyse-fest.html (abgerufen: 08.03.2025).

[305] DBU: M. Seitz, V. Cepus, M. Klätte, D. Thamm, M. Pohl „Evaluierung unter Realbedingungen von thermisch-chemischen Depolymerisationstechnologien (Zersetzungsverfahren) zur Verwertung von Kunststoffabfällen" https://www.dbu.de/OPAC/ab/DBU-Abschlussbericht-AZ-34351_01-Hauptbericht.pdf (abgerufen: 08.03.2025).

[306] BVSE – Fachverband Kunststoffrecycling: „Neue Studie legt Qualitätsrichtlinien für Kunststoffabfälle als Ausgangsmaterial für die Pyrolyse fest" https://www.bvse.de/gut-informiert-kunststoffrecycling/nachrichten-recycling/9021-neue-studie-legt-qualitaetsrichtlinien-fuer-kunststoffabfaelle-als-ausgangsmaterial-fuer-die-pyrolyse-fest.html (abgerufen: 08.03.2025).

[307] Aktiv: H. J. Wolter „Recycling von Kunststoff: Abfall soll Öl für die Chemieproduktion liefern" https://www.aktiv-online.de/news/recycling-von-kunststoff-abfall-soll-oel-fuer-die-chemieproduktion-liefern-16971 (abgerufen: 08.03.2025).

[308] Bundesministerium des Innern und für die Heimat: „SWOT Analyse" https://www.orghandbuch.de/Webs/OHB/DE/OrganisationshandbuchNEU/4_MethodenUndTechniken/Methoden_A_bis_Z/SWOT_Analyse/swot_analyse_inhalt.html (abgerufen: 08.03.2025).

[309] European Union: „Material-efficiency Ecodesign Report and Module to the Methodology for the Ecodesign of Energy-related Products (MEErP), Part 2 – Enhancing MEErP for Ecodesign. Prepared for: European Commission – DG Enterprise and Industry", **2013**.

[310] a) „Methodolody - An approach to measuring circularity" https://emf.thirdlight.com/link/3jtevhlkbukz-9of4s4/@/preview/1?o (abgerufen: 08.03.2025).

b) R. Frischknecht „Lehrbuch der Ökobilanzierung" Springer-Verlag, **2020** (ISBN 9783662547632).

[311] J.-P. Lange, S. R. A. Kersten, S. De Meester, M. C. P. van Eijk, K. Ragaert „Plastic recycling stripped naked – from circular product to circular industry with recycling cascade" *ChemSusChem* **2024**, *17*, e202301320.

[312] Europäische Union: „Plastics strategy“ https://environment.ec.europa.eu/strategy/plastics-strategy_en (abgerufen: 08.03.2025).

[313] a) Helmholtz Klima Initiative: „Natürliche CO_2-Reduktion schneller umsetzbar und weniger risikoreich als Hightech-Ansätze“ https://www.helmholtz-klima.de/presse/natuerliche-co2-reduktion-schneller-umsetzbar-und-weniger-risikoreich-als-hightech-ansaetze (abgerufen: 08.03.2025).

b) Bundesministerium für Bildung und Forschung: „CO_2 - Entnahme aus der Atmosphäre: Ein zusätzlicher Baustein für die Erreichung unserer Klimaziele“ https://www.bmbf.de/bmbf/shareddocs/faq/cdr-co2-entnahme.html (abgerufen: 08.03.2025).

[314] Dechema: F. Ausfelder, A. Bazzanella „Diskussionspapier Verwertung und Speicherung von CO_2“ https://dechema.de/dechema_media/diskussionco2-called_by-dechema-original_page-124930-original_site-dechema_eV-view_image-1.pdf (abgerufen: 08.03.2025).

[315] Max Planck Gesellschaft: „Eine gezielte Landbewirtschaftung kann das Klima-Problem für Europa nicht lösen“ https://www.mpg.de/478875/pressemitteilung200305262 (abgerufen: 08.03.2025).

[316] a) Leopoldina: „Was sind negative Emissionen, und warum brauchen wir sie?“ https://www.leopoldina.org/fileadmin/redaktion/Publikationen/Nationale_Empfehlungen/2022_ESYS_KurzErklärt_Neg.Emissionen.pdf (abgerufen: 08.03.2025).

b) Bundesministerium für Wirtschaft und Klimaschutz: „Langfriststrategie Negativemissionen zum Umgang mit unvermeidbaren Restemissionen“ https://www.bmwk.de/Redaktion/DE/Downloads/E/240226-eckpunkte-negativemissionen.pdf?__blob=publicationFile&v=4 (abgerufen: 08.03.2025).

[317] Fachagentur für nachwachsende Rohstoffe: „Biokunststoffe“ http://www.fnr.de/fileadmin/allgemein/pdf/broschueren/Brosch_Biokunststoffe_Nachdruck_2016_web.pdf (abgerufen: 08.03.2025).

[318] Institut für Biokunststoffe und Bioverbundwerkstoffe: „Was sind Biokunststoffe?“ https://www.ifbb-hannover.de/de/faq/was-sind-biokunststoffe.html (abgerufen: 08.03.2025).

[319] a) F. M. Lamberti, L. A. Román-Ramírez, J. Wood „Recycling of Bioplastics: Routes and Benefits“ *Journal of Polymers and the Environment* **2020**, *28*, 2551–2571.

b) Sustainable Plastics: J. Johnson „Nestle and Danone teaming on bio-based PET bottles“ https://www.sustainableplastics.com/article/20170303/PNE/170309962/nestle-and-danone-teaming-on-bio-based-pet-bottles (abgerufen: 08.03.2025).

[320] Institut für Biokunststoffe und Bioverbundwerkstoffe: https://www.ifbb-hannover.de/de/faq/sind-biokunststoffe-teurer-als-konventionelle-erdoelbasierte-kunststoffe.html (abgerufen: 08.03.2025).

[321] a) Institut für Energie- und Umweltforschung Heidelberg: „Untersuchung der Umweltwirkungen von Verpackungen aus biologisch abbaubaren Kunststoffen“ https://www.ifeu.de/projekt/untersuchung-der-umweltwirkungen-von-verpackungen-aus-biologisch-abbaubaren-kunststoffen?sword_list%5B0%5D=bio-PET (abgerufen: 08.03.2025).

b) N. J. Berger, C. Pfeifer „Comparing the financial costs and carbon neutrality of polyester fibres produced from 100% bio-based PET, 100% recycled PET, or in combination“ *Biomass Conv. Bioref.* **2024** (https://doi.org/10.1007/s13399-024-05362-2).

c) L. Chen, R. E. O. Pelton, T. M. Smith „Comparative life cycle assessment of fossil and bio-based polyethylene terephthalate (PET) bottles“ *Journal of Cleaner Production* **2016**, *137*, 667–676.

[322] a) J. Yu, S. Xu, B. Liu, H. Wang, F. Qiao, X. Ren, Q. Wei „PLA bioplastic production: From monomer to the polymer“ *European Polymer Journal* **2023**, *193*, 112076.

b) E. R. Ghomi, F. Khosravi, A. S. Ardahaei, Y. Dai, R. E. Neisiany, F. Foroughi, M. Wu, O. Das, S. Ramakrishna „The life cycle assessment for polylactic acid (PLA) to make it a low-carbon material“ *Polymers* **2021**, *13*, 1854.

[323] P. Sahu, A. Thorbole, R. K. Gupta „Polyesters Using Bioderived Furandicarboxylic Acid: Recent Advancement and Challenges toward Green PET“ *ACS Sustainable Chemistry & Engineering* **2024**, *12*, 6811–6826.

[324] X. Fei, J. Wang, J. Zhu, X. Wang, X. Liu „Biobased Poly(ethylene 2,5-furancoate): No Longer an Alternative, but an Irreplaceable Polyester in the Polymer Industry“ *ACS Sustainable Chemistry & Engineering* **2020**, *8*, 8471–8485.

[325] a) Avantium: „PEF bottles – a sustainable packaging material“ https://www.avantium.com/wp-content/uploads/2022/02/20220221-PEF-bottles—a-sustainable-packaging-material-ISO-certified-LCA.pdf (abgerufen: 08.03.2025).

b) PLA Bottles: „Our plant-based bottles and other products“ https://plabottles.eu/products/ (abgerufen: 08.03.2025).

[326] T. V. Ojumu, J. Yu, B. O. Solomon „Production of polyhydroxyalkanoates, a bacterial biodegradable polymer“ *Advanced Journal of Environmental Science and Technology* **2021**, *12*, 1–7.

[327] J. Pietzsch „Bioökonomie für Einsteiger“ Springer, **2017** (ISBN 9783662537626).

[328] a) Fachagentur für nachwachsende Rohstoffe: „10 Punkte zu biobasierten Kunststoffen“ http://www.fnr.de/fileadmin/Projekte/2020/Biokunststoffe/BioKS-10-Punkte-2020.pdf (abgerufen: 08.03.2025).

b) Packiro: https://packiro.com/de-de/magazin/biokunststoffe (abgerufen: 08.03.2025).

[329] a) BUND: „„„Bio“-Kunststoffe“ https://www.bund.net/fileadmin/user_upload_bund/publikationen/chemie/chemie_biokunststoffe_hintergrund.pdf (abgerufen: 08.03.2025).

b) Welthungerhilfe: „Auf großem Fuß: Was ist der ökologische Fußabdruck?“ https://www.welthungerhilfe.de/lebensmittelverschwendung/was-ist-der-oekologische-fussabdruck (abgerufen: 08.03.2025).

[330] Umweltbundesamt: „Biobasierte und biologisch abbaubare Kunststoffe“ https://www.umweltbundesamt.de/biobasierte-biologisch-abbaubare-kunststoffe#22-sind-biobasierte-kunststoffe-nachhaltiger-als-konventionelle-kunststoffe
(abgerufen: 08.03.2025).

[331] Umweltbundesamt: „Biobasierte und biologisch abbaubare Kunststoffe“ https://www.umweltbundesamt.de/biobasierte-biologisch-abbaubare-kunststoffe#22-sind-biobasierte-kunststoffe-nachhaltiger-als-konventionelle-

kunststoffe
(abgerufen: 08.03.2025).

332 a) Verbraucherzentrale: „Bio-Kunststoffe: Nachhaltige Alternative zu herkömmlichen Kunststoffen?“
https://www.verbraucherzentrale.de/wissen/lebensmittel/lebensmittelproduktion/biokunststoffe-7522 (abgerufen: 08.03.2025).

b) Umweltbundesamt: W. Beier „Biologisch abbaubare Kunststoffe“
https://www.umweltbundesamt.de/sites/default/files/medien/publikation/long/3834.pdf (abgerufen: 08.03.2025).

333 a) Fraunhofer Umsicht: „Position von Fraunhofer UMSICHT zum Recycling von Biokunststoffen“ https://www.umsicht.fraunhofer.de/de/positionen-diskurs/recycling-biokunststoffe.html (abgerufen: 08.03.2025).

b) Fachagentur für nachwachsende Rohstoffe:
https://biowerkstoffe.fnr.de/verpackungen/biokunststoffe-richtig-entsorgen
(abgerufen: 08.03.2025).

334 Fraunhofer Umsicht: „Position von Fraunhofer UMSICHT zum Recycling von Biokunststoffen“ https://www.umsicht.fraunhofer.de/de/positionen-diskurs/recycling-biokunststoffe.html (abgerufen: 08.03.2025).

335 a) Institut für Biokunststoffe und Bioverbundwerkstoffe: „Was Biokunststoffe zu einer zukunftsfähigen Kreislaufwirtschaft beitragen können“
https://www.ifbb-hannover.de/de/position/was-biokunststoffe-zu-einer-zukunftsfaehigen-kreislaufwirtschaft-beitragen-koennen.html
(abgerufen: 08.03.2025).

b) Plastverarbeiter: D. Bechlarz „Was Sie über Biokunststoffe wissen müssen“
https://www.plastverarbeiter.de/roh-und-zusatzstoffe/biokunststoffe/was-sie-ueber-biokunststoffe-wissen-muessen-533.html#award (abgerufen: 08.03.2025).

336 Chemie.de: „CO_2 soll saubere Arbeit leisten: Forschungsprojekt Rheticus von Evonik und Siemens startet in Phase 2“
https://www.chemie.de/news/1163193/co2-soll-saubere-arbeit-leisten-forschungsprojekt-rheticus-von-evonik-und-siemens-startet-in-phase-2.html
(abgerufen: 08.03.2025).

337 EU-Verordnung 2024/1781 des Europäischen Parlaments und des Rates vom 13. Juni 2024 zur Schaffung eines Rahmens für die Festlegung von Ökodesign-

Anforderungen für nachhaltige Produkte, zur Änderung der Richtlinie (EU) 2020/1828 und der Verordnung (EU) 2023/1542 und zur Aufhebung der Richtlinie 2009/125/EG.

338 a) Börsenblatt: „Alte Handys in der Schublade" https://www.boersenblatt.net/news/maerkte-und-studien/alte-handys-der-schublade-266969 (abgerufen: 08.03.2025).

b) EU-Verordnung 2024/1781 des Europäischen Parlaments und des Rates vom 13. Juni 2024 zur Schaffung eines Rahmens für die Festlegung von Ökodesign-Anforderungen für nachhaltige Produkte, zur Änderung der Richtlinie (EU) 2020/1828 und der Verordnung (EU) 2023/1542 und zur Aufhebung der Richtlinie 2009/125/EG.

339 Sustainability Guide: „Product" https://sustainabilityguide.eu/ecodesign/product/ (abgerufen: 08.03.2025).

340 L. Møller Haase, L. Nhu Laursen „Designing for Longevity: Expert Strategies for Creating Long-Lasting Products" Routledge, **2022** (ISBN 9781032284668).

341 VDI: „Kreislaufgerechte Produktgestaltung https://www.ressource-deutschland.de/werkzeuge/loesungsentwicklung/strategien-massnahmen/kreislaufgerechte-produktgestaltung/ (abgerufen: 08.03.2025).

342 a) Deutsche Gesellschaft für Internationale Zusammenarbeit: C. Löw, A. Manhart, S. Prakash, M. Michalscheck „Design-for-recycling (D4R) – State of play" https://www.giz.de/de/downloads/2021-06%20Design%20for%20recycling_barrierefrei.pdf (abgerufen: 08.03.2025).

b) Ellen MacArthur Foundation: https://www.ellenmacarthurfoundation.org/the-new-plastics-economy-rethinking-the-future-of-plastics (abgerufen: 08.03.2025).

c) Fractory: S. Sild „Design for Sustainability" https://fractory.com/design-for-sustainability/ (abgerufen: 08.03.2025).

d) Econation: „Design for Sustainability" https://econation.one/design-for-sustainability/ (abgerufen: 08.03.2025).

343 a) Life Cycle Initiative: https://www.lifecycleinitiative.org (abgerufen: 08.03.2025).

b) UN environment programme: „Reduce by design"
https://buildingcircularity.org/reduce-by-design/ (abgerufen: 08.03.2025).

[344] Plastverarbeiter: D. Bechlarz „Der große Überblick zum Kunststoffrecycling"
https://www.plastverarbeiter.de/verarbeitungsverfahren/kunststoffrecycling/der-grosse-ueberblick-zum-kunststoffrecycling-519.html (abgerufen: 08.03.2025).

[345] a) Covestro: „Die Zukunft flexibler Monomaterial-Verpackungen"
https://solutions.covestro.com/de/highlights/artikel/stories/2022/die-zukunft-flexibler-monomaterial-verpackungen (abgerufen: 08.03.2025).

b) Kunststoffe: „Monomaterial verbessert Recycling"
https://www.kunststoffe.de/a/produktmeldung/monomaterial-verbessert-recycling-248265 (abgerufen: 08.03.2025).

[346] a) T. Chen, H. Wang, Y. Chu, C. Boyer, J. Liu, J. Xu „Photo-Induced Depolymerisation: Recent Advances and Future Challenges" *ChemPhotoChem* **2019**, *3*, 1059–1076.

b) J. F. Highmoore, L. S. Kariyawasam, S. R. Trenor, Y. Yang „Design of depolymerizable polymers toward a circular economy" *Green Chem.* **2024**, *26*, 2384–2420.

[347] a) Röchling: „Marker Technologie"
https://www.roechling.com/de/industrial/eigenschaften/detektierbare-kunststoffe/marker-technologie (abgerufen: 08.03.2025).

b) J. Woidasky, M. Heyde, I. Sander, J. Moesslein, M. Fahr, B. Richards, A. Turshatov, C. Lang-Koetz „Hochwertiges Recycling durch Tracer-Nutzung" *ReSource* **2017**, 24–28.

[348] Wasser 3.0: https://wasserdreinull.de/blog/entfernung-von-mikroplastik-aus-dem-abwasser/ (abgerufen: 08.03.2025).

[349] Bundesministeriums für Wirtschaft und Klimaschutz: „Nachhaltigkeit im Kontext der Blockchain-Technologie"
https://www.bmwk.de/Redaktion/DE/Publikationen/Digitale-Welt/blockchain-nachhaltigkeit.pdf?__blob=publicationFile&v=4 (abgerufen: 08.03.2025).

[350] a) Neue Verpackung: „Welche Anforderungen stellt der Digitale Produktpass an Unternehmen?"
https://www.neue-verpackung.de/non-food-chemie/welche-anforderungen-stellt-

der-digitale-produktpass-an-unternehmen-177.html (abgerufen: 08.03.2025).

b) EU-Verordnung 2024/1781 des Europäischen Parlaments und des Rates vom 13. Juni 2024 zur Schaffung eines Rahmens für die Festlegung von Ökodesign-Anforderungen für nachhaltige Produkte, zur Änderung der Richtlinie (EU) 2020/1828 und der Verordnung (EU) 2023/1542 und zur Aufhebung der Richtlinie 2009/125/EG, Artikel: 9, 10, 11.

[351] K. Bhubalan, A. M. Tamothran, S. H. Kee, S. Y. Foong, S. S. Lam, K. Ganeson, S. Vigneswari, A.-A. Amirul, S. Ramakrishna „Leveraging blockchain concepts as watermarkers of plastics for sustainable waste management in progressing circular economy" *Environmental Research* **2022**, *213*, 113631.

[352] R. Sarc, A. Curtis, L. Kandlbauer, K. Khodier, K. E. Lorber, R. Pomberger „Digitalisation and intelligent robotics in value chain of circular economy oriented waste management - A review." *Waste management* **2019**, *95*, 476–492.

[353] a) Recycling Magazin: „Künstliche Intelligenz verbessert Kunststoffrecycling" https://www.recyclingmagazin.de/2023/03/30/kuenstliche-intelligenz-verbessert-kunststoffrecycling/ (abgerufen: 08.03.2025).

b) Plastverarbeiter: H. Melia „Wie KI bei der Entwicklung von Rezyklatcompounds unterstützt" https://www.plastverarbeiter.de/verarbeitungsverfahren/kunststoffrecycling/wie-ki-bei-der-entwicklung-von-rezyklatcompounds-unterstuetzt-956.html (abgerufen: 08.03.2025).

[354] WWF: „Erweiterte Herstellerverantwortung" https://www.wwf.de/themen-projekte/plastik/erweiterte-herstellerverantwortung (abgerufen: 08.03.2025).

[355] a) VDI: „Circular Economy für Kunststoffe neu denken" https://www.vdi.de/fileadmin/pages/mein_vdi/redakteure/publikationen/VDI-Green-Paper-Circular-Economy-fuer-Kunststoffe-neu-denken.pdf (abgerufen: 08.03.2025).

b) VDI: „Circular Economy für Kunststoffe neu denken" https://www.vdi.de/fileadmin/pages/mein_vdi/redakteure/publikationen/VDI-Green-Paper-Circular-Economy-fuer-Kunststoffe-neu-denken.pdf (abgerufen: 08.03.2025).

[356] WWF: „Die wahren Kosten von Plastik" https://www.wwf.de/themen-projekte/plastik/kosten-von-plastik (abgerufen: 08.03.2025).

[357] WWF: „Erweiterte Herstellerverantwortung" https://www.wwf.de/themen-projekte/plastik/erweiterte-herstellerverantwortung (abgerufen: 08.03.2025).

[358] Kunststoffverpackungen: „Aktuelle Studie zum Wertstoffkreislauf: Recyclingquote für PET-Getränkeflaschen weiterhin auf hohem Niveau" https://newsroom.kunststoffverpackungen.de/2019/02/07/aktuelle-studie-zum-wertstoffkreislauf-recyclingquote-fuer-pet-getraenkeflaschen-weiterhin-auf-hohem-niveau/ (abgerufen: 08.03.2025).

[359] T. Rau, S. Oberhuber „Material Matters" Econ, **2018** (ISBN 9783430202688).

[360] Circularity: „Product-as-a-Service (PaaS)" https://circularity.com/en/circularguide/paas-product-as-a-service/ (abgerufen: 08.03.2025).

[361] a) Deutschlandfunk: „Wie Kunststoff-Recycling in Deutschland besser werden könnte" https://www.deutschlandfunk.de/kunststoff-recycling-in-deutschland-100.html#Wieerhoehen (abgerufen: 08.03.2025).

b) Siehe z. B. European Union: „Packaging and Packaging Waste Regulation" https://eur-lex.europa.eu/eli/reg/2025/40/oj/eng (abgerufen: 08.03.2025).

[362] WWF: „Modell Deutschland Circular Economy – Eine umfassende Circular Economy für Deutschland 2045 zum Schutz von Klima und Biodiversität" https://www.wwf.de/nachhaltiges-wirtschaften/circular-economy/modell-deutschland-circular-economy (abgerufen: 08.03.2025).

[363] NABU: „Kunststoffabfälle in Deutschland" https://www.nabu.de/umwelt-und-ressourcen/abfall-und-recycling/22033.html (abgerufen: 08.03.2025).

[364] PlasticsEurope: „Verbindliche Quoten für Rezyklateinsatz" https://plasticseurope.org/de/nachhaltigkeit/kreislaufwirtschaft/recycling/rezyklateinsatz/ (abgerufen: 08.03.2025).

[365] European Comission: „Proposal for a revision of EU legislation on Packaging and Packaging Waste" https://environment.ec.europa.eu/publications/proposal-packaging-and-packaging-waste_en (abgerufen: 08.03.2025).

[366] WWF: „Faktenblatt Mehrwegverpackungen" https://www.wwf.de/fileadmin/fm-wwf/Publikationen-PDF/Plastik/WWF-Faktenblatt-Mehrweg.pdf (abgerufen: 08.03.2025).

367 European Union: „RICHTLINIE (EU) 2019/...DES EUROPÄISCHEN PARLAMENTS UND DES RATES vom 5. Juni 2019 über die Verringerung der Auswirkungen bestimmter Kunststoffprodukte auf die Umwelt“ https://eur-lex.europa.eu/legal-content/DE/TXT/PDF/?uri=CONSIL:PE_11_2019_REV_1&qid=1741510632700 (abgerufen: 08.03.2025).

368 a) European Union: „VERORDNUNG DES EUROPÄISCHEN PARLAMENTS UND DES RATES über Verpackungen und Verpackungsabfälle, zur Änderung der Verordnung (EU) 2019/1020 und der Richtlinie (EU) 2019/904 sowie zur Aufhebung der Richtlinie 94/62/EG“ https://eur-lex.europa.eu/legal-content/DE/TXT/HTML/?uri=CELEX:52022PC0677 (abgerufen: 08.03.2025).

b) Tagesschau: „Einweg-Plastik-Verpackungen ab 2030 tabu“ https://www.tagesschau.de/ausland/europa/eu-verpackungsmuell-plastik-100.html (abgerufen: 08.03.2025).

369 a) Henkel: „Henkel teilt Software-Tool zur Bewertung der Recyclingfähigkeit von Verpackungen“ https://www.henkel.de/presse-und-medien/presseinformationen-und-pressemappen/2019-07-30-henkel-teilt-software-tool-zur-bewertung-der-recyclingfaehigkeit-von-verpackungen-966676 (abgerufen: 08.03.2025).

b) Plasticbond: „Bewertung der ökologischen Nachhaltigkeit“ https://plasticbond.de/bewertung/ (abgerufen: 08.03.2025).

370 DIW: „Auf dem Weg zur Klimaneutralität: Plastikrecycling muss stärker in den Fokus rücken“ https://www.diw.de/de/diw_01.c.820601.de/auf_dem_weg_zur_klimaneutr_alitaeplastikrecycling_muss_staerker_in_den_fokus_ruecken.html (abgerufen: 08.03.2025).

371 a) Tagesschau: V. von Ondarza, C. Baars „Wie der Plastikmüll weniger werden soll“ https://www.tagesschau.de/wissen/klima/un-plastik-gipfel-100.html (abgerufen: 08.03.2025).

b) OECD: „Global Plastics Outlook“ **2022** (ISBN 9789264654945).

372 Spiegel: „EU einigt sich auf weitgehendes Exportverbot für Plastikmüll“ https://www.spiegel.de/wirtschaft/plastikmuell-eu-einigt-sich-auf-weitgehendes-exportverbot-a-ebb5af97-13e9-4d5f-871f-ec2ba9dab2bf (abgerufen: 08.03.2025).

[373] WWF: „UN-Plastikabkommen“ https://www.wwf.de/themen-projekte/plastik/un-plastikabkommen-kein-ergebnis-aber-klare-signale (abgerufen: 08.03.2025).

[374] B. Commoner „Wachstumswahn und Umweltkrise“ C. Bertelsmann Verlag, **1971** (ISBN 357004596X).

[375] NABU: M. Gorke „Vom Eigenwert der Natur – Grundzüge einer Naturschutzethik“ https://schleswig-holstein.nabu.de/imperia/md/content/schleswigholstein/gutachtenstellungnahmen/umweltethika.pdf (abgerufen: 08.03.2025).

[376] a) B. Commoner „Wachstumswahn und Umweltkrise“ C. Bertelsmann Verlag, **1971** (ISBN 357004596X).

b) F. Sprenger „Epistemologien des Umgebens“ Transcript Verlag, **2019** (ISBN 9783837648393).

[377] D. Meadows, D. Meadows, E. Zahn, P. Milling „Die Grenzen des Wachstums“ Rowohlt Taschenbuch Verlag GmbH, **1973** (ISBN 34991682251).

[378] L. Cabernard, S. Pfister, C. Oberschelp, S. Hellweg „Growing environmental footprint of plastics driven by coal combustion“ *Nature Sustainability* **2022**, *5*, 139–148.

[379] I_M (Materialkomponente); I_E (Energiekomponente); I(t) (gesamter verbleibender Input fossiler Ressourcen); Anfangsbestand fossiler Ressourcen: $I(0) = 1000$, Pro Zeiteinheit werden 100 Einheiten verbraucht: 50 Einheiten für die Materialkomponente (I_M) und 50 Einheiten für die Energiekomponente (I_E); A(t) (akkumulierte Umweltverschmutzung bei Zeiteinheit t); P(t) (laufende Produktion bei Zeiteinheit t); M(t) (Materialfluss)

Input-Verbrauch: $I(t) = I(0) - (I_M + I_E) \cdot t$
Die Gleichung $I(t) = \max(1000 - 100 \cdot t, 0)$ beschreibt die verbleibenden fossilen Ressourcen. Da $I(10) = 0$, sind die Ressourcen nach 10 Zeiteinheiten vollständig erschöpft.

Produktion (linear konstant): $P(t) = 50$ für $t \leq 10$, danach $P(t) = 0$, da keine Rohstoffe mehr vorhanden sind.

Akkumulierter Output (Umweltverschmutzung): $A(t) = (I_M + I_E) \cdot t$

Da $A(0) = 0$, ergibt sich nach 10 Zeiteinheiten eine Gesamtmenge von $A(10) = 1000$ Einheiten an Schadstoffen.

Materialfluss (M): $M(t) = 50$ für $t \leq 10$, danach $M(t) = 0$.

380 I_M (Materialkomponente); I_E (Energiekomponente); I(t) (gesamter verbleibender Input fossiler Ressourcen); Anfangsbestand fossiler Ressourcen: $I(0) = 1000$, Pro Zeiteinheit werden 75 Einheiten verbraucht: 50 Einheiten für die Materialkomponente (I_M) und 25 Einheiten für die Energiekomponente (I_E). 25 Einheiten für die regenerative Energiekomponente (I_{RE}), die nicht in die Rechnung eingehen.; A(t) (akkumulierte Umweltverschmutzung bei Zeiteinheit t); P(t) (laufende Produktion bei Zeiteinheit t); M(t) (Materialfluss)

Input-Verbrauch: $I(t) = I(0) - (IM + IE) \bullet t$
Die Gleichung $I(t) = \max(1000 - 75 \bullet t, 0)$ beschreibt die verbleibenden fossilen Ressourcen. Da $I(13,3) = 0$, sind die Ressourcen nach 13,3 Zeiteinheiten vollständig erschöpft.

Produktion (linear konstant): $P(t) = 50$ für $t \leq 13,3$, danach $P(t) = 0$, da keine Rohstoffe mehr vorhanden sind.

Akkumulierter Output (Umweltverschmutzung): $A(t) = (IM + IE) \bullet t$
Da $A(0) = 0$, ergibt sich nach 13,3 Zeiteinheiten eine Gesamtmenge von $A(13,3) = 1000$ Einheiten an Schadstoffen.

Materialfluss (M): $M(t) = 50$ für $t \leq 13,3$, danach $M(t) = 0$.

381 I_M (Materialkomponente); I_E (Energiekomponente); I(t) (gesamter verbleibender Input fossiler Ressourcen); Anfangsbestand fossiler Ressourcen: $I(0) = 1000$, Pro Zeiteinheit werden 75 Einheiten verbraucht: 50 Einheiten für die Materialkomponente (I_M) und 0 Einheiten für die Energiekomponente (I_E).; 50 Einheiten für die regenerative Energiekomponente (I_{RE}), die nicht in die Rechnung eingehen.; A(t) (akkumulierte Umweltverschmutzung bei Zeiteinheit t); P(t) (laufende Produktion bei Zeiteinheit t); M(t) (Materialfluss)

Input-Verbrauch: $I(t) = I(0) - (IM + IE) \bullet t$
Die Gleichung $I(t) = \max(1000 - 50 \bullet t, 0)$ beschreibt die verbleibenden fossilen Ressourcen. Da $I(20) = 0$, sind die Ressourcen nach 20 Zeiteinheiten vollständig erschöpft.

Produktion (linear konstant): $P(t) = 50$ für $t \leq 20$, danach $P(t) = 0$, da keine Rohstoffe mehr vorhanden sind.

Akkumulierter Output (Umweltverschmutzung): A(t) = (IM + IE)•t
Da A(0) = 0, ergibt sich nach 20 Zeiteinheiten eine Gesamtmenge von A(20) = 1000 Einheiten an Schadstoffen.

Materialfluss (M): M(t) = 50 für t ≤ 20, danach M(t) = 0.

382 I_M (Materialkomponente); I_E (Energiekomponente); I(t) (gesamter verbleibender Input fossiler Ressourcen); Anfangsbestand fossiler Ressourcen: I(0) = 1000; R^1 (Recyclingmaterial Zyklus 1); R^2 (Recyclingmaterial Zyklus 2); R_M (Recyclingmaterial); Pro Zeiteinheit werden insgesamt 50 Einheiten Materialkomponente benötigt: $I_{MR}(t) = I_M + R_M$; Pro Zeiteinheit werden insgesamt X Einheiten Energiekomponente benötigt: $I_E(t) = I_M(t)$; A(t) (akkumulierte Umweltverschmutzung bei Zeiteinheit t); P(t) (laufende Produktion bei Zeiteinheit t) M(t) (Materialfluss)

Input-Verbrauch: $I(t) = I(0) - (I_M + I_E)•t$
Die Gleichung I(t) = max(1000 − 91•t, 0) beschreibt die verbleibenden fossilen Ressourcen. Gilt für t > 1. Für t = 1 gilt 100•t Da I(10,9) = 0, sind die Ressourcen nach 10 Zeiteinheiten vollständig erschöpft.

Produktion (linear konstant): P(t) = 50 für t ≤ 10,9, danach P(t) = 0, da keine Rohstoffe mehr vorhanden sind.

Akkumulierter Output (Umweltverschmutzung): $A(t) = (I_M + I_E)•t$
Da A(0) = 0, ergibt sich nach 10,9 Zeiteinheiten eine Gesamtmenge von A(10) = 1000 Einheiten an Schadstoffen.

Materialfluss (M): M(t) = 50 für t ≤ 10,9, danach M(t) = 0.

383 I_M (Materialkomponente); I_E (Energiekomponente); I(t) (gesamter verbleibender Input fossiler Ressourcen); Anfangsbestand fossiler Ressourcen: I(0) = 1000; R^1 (Recyclingmaterial Zyklus 1); R^2 (Recyclingmaterial Zyklus 2); R_M (Recyclingmaterial) mit $R_M = R^1 + R^2$; Pro Zeiteinheit werden insgesamt 50 Einheiten Materialkomponente benötigt: $I_{MR}(t) = I_M(t) + R_M(t)$; Pro Zeiteinheit werden insgesamt X Einheiten Energiekomponente benötigt: IE(t) = $I_M(t)$; A(t) (akkumulierte Umweltverschmutzung bei Zeiteinheit t) ; P(t) (laufende Produktion bei Zeiteinheit t) M(t) (Materialfluss)

Input-Verbrauch: I(t) = I(0) − (IM + IE)•t
Die Gleichung I(t) = max(1000 − 84,74•t, 0) beschreibt die verbleibenden fossilen Ressourcen.
I_M = 42,37 und I_E = 42,37 nach Einschwingphase. Sobald 1000 − 84,74•t ≤ 0 gilt,

ist I(t) = 0 (vollständige Erschöpfung). Mit I(0) = 1000 und t ∈ [0, 11,8], da nach 11,8 Zeiteinheiten I(11,8) = 0.

Produktion (linear konstant): P(t) = 50 für t ≤ 11,8, danach P(t) = 0, da keine Rohstoffe mehr vorhanden sind.

Akkumulierter Output (Umweltverschmutzung): A(t) = 77,12•t
Mit A(0) = 0, d. h., nach 11,8 Zeiteinheiten sind 1000 Einheiten an Schadstoffen entstanden.

Materialfluss: M(t) = { 42,37 für t ≤ 11,8; 0 ab t ≥ 11,8 }

384 Enerdata: „Anteil der erneuerbaren Energien an der Stromerzeugung" https://energiestatistik.enerdata.net/erneuerbare-energien/erneuerbare-anteil-in-strom-produktion.html (abgerufen: 08.03.2025).

385 Statista: „Annual production of plastics worldwide from 1950 to 2022" https://www.statista.com/statistics/282732/global-production-of-plastics-since-1950/ (abgerufen: 08.03.2025).

386 PlasticsEurope: „Plastics the Facts 2022" https://plasticseurope.org/de/wp-content/uploads/sites/3/2022/10/PE-PLASTICS-THE-FACTS_20221017.pdf (abgerufen: 08.03.2025).

387 a) D. Meadows, D. Meadows, E. Zahn, P. Milling „Die Grenzen des Wachstums" Rowohlt Taschenbuch Verlag GmbH, **1973** (ISBN 34991682251).

b) E. Pestel „Jenseits der Grenzen des Wachstums" Deutsche Verlags-Anstalt Stuttgart, **1988** (ISBN 3421063931).

c) D. Meadows, D. Meadows, J. Randers „Die neuen Grenzen des Wachstums" Deutsche Verlags-Anstalt Stuttgart, **1992** (ISBN 3421066264).

d) Club of Rome „Die Herausforderungen des Wachstums" Scherz, **1990** (ISBN 3502171203).

388 a) BMUV: „Planetare Belastbarkeitsgrenzen" https://www.bmuv.de/themen/nachhaltigkeit/integriertes-umweltprogramm-2030/planetare-belastbarkeitsgrenzen (abgerufen: 08.03.2025).

b) R. Fücks „Intelligent wachsen" Bundeszentrale für politische Bildung, **2016** (ISBN 9783838907505).

[389] a) OECD „Towards Green Growth“ OECD Publishing, **2011** (ISBN 9789264094970).

b) UN Environmental Program: „Green Economy“ https://www.unep.org/regions/asia-and-pacific/regional-initiatives/supporting-resource-efficiency/green-economy (abgerufen: 08.03.2025).

[390] M. von Hauff, A. Jörg „Nachhaltiges Wachstum“ De Gruyter, **2017** (ISBN 9783110533064).

[391] a) B. Czech, H. E. Daly „The steady state economy. What it is, entails, and connotes“ *Wildlife Society Bulletin* **2004**, *32*, 598–605.

b) H. E. Daly „Beyond Growth – The Economics of Sustainable Development“ **1997** (ISBN 0807047090).

[392] a) J. Hickel „Less ist More“ **2020** (ISBN 9781786091215).

b) ARL – Akademie für Raumentwicklung in der Leibniz-Gemeinschaft (Hrsg.) (**2021**): Postwachstum und Raumentwicklung – Denkanstöße für Wissenschaft und Praxis. Hannover. = Positionspapier aus der aRl 122.

c) N. Paech „Befreiung vom Überfluss“ Oekom, **2012** (ISBN 9783865811813).

[393] a) Öko-Institut e. V.: F. Wolff, A. Thiele, P. Schöpflin, S. Schaltegger, D. Thiel „Unternehmen in der Verantwortung: Effizienzgewinne der Umwelt zurückgeben“ https://www.oeko.de/news/pressemeldungen/unternehmen-in-der-verantwortung-effizienzgewinne-der-umwelt-zurueckgeben/ (abgerufen: 08.03.2025).

b) Herausgeber:innen: L. Franzini, R. Herzog, S. Rutz, F. Ryser, K. Ziltener, P. Zwicky „Jahrbuch 2021: Postwachstum? Aktuelle Auseinandersetzungen um einen grundlegenden gesellschaftlichen Wandel“ **2021** (ISBN 9783859904415).

[394] a) Umweltbundesamt: K. Schultz, K. Purr, J. Tambke, L. Kleiner, J. Berger, F. Pischke, D. Günther, D. Ruddigkeit „Grundlagen von CO_2-Budgets“ **2024**.

b) Der Wissenschaftliche Beirat der Bundesregierung Globale Umweltveränderungen (WBGU): „Der WBGU-Budgetansatz“ **2009** (ISBN 9783936191301).

c) Statista: „CO_2-Emissionen pro Kopf weltweit nach ausgewählten Ländern im Jahr

2023“
https://de.statista.com/statistik/daten/studie/167877/umfrage/co-emissionen-nach-laendern-je-einwohner/ (abgerufen: 08.03.2025).

d) Intergovernmental Panel on Climate Change: V. Masson-Delmotte, P. Zhai, H. O. Pörtner, D. Roberts, J. Skea, P. R. Shukla, A. Pirani, W. Moufouma-Okia, C. Péan, R. Pidcock, S. Connors, J. B. R. Matthews, Y. Chen, X. Zhou, M. I. Gomis, E. Lonnoy, T. Maycock, M. Tignor, T. Waterfield „1,5 °C globale Erwärmung - Ein IPCC-Sonderbericht über die Folgen einer globalen Erwärmung um 1,5 °C gegenüber vorindustriellem Niveau und die damit verbundenen globalen Treibhausgasemissionspfade im Zusammenhang mit einer Stärkung der weltweiten Reaktion auf die Bedrohung durch den Klimawandel, nachhaltiger Entwicklung und Anstrengungen zur Beseitigung von Armut“ **2018** (ISBN 9783891000519).

395 OECD „Global Plastics Outlook: Policy Scenarios to 2060“ OECD Publishing, Paris, **2022** (ISBN 9789264898813).

396 a) D. Veit „Fasern“ Springer Vieweg Berlin, **2023** (ISBN 9783662644683).

b) PLA (Polylactid) ist nur unter speziellen Bedingungen biologisch abbaubar. D. Merino „Embracing Nature's Clockwork: Crafting Plastics for Degradation in Plant Agricultural Systems“ *ACS Mater. Au* **2024**, *4*, 450–458.

397 National Geographic: K. Fischer „Pyramiden von Gizeh: Rätsel um den Transport der Steinblöcke gelöst“
https://www.nationalgeographic.de/geschichte-und-kultur/2022/09/pyramiden-von-gizeh-raetsel-um-den-transport-der-steinbloecke-geloest
(abgerufen: 08.03.2025).

398 Europäische Union: „Zahlen und Fakten zur Europäischen Union“
https://european-union.europa.eu/principles-countries-history/facts-and-figures-european-union_de (abgerufen: 08.03.2025).

399 Statistisches Bundesamt: „Bodenfläche nach Nutzungsarten und Bundesländern“
https://www.destatis.de/DE/Themen/Branchen-Unternehmen/Landwirtschaft-Forstwirtschaft-Fischerei/Flaechennutzung/Tabellen/bodenflaeche-laender.html
(abgerufen: 08.03.2025).

400 Das Lehrermagazin: Lebens.mittel.punkt „Die Maispflanze“ **2012**, Heft 1.

401 Green.org: „Design Principles for Vertical Farms“

https://green.org/2024/01/30/design-principles-for-vertical-farms/ (abgerufen: 08.03.2025).

402 a) Chemie.de: „Bakterien als Klima-Helden“ https://www.chemie.de/news/1173583/bakterien-als-klima-helden.html (abgerufen: 08.03.2025).

b) A. K. Rana, V. K. Thakur „Advances and new horizons in metabolic engineering of heterotrophic bacteria and cyanobacteria for enhanced lactic acid production“ *Bioresource Technology* **2025**, *419* 131951.

c) B. Wang, Z. Dai „Engineering Photosynthetic Microbial Consortia for Carbon-Negative Biosynthesis“ *Angew. Chem. Int. Ed. Engl.* **2023**, *62*, e202217961.

403 Statistisches Bundesamt: „Bodenfläche nach Nutzungsarten und Bundesländern“ https://www.destatis.de/DE/Themen/Branchen-Unternehmen/Landwirtschaft-Forstwirtschaft-Fischerei/Flaechennutzung/Tabellen/bodenflaeche-laender.html (abgerufen: 08.03.2025).

404 Statista: „Ranking der Großtädte[1] mit der größten Fläche in Deutschland am 31. Dezember 2023“ https://de.statista.com/statistik/daten/studie/1233769/umfrage/flaeche-der-grossstaedte-deutschlands/ (abgerufen: 08.03.2025).

405 Universität Bremen: V. Roolfing „Auf Mars-Mission: Von Cyanobakterien zu Biokunststoff“ https://up2date.uni-bremen.de/artikel/auf-mars-mission (abgerufen: 08.03.2025).

406 a) Stockholm Resilience Centre: „Planetary boundaries“ https://www.stockholmresilience.org/research/planetary-boundaries.html (abgerufen: 08.03.2025).

b) K. Richardson, W. Steffen W. Lucht, J. Bendtsen, S. E. Cornell, J. F. Donges, M. Drüke, I. Fetzer, G. Bala, W. von Bloh, G. Feulner, S. Fiedler, D. Gerten, T. Gleeson, M. Hofmann, W. Huiskamp, M. Kummu, C. Mohan, D. Nogués-Bravo, S. Petri, M. Porkka, S. Rahmstorf, S. Schaphoff, K. Thonicke, A. Tobian, V. Virkki, L. Wang-Erlandsson, L. Weber, J. Rockström „Earth beyond six of nine Planetary Boundaries“ *Science Advances* **2023**, *9*, 37.

407 C. Potter „Welcome to the circular economy“ Laurence King, **2021** (ISBN 978191913947125).

408 European Environment Agency: „Plastics, the circular economy and Europe's environment - A priority for action“ https://www.eea.europa.eu/publications/plastics-the-circular-economy-and/ (abgerufen: 08.03.2025).

409 Bundesministerium für Umwelt, Naturschutz, nukleare Sicherheit und Verbraucherschutz: „Umweltbewusstsein, Konsumverhalten und nachhaltiger Konsum“ https://www.umwelt-im-unterricht.de/hintergrund/umweltbewusstsein-konsumverhalten-und-nachhaltiger-konsum (abgerufen: 08.03.2025).

410 Bundesministerium für Umwelt, Naturschutz, nukleare Sicherheit und Verbraucherschutz: „Plastik im Alltag vermeiden“ https://www.bmuv.de/weniger-ist-mehr/plastik-im-alltag-vermeiden (abgerufen: 08.03.2025).

411 Wuppertal Institut: „Suffizienz“ https://wupperinst.org/themen/wohlstand/suffizienz (abgerufen: 08.03.2025).

412 Lexikon der Nachhaltigkeit: „Rebound-Effekt“ https://www.nachhaltigkeit.info/artikel/rebound_effekt_1822.htm (abgerufen: 08.03.2025).

413 Deutscher Bundestag Wissenschaftliche Dienste: „Sharing Economy“ WD 5 - 3000 - 027/16.

414 Deutscher Bundestag Wissenschaftliche Dienste: „Sharing Economy“ WD 5 - 3000 - 027/16.

415 Fraunhofer IPK: „Kreislaufwirtschaft“ https://www.ipk.fraunhofer.de/de/kompetenzen-und-loesungen/industrietrends/kreislaufwirtschaft.html (abgerufen: 08.03.2025).

416 J. H. Fowler, N. A. Christakis „Connected: The Surprising Power of Our Social Networks and How They Shape Our Lives - How Your Friends' Friends' Friends Affect Everything You Feel, Think, and Do“ Little, Brown Spark, **2011** (ISBN 9780316036139).

417 a) Vereinte Nationen: „Ziele für nachhaltige Entwicklung“ https://unric.org/de/17ziele/ (abgerufen: 08.03.2025).

b) Europäische Komission: „Umsetzung des europäischen Grünen Deals“ https://commission.europa.eu/strategy-and-policy/priorities-2019-

2024/european-green-deal/delivering-european-green-deal_de (abgerufen: 08.03.2025).

c) Europäische Komission: „Auf dem Weg zu einem nachhaltigen Europa bis 2030“ https://commission.europa.eu/publications/sustainable-europe-2030_de (abgerufen: 08.03.2025).

d) Europäische Komission: „Circular economy action plan“ https://environment.ec.europa.eu/strategy/circular-economy-action-plan_en (abgerufen: 08.03.2025).

[418] Umweltdaten: „Grundlagen der 3 Säulen der Nachhaltigkeit“ https://umweltdaten.de/umwelt/3-saeulen-der-nachhaltigkeit/#Gewichtetes_Drei-Saulen-Modell_und_alternative_Darstellungsformen (abgerufen: 08.03.2025).
[419] Die dargestellten Punkte sind eine sinngemäße Adaption von: Vereinte Nationen: „Ziele für nachhaltige Entwicklung“ https://unric.org/de/17ziele/ (abgerufen: 08.03.2025).